冶金工业出版社

普通高等教育"十四五"规划教材

# 建筑节能技术

主　编　蒋达华
副主编　任如山　刘玉兰　赵运超

北　京

冶　金　工　业　出　版　社

2024

## 内 容 提 要

本书从原理、技术、标准和案例等方面系统介绍了建筑节能技术及其应用。全书共分7章，内容包括建筑节能概述、建筑节能原理、建筑节能设计、围护结构节能设计、采暖空调节能技术、建筑节能检测和建筑节能评估等。每章后均有思考与练习题，便于学习、巩固和提高。

本书案例丰富，适用面宽，可作为高等院校建筑环境与能源应用工程等相关专业的教学用书，也可供相关工程技术人员和研究人员学习参考。

**图书在版编目(CIP)数据**

建筑节能技术/蒋达华主编. —北京：冶金工业出版社，2024.7
普通高等教育"十四五"规划教材
ISBN 978-7-5024-9827-6

Ⅰ.①建… Ⅱ.①蒋… Ⅲ.①建筑—节能—高等学校—教材
Ⅳ.①TU111.4

中国国家版本馆 CIP 数据核字(2024)第 070713 号

**建筑节能技术**

| | | | |
|---|---|---|---|
| 出版发行 | 冶金工业出版社 | 电　　话 | (010)64027926 |
| 地　　址 | 北京市东城区嵩祝院北巷 39 号 | 邮　　编 | 100009 |
| 网　　址 | www.mip1953.com | 电子信箱 | service@ mip1953.com |

责任编辑　郭冬艳　美术编辑　吕欣童　版式设计　郑小利
责任校对　王永欣　责任印制　禹　蕊
北京建宏印刷有限公司印刷
2024 年 7 月第 1 版，2024 年 7 月第 1 次印刷
787mm×1092mm　1/16；16.5 印张；394 千字；251 页
定价 **59.00** 元

投稿电话　(010)64027932　投稿信箱　tougao@cnmip.com.cn
营销中心电话　(010)64044283
冶金工业出版社天猫旗舰店　yjgycbs.tmall.com
(本书如有印装质量问题，本社营销中心负责退换)

# 前　言

随着经济的发展和生态环境保护的要求，节能降碳已成为各行业发展共识，建筑行业如何形成更加完善的节能降碳体系已受到重视和关注，为此，作者结合多年对建筑节能和能源应用的教学、研究和实践经验编撰了本书，以期对建筑节能技术的推广应用提供参考。本书的编撰注重以下特点：

（1）将"碳达峰、碳中和"理念贯穿建筑节能应用过程中，紧密对接新标准、新规范，把建筑节能的原理、方法、技术贯穿内容的始末。

（2）将建筑节能基本知识进行梳理，加强了采暖空调两个方面的节能设计、运行和技术案例等内容，融入必要的建筑节能规范，注重理论与实践相结合，增强学生节能技术应用的创新能力，综合知识的分析运用能力，培养学生解决工程复杂问题的实践能力。

（3）突出建筑节能的系统性工程，包括建筑节能的基本原理、规划设计、围护结构、供暖空调、节能检测与评估、案例分析、新技术新设备等。为学生系统性掌握建筑节能的相关知识，奠定一定的理论基础。

本书由蒋达华主编并统稿。编写分工为：蒋达华编写第1、5章，赵运超编写第2章，刘玉兰编写第3、4章，任如山编写第6、7章。

本书在编写过程中，参考并借鉴了国内外相关文献，在此对文献作者表示感谢。

由于编者水平所限，书中难免有不足之处，敬请读者批评指正。

编　者

2023 年 9 月

# 目 录

# 1 建筑节能概述

随着社会经济的快速发展，能源需求不断增加。目前，我国已成为世界第三大能源生产国和第二大能源消费国，每年建成建筑总面积已超过所有发达国家的总和。2021年，我国单位国内生产总值（GDP）二氧化碳排放比2020年降低3.8%，比2005年累计下降50.8%，比2012年累计降低26.4%，年均下降3.3%，相当于节约和少用能源约14.0亿吨标准煤，非化石能源占一次能源消费比重达到16.6%，风电、太阳能发电总装机容量达到6.35亿千瓦。截至2021年，我国森林覆盖率已达到24.02%，森林蓄积量达到194.93亿立方米，森林面积和森林蓄积量连续保持"双增长"。2020年9月中国明确提出要在2030年前碳排放达峰，2060年前实现碳中和。到2030年单位国内生产总值二氧化碳排放将比2005年下降65%以上，非化石能源占一次能源消费比重将达到25%左右，森林蓄积量将比2005年增加60亿立方米，风电、太阳能发电总装机容量将达到12亿千瓦以上。在能源消费体系中，建筑能耗约占全社会总能耗的30%，该比例仅仅是建造和使用过程中所消耗的能源比例，如果加上建筑材料在生产过程中所消耗的能源，建筑能耗将占到全社会总能耗的47.24%，在社会总能耗中位居首位。近年来，我国建筑业持续快速发展，规模不断扩大，在建筑各个阶段均需要使用能源，尤其是在建筑运行阶段的采暖和空调。相关数据表明，我国的建筑能耗已与工业能耗、交通能耗并称三大"能耗大户"，建筑节能产业已成为节能环保产业的重要组成部分，节能潜力巨大。

建筑节能是考虑建筑物整个寿命周期内的能源节约，即建筑物在规划、设计、建造、使用和拆除等全过程的能源节约。从20世纪90年代开始，我国推进建筑节能工作，由输入型节能为主，向输入型与输出型节能双重方向发展。1993年，我国制定了《民用建筑热工设计规范》（GB 50176—1993），这是我国建筑节能起步阶段的标准，同时也有效改善了我国围护结构保温水平低，热环境质量差，采暖能耗大的状况。2000年以来，国家加大了全国范围内的建筑节能工作力度，并制定了建筑节能的一系列标准、规程和规范，如《公共建筑节能设计标准》（GB 50189—2015）、《办公建筑设计标准》（JGJ/T 67—2019）、《建筑节能与可再生能源利用通用规范》（GB 55015—2021）等。从建筑节能设计阶段开始，做好统筹规划，严格按建筑节能设计标准选择使用节能材料和节能产品。在建筑工程的施工过程中，选用节能材料及施工技术，竣工验收的建筑节能效果就能有保障。为了确保建筑节能工程的质量，必须通过相关的检测，从而达到建筑节能施工质量监督的目的。

## 1.1 我国建筑能耗现状

### 1.1.1 建筑能耗的构成

建筑能耗包括建造过程的能耗和使用过程的能耗。建造过程的能耗是指建筑材料、建筑构配件、建筑设备的生产和运输，以及建筑施工和安装中的能耗；使用过程的能耗是指建筑在采暖、通风、空调、照明、家用电器和热水供应中的能耗。一般情况下，建筑日常使用的能耗与建造能耗之比为（8∶2）～（9∶1）。由于建筑使用过程能耗所占比例很大，一般情况下把使用能耗直接定义为建筑能耗，后面所提建筑能耗均是指建筑使用能耗。在建筑能耗中，以采暖和空调能耗为主，各部分能耗大体比例如表 1-1 所示。

表 1-1　建筑能耗各部分构成所占的比例

| 建筑能耗的构成 | 采暖空调 | 热水供应 | 电气 | 炊事 |
|---|---|---|---|---|
| 各部分所占的比例/% | 65 | 15 | 14 | 6 |

表 1-1 中，采暖空调能耗占整个建筑能耗的大半部分。因此，我国的建筑节能工作主要围绕提高建筑物围护结构的保温隔热性能和提高供暖制冷系统效率两个方面展开。

建筑使用的能源种类有电力、原煤、天然气、柴油等，其中能源成本占比最大的为电力，用电情况分布如图 1-1 所示，包括空调、照明插座、动力、特殊用电等。近年来，在太阳能、地热、风能的利用等新能源方面开展了一些工作，有了较大的发展。

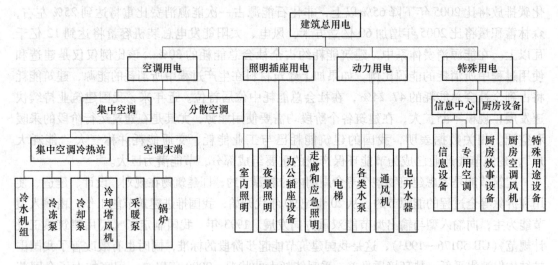

图 1-1　建筑用电能耗分布

为了掌握建筑用能情况，设置能耗监测系统是必要的。能耗监测的指标体系一般包括分项指标体系和分类指标体系两个方面。分项指标体系，要求实现建筑设备的电、水、燃气、燃油、集中供冷供热、再生能源的能耗统计，希望实现用能全程可视化：掌握时段用能特征、用能超标原因、耗能合理性评判、节能措施有效性评判、规避不安全用能等管理目的。分类能耗是指主要能源消耗，其分类能耗指标包括电、水、冷能，分类能耗指标框架如图 1-2 所示。

清华大学建筑节能研究中心于 2010 年开发了中国建筑能耗模型（China Building Energy Model，CBEM）。该模型以年为尺度、以省级行政单位为单位，根据各类建筑能耗特点，对建筑进行分类、分级统计。模型分为 5 个计算模块：建筑和使用者数量模块、北方城镇供暖用能、城镇居住建筑用能（不包括北方供暖）、公共建筑用能（不包括北方供暖）、农村居住建筑用能。能耗数据计算需要 253 个参数取值，其结构如图 1-3 所示。

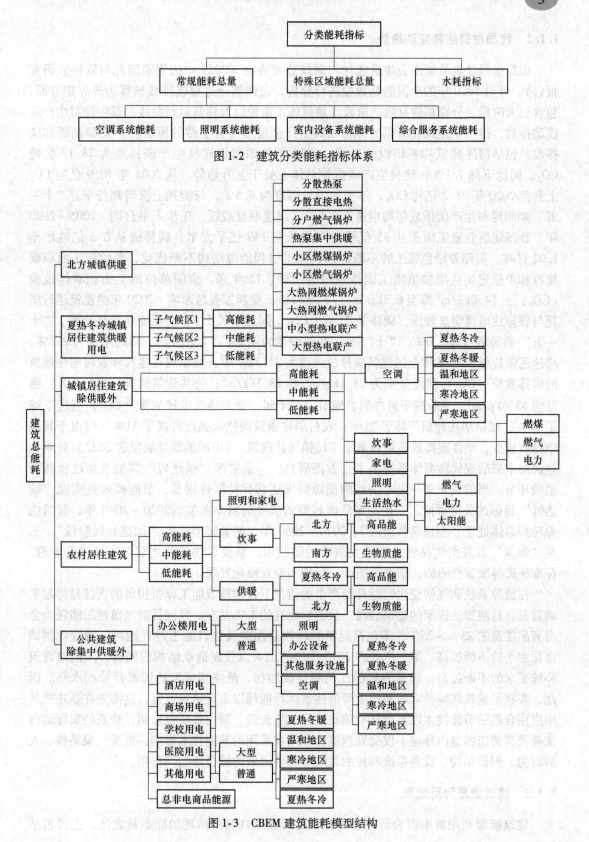

图 1-2　建筑分类能耗指标体系

图 1-3　CBEM 建筑能耗模型结构

### 1.1.2　我国建筑能耗变动趋势

根据中国建筑节能协会建筑能耗与碳排放专委会《2022 中国建筑能耗与碳排放研究报告》，针对 2020 年的全国能耗数据进行分析，在建筑全过程碳排放核算边界界定方面，包含三大阶段，分别是建材生产阶段、建筑施工阶段以及建筑运行阶段。其中建材生产阶段碳排放，指当年建筑业消耗的建材在其生产全过程（含上游的原材料）能源消耗和碳排放，包括房屋建筑和基础设施工程。2020 年全国建筑建材生产碳排放为 28.17 亿吨 $CO_2$，同比下降 7.1%。建材生产碳排放总体上处于上升趋势，从 2005 年 10.9 亿吨 $CO_2$ 上升至 2020 年 28.2 亿吨 $CO_2$，年平均增长幅度为 6.5%，与能耗上涨增幅持平。"十三五"期间建材生产碳排放年均增速为 2.0%，增速明显放缓，正步入平台期。2005~2020 年，我国建筑业施工面积从 35 亿平方米增长至 149 亿平方米，碳排放从 0.5 亿吨增至 1.02 亿吨。但随着绿色施工的不断深入，施工过程能源结构不断优化，单位施工面积碳排放和单位建筑业增加值施工碳排放显著下降。15 年来，全国单位施工面积碳排放量（$CO_2$）由 14.0kg/m$^2$ 降至 6.8kg/m$^2$，下降 51%。受新冠疫情影响，2020 年的建筑运行能耗与碳排放增速明显放缓，碳排放 21.62t $CO_2$，同比增长 1.5%。从变化趋势来看，"十一五"期间增速为 7.0%，"十二五"期间增速为 4.2%，"十三五"期间增速为 2.8%，增速逐渐放缓。2020 年全国建筑碳排放强度为 31.1kg/m$^2$，城镇居住建筑和农村居住建筑的碳排放量（$CO_2$）强度分别为 28.1kg/m$^2$ 和 18.3kg/m$^2$；公共建筑碳排放量（$CO_2$）强度为 58.6kg/m$^2$，显著高于另外两类建筑。近十年，公共建筑碳排放量（$CO_2$）强度下降了 17%，城镇居住建筑下降了 21%；农村居住建筑碳排放强度升高了 31%，但由于其基础排放较少，整体碳排放还是显著小于城镇居住建筑。《中国能源发展报告 2022》针对构建面向未来的现代能源体系提出了三方面研判：一是实现"碳达峰"需要更加注重能源消费环节。当前及未来一段时期我国能源需求还将保持刚性增长，节能提效是实现"碳达峰"目标的关键举措。二是能源低碳转型的节奏应科学务实。2020~2040 年，我国能源转型总体处于"积极替代阶段"；2040~2060 年，能源转型进入"加速替代阶段"。三是"绿氢"及其衍生品将成为重大战略关键技术。需要尽快破除当前存在的多头管理、标准缺失等政策性障碍，推动氢能产业尽快实现规模化发展。

在能源紧缺和气候变化问题日趋严重的情况下，建筑节能工作所担负的责任显得越来越重要。目前发达国家的建筑能耗一般占总能耗的 1/3 左右。我国目前城镇建筑能耗为全国商品能源的 23%~26%，不包括建筑材料制造用能及建筑施工过程能耗。随着我国城市化水平的不断提高、第三产业占 GDP 比例的加大以及制造业结构的调整，人们对建筑环境要求的不断提高，建筑能耗的比例将持续增加，最终接近发达国家目前的水平。因此，在满足建筑环境要求的基础上降低建筑运行能耗以实现建筑节能，这需要在新建建筑中应用合理的节能技术以及对已有建筑进行节能改造。国内外研究表明，建筑的实际运行能耗及其营造的室内环境不仅受到建筑物本体和采用的节能技术影响，也受气象条件、人居行为、围护结构、设备系统和控制策略等各种因素的综合影响与作用。

### 1.1.3　建筑能源利用效率

建筑能源利用效率即为居住者所提供的居住条件与所消耗的能源量之比，主要包括采暖、通风、空调、照明、炊事、家用电器和热水供应等的能源利用效率。在建筑中提高能源的利用效率，利用有限的资源和最小的能源消费代价取得最大限度的经济和社会效益。

（1）建筑耗能高，根据《2022 中国建筑能耗与碳排放研究报告》，2020 年的建筑全过程碳排放占全国碳排放比例依旧为 51%，和 2019 年持平。建筑运行阶段在全国的能耗占比和碳排放占比均为 20% 出头，可见建筑运行能耗依旧是碳排放大户。因此，仍需提升建筑的能效水平。

（2）能源浪费多，使用人员无良好的节能意识及节能习惯。

（3）冷水机组、水泵、照明设备等主要耗能设备能源利用效率不高。

（4）缺乏准确、完整、连续、详细的分类、分项能耗数据统计作为节能措施的依据。

根据建筑能效的定义，能效目标包含了 3 个维度的要求，分别是最少的资源消耗，合理的舒适度与健康性和最小的环境影响，见图 1-4。因此，在愿景参数的设定中同时考虑这 3 个维度的体现，并以能效作为引导和平衡三者之间关系的核心参数。最终基于初始愿景参数确定了包括最少的资源消耗、健康舒适的生活品质、最少的环境影响 3 个方面共10 个参数，如表 1-2 所示。

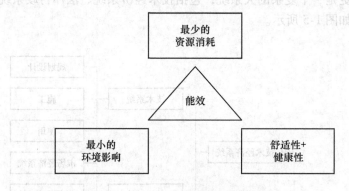

图 1-4　建筑能效逻辑图

表 1-2　2030 年愿景描述初始参数

| 2030 年愿景描述参数 | | 公共建筑 | 新建居住建筑 | 既有居住建筑 |
|---|---|:---:|:---:|:---:|
| 最少的资源消耗 | 零或近零能（供暖空调能耗） | ■ | ■ | × |
| | 循环用水占用水量的一半 | ■ | ■ | ■ |
| | 最少的能源资源费用支出（水、电、气、热等） | ■ | ■ | × |
| | 固体废弃物的回收利用率 | ■ | × | × |
| 健康舒适的生活品质 | 室内舒适的温度 | ■ | ■ | × |
| | 室内空气品质（$PM_{2.5}$ 日均值≤25μg/m³） | ■ | ■ | ■ |
| 最小的环境影响 | 碳排放的降低 | ■ | ■ | ■ |
| | 有毒物质的排放减量 | ■ | ■ | × |
| | 热岛效应降低 | ■ | ■ | × |
| | 污水和垃圾排放减半 | ■ | ■ | ■ |

注：表中的"■"代表对应参数选用；"×"表示对应参数不选用。

# 1.2　建筑节能与零能耗建筑

## 1.2.1　建筑节能的含义

　　建筑节能是指在建筑的规划、设计、建造和使用过程中，通过执行现行建筑节能标准，提高建筑围护结构热工性能，采用节能型用能系统和可再生能源利用系统，切实降低建筑能源消耗的活动。其内涵是指建筑物在建造和使用过程中，人们依照相关法律、法规的规定，采用节能型的建筑规划、设计，使用节能型的材料、器具、产品和技术，以提高建筑物的保温隔热性能，减少采暖、制冷、照明等能耗，提升制冷制热系统效率，加强建筑物用能系统的运行管理，利用可再生能源，在满足人们对建筑舒适性需求的前提下，达到在建筑物使用过程中提高能源利用效率的目的。建筑节能是个系统工程，大系统的节能是依靠各子系统的节能来实现的，与建筑节能直接关联的有以下几个子系统：（1）建筑维护系统；（2）供热采暖、制冷空调和通风系统；（3）太阳能及其他可再生能源系统；（4）绿色照明及家电系统；（5）检验监测系统；（6）建筑节能评估系统。

　　建筑节能体系更是一个复杂的大系统，包括技术经济系统、法律行政系统和社会文化系统，其具体结构如图1-5所示。

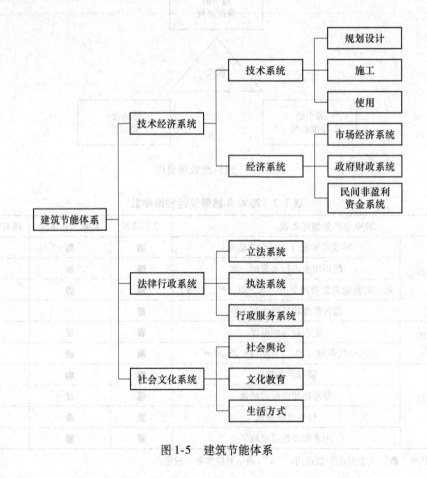

图1-5　建筑节能体系

建筑能效体系应实行分类制定的策略，分为公共建筑和居住建筑两大类，进一步分为新建公共建筑、既有公共建筑，新建居住建筑和既有居住建筑4个亚类，见图1-6。

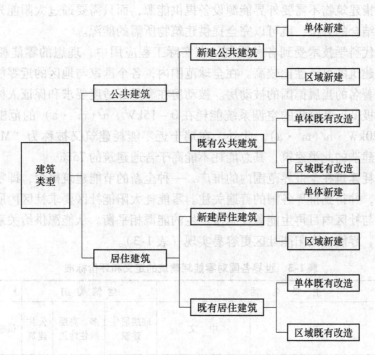

图 1-6　基于建筑类型的建筑能效体系分类结构

## 1.2.2　零能耗建筑的含义

"零能耗建筑"概念最早是由丹麦的艾斯本森（Esbensen）教授在进行太阳能利用试验时提出的。在该试验过程中，艾斯本森教授以丹麦的一栋居住建筑为研究对象，将节能技术切实地应用到了住宅设计中。试验对建筑外围护结构的保温层进行了节能处理，从而使建筑冬季采暖能耗明显降低。此外，该居住建筑首次采用了太阳能集热器以及具有良好保温性能的蓄水池。经过上述节能技术改造之后，建筑的能耗量大幅度降低，因此艾斯本森教授认为，在建筑节能设计中，只要采用合理的建筑节能技术，配备先进的节能装置，并充分利用太阳能能源，建筑就可以达到摒弃其他能源供应的理想状态，处于这一状态的建筑被称为零能耗建筑。

一般来讲，零能耗建筑是指利用可再生能源技术，使不可再生的化石能源消耗量为零或是近乎为零，因此，零能耗建筑可以说是节能建筑的终点状态，这也就使零能耗建筑设计中的技术成分受到更多关注，然而，零能耗之"零"还具备了除供需能量平衡之外的深层含义，即人－建筑－自然之间最优化的和谐状态，这意味着零能耗建筑不仅是节能建筑的终点，更是起点，零能耗的落实需要更多节能技术以外的设计与安排，在节约能源的同时保障人的生活品质，构建与自然和谐的人居环境。

随着节能技术的不断发展，世界各国与地区对于建筑节能的要求越来越严格。德国学者沃斯（Voss）采用太阳能光热光电技术对建筑物进行供暖供热，经过3年的实时监测成功使建筑的全年总能耗降低到 $10kW \cdot h/m^2$，最为关键的是在保证建筑物使用功能的前提下，实现了建筑全部能耗由太阳能供应的目标。此后，人们又提出了"无源建筑"的概念。该概念是指建筑物不需要外界能源设备提供能源，而只需要通过太阳能光热光电技术和蓄能技术相结合的方法，就可以完全提供建筑物所需的能源。

但是，现代科学技术受到各种限制，在实际工程应用中，理想的零能耗建筑很难实现。近零能耗建筑的可行性比较高。在全球范围内，各个国家与地区的近零能耗建筑又不尽相同，较为著名的当属德国的被动房。被动房在满足舒适度要求和保证人体健康的前提下，建筑能耗极低，其全年的空调系统能耗在 $0 \sim 15kW \cdot h/(m^2 \cdot a)$ 的范围内，而建筑总能耗低于 $120kW \cdot h/(m^2 \cdot a)$。此外，在瑞士近零能耗建筑又被称为"Mini 能耗房"，要求按照标准建造的此类建筑，其总能耗不能高于普通建筑的 75%。

随着零能耗建筑在全世界范围内的推广，一种全新的节能建筑概念，即零能耗太阳能社区随即提出，并得到世界各国的普遍关注。零能耗太阳能社区要求社区内所有住户一年内消耗的能源与社区内可再生能源设施所产生的能源相平衡。从能源供给关系来看，相对于零能耗建筑，零能耗太阳能社区更容易实现（表1-3）。

表 1-3　世界各国对零能耗建筑的定义和评价标准

| 国家 | 主要名词 | | 建筑类别 | | | 耗能方式 | | |
| --- | --- | --- | --- | --- | --- | --- | --- | --- |
| | 英　文 | 中　文 | 底层居住建筑 | 多、高层居住建筑 | 公共建筑 | 供暖 | 制冷 | 照明、家电、热水 |
| 丹麦 | Zero energy house | 零能耗住宅 | √ | × | × | | √ | × |
| 德国 | Energy autonomous house | 无源建筑 | √ | × | × | √ | √ | √ |
| 德国 | Zero energy building | 零能耗建筑 | √ | √ | √ | | | √ |
| 德国 | Passive house | 被动房 | √ | √ | × | √ | × | √ |
| 瑞士 | Minergie | 迷你能耗房 | √ | × | × | √ | × | × |
| 意大利 | Climate house | 气候房 | √ | × | × | √ | × | × |
| 加拿大 | Net zero energy solar community | 零能耗太阳能社区 | √ | × | × | √ | × | √ |
| 美国 | Zero energy house | 零能耗住宅 | √ | × | × | √ | × | √ |
| 美国 | Zero energy building | 零能耗建筑 | × | √ | √ | | | √ |
| 美国 | Zero-net-energy-commercial building | 净零能耗公共建筑 | × | × | √ | | | √ |
| 欧盟 | Nearly zero energy building | 近零能耗建筑 | √ | √ | √ | | | √ |
| 英国 | Zero-carbon house | 零碳居住建筑 | √ | × | × | √ | × | √ |
| 比利时 | Low-energy house | 低能耗居住建筑 | √ | √ | × | √ | × | × |

注：表中"√"表示包括该建筑类型及能耗计算范围；"×"表示不包括该建筑类型及能耗计算范围。

综上所述，在建筑设计和建筑技术研究中，零能耗建筑这一概念从提出到获得世界各国与地区的普遍关注和重视，体现了太阳能技术的不断完善和成熟。同时，伴随着太阳能光热光电技术、建筑和区域蓄热技术以及能源管理系统等技术的进步，零能耗建筑在未来实现的可能性也越来越大。考虑到欧美等国家的建筑特点，零能耗建筑主要针对三层以下的低矮建筑。这类建筑的能耗计算主要考虑了建筑冬季供暖、夏季供冷所需能耗，而很少能够考虑建筑家用电器与照明产生的能耗。

此外，通过对比世界范围内的零能耗建筑的定义与内容可以发现，虽然零能耗建筑这一概念简单易懂，看似较为容易实现，但是受到技术与管理手段的限制，目前仍然很难实现。为了更好地实现零能耗建筑的目标，目前世界各国与地区对其应用方式进行了大量的研究，并提出了零能耗建筑的相关概念。

### 1.2.2.1 物理边界划分

对于建筑节能而言，无论研究对象如何，第一步便是确定计算区域的物理边界条件，从而把抽象的问题圈定在一个较为具体的空间内。目前国际上大多数国家是以单栋建筑作为计算对象，根据是否与电网连接，将零能耗建筑分为两种：一种是上网零能耗建筑（on-grid zero energy building），要求使用期内电网给建筑物输送的能量和建筑物产生并输送回电网的能量达到平衡，即在计算期内电表的读数为零；另一种是网下零能耗建筑（off-grid zero energy building），即要求建筑一体化或建筑物附近与其自身连接的可再生能源供应系统产生的能量和建筑物需求能源量保持平衡，这类建筑又被称为无源建筑（energy autonomous building）或太阳能自足建筑（self-sufficient solar house）。

正确的建筑物理边界划分对合理确定在线供电系统（on-site generation system）很有帮助。在建筑物理边界范围内或在建筑物附近，只为建筑物提供能量，可以认为是在线供电系统，并将其纳入到系统平衡计算的范围内。例如安装在建筑物停车场附近的太阳能光伏系统在给建筑物供电时，那么应该将系统纳入计算范围内；如果此类系统不在建筑物附近，那么认为该系统为网下系统。

目前，我国城镇的各种功能设施比较完善，居住建筑基本是集中电网或者热网的供能形式。同时，一些地区的资源、气候和交通条件并不适用于集中供能，因此这些建筑物不需要连接电网便可独立地完成建筑能源需求。总之，我国的地域气候、资源和居住习惯的差异性比较大，建筑物自身的需热量或者冷量的差异性很大，因此我国"零能耗建筑"的设计建造需要根据自身条件选择"与外网连接"或者"无外网连接"的方法。其过程与上述论述一致，此处不再赘述。

### 1.2.2.2 能耗计算范围

根据《民用建筑能耗标准》（GB/T 51161—2016）规定，建筑使用过程中由外部输入的能源，包括维持建筑环境的用能（如供暖、制冷、通风、空调和照明等）和各类建筑内活动（如办公、家电、电梯、生活热水等）的用能。然而这并不包括一些与用户关联度较大的能耗。例如插座负荷、电动汽车负荷等没有纳入能耗平衡计算的范围内。因此可以预测：如果在未来能源网中，电动汽车的使用量大幅度提升，虽然不会对建筑物负荷造成明显影响，但这类产品和设备将对建筑物的用电平衡产生显著影响。随着我国国民生活水平的提高，居民的用电量将会进一步增加，因此在相关数据逐步完善的前提下，在用电平衡计算时应考虑插座负荷等因素的影响。

建筑物如果无法实现"零能耗"的目标，能否通过其他措施进行补充是目前仍在探讨的课题。例如通过购买绿色电能或者对绿色工程进行基金投资，从而认为其满足零能耗要求。《北京市装配式建筑、绿色建筑、绿色生态示范区项目市级奖励资金管理暂行办法》对绿色建筑进行补助，按照二星级标识项目 50 元/$m^2$、三星级标识项目 80 元/$m^2$ 的标准进行补贴。实际上这类政策与碳排放交易类似。总的来看，使节能措施能真正推动建筑节能工作的进步，还需要和其他部门（例如财政部门）进行密切配合。

### 1.2.2.3 衡量指标

目前共有四类指标可以用于衡量零能耗建筑：终端用能、一次能源、能源账单和能源碳排放，但是这四类指标的评价结果有明显差异，如果衡量地源热泵系统或建筑光伏一体化系统等系统的应用对建筑节能减排效果的影响，采用不同指标会得到不同的结果。通常认为采用终端用能或能源账单作为衡量零能耗建筑指标，操作相对容易。而学者基尔基斯（Kilkis）等人认为：引入"㶲"概念将能更好地体现建筑物对环境的影响，因此以"㶲"为衡量单位更加合理，但如果采用"㶲"作为指标进行计算，计算过程较为复杂且适用性较差。

我国气候区多，南北气候的差异性较大。因此选择衡量指标，需要根据我国实际情况考虑，是确定一个还是选择多个，需要具体问题具体分析。例如在我国北方地区，建筑物在夏天可通过其自身配备的太阳能光伏系统发电，而冬天则需要依靠燃烧生物质或化石燃料供暖，其零能耗平衡计算过程就较为复杂，很难用一个参数对其进行平衡计算。但是对于新建建筑，在系统相对简单的情况下，使用终端用能作为计算单位，便能够更容易地定义并进行系统的模拟计算，且便于工作推广。

### 1.2.2.4 转换系数

转换系数的确定，对零能耗的计算结果有很大的影响。一般而言，在确定衡量指标后，与建筑物相关的能量就需要通过转换系数统一到与衡量指标单位一致的水平上。在此过程中，需要转换的能源包括能源供给和使用链上的全部能源，例如一次能源、可再生能源、换热、传输电网和热网。目前，世界上各个国家的能源结构并不尽相同，而且电网、热网的组成也不同。因此，随着可再生能源发电规模的逐步扩大，各个国家与地区以及同一国家不同地区之间的转换系数将会有很大差异，而且随着能源产生速度的加快，转换系数的确定难度将会进一步提升。

### 1.2.2.5 平衡周期

一般认为，以年为能量平衡计算的基本单位最为简单合理，但是赫尔南德斯（Hernandez）和肯尼（Kenny）等认为也可以基于平衡周期进行计算，例如30年或50年。这主要是因为通常情况下，建筑物会在30年或50年时进行一次大修，每次大修会对建筑物能耗负荷产生很大的影响。同时，以建筑全寿命期为单位，也需将建筑材料、建造过程等因素一起考虑进来。目前，我国是以年为计算周期的。

通过上述对影响零能耗建筑因素（边界划分、计算范围、衡量指标、转换系数、平衡周期）的分析研究，并结合我国实际状况，对中国零能耗建筑影响因素进行了归纳总结，如表1-4所示。此外，还得到了我国零能耗建筑的特点，具体状况如下所述。

表1-4 零能耗建筑定义涵盖内容和我国状况

| 主要内容 | 方 法 | 注 释 | 中国状况 |
|---|---|---|---|
| 边界划分 | 不同零能耗建筑 | 连接区域电网（热网、燃气管道等） | 可能 |
| | 网下零能耗建筑 | 不连接区域电网 | 可能 |
| 计算范围 | 供暖供冷能耗 | 建筑物影响能耗 | 需要计算 |
| | 照明、家电能耗 | 生活习惯影响能耗 | 需要计算 |

续表1-4

| 主要内容 | 方 法 | 注 释 | 中国状况 |
|---|---|---|---|
| 计算范围 | 生活热水能耗 | 生活习惯影响能耗 | 需要计算 |
| | 外界输入 | 蓄电池更换、电动汽车 | 暂不考虑 |
| | 建筑能耗碳交易 | 可以购买碳排放指标 | 暂不考虑 |
| 衡量指标 | 终端用能形式 | 可以为多种形式，通常为 kW·h | 优选 |
| | 一次能源 | 通常为标煤 | 可能 |
| | 能源账单 | 以用户实际使用情况进行衡量 | 暂不考虑 |
| | 能源碳排放 | 以 $CO_2$ 为衡量指标 | 暂不考虑 |
| | 㶲 | 体现建筑物对环境的影响 | 暂不考虑 |
| 转换系数 | 电网转换系数 | 需要考虑不同电网情况 | 可以考虑 |
| | 热网转换系数 | 需要考虑不同热网情况 | 可以考虑 |
| 平衡周期 | 1 年 | 标准年 | 优选 |
| | 30 年或 50 年 | 主要建材更换周期 | 暂不考虑 |
| | 建筑全寿命期 | 全寿命期 | 暂不考虑 |

（1）对于城镇建筑，建筑物既可以与外界电网、热网连接，也可以独立于外界电网与热网存在，其中乡村建筑主要采用独立电网和热网供能的形式。

（2）在建筑物能耗计算过程中，应考虑建筑物供暖供冷、照明家电设备、电力动力设备等因素对能耗的影响。在未来的能耗计算中，应该考虑蓄电池或电动汽车等技术间接参与并形成建筑物能源系统的可能。

（3）在零能耗建筑平衡计算中，各种耗能因子需通过国家认可的转换系数转换为一次能源。

（4）需要确定合理的能耗计算周期，我国通常以 1 年为单位，进行建筑能源供应与消耗计算。因此，也给出了我国零能耗建筑的定义，具体内容为：以年为计算周期，以终端用能形式作为衡量指标，建筑物及附近与其相连的可再生能源系统产生的能源总量大于或等于其消耗的能源总量的建筑物。

目前，世界发达国家和地区已经出台了由普通建筑物节能减排向零能耗建筑迈进的长期目标和具体的技术实施路径，一般是按照"先低层，后多高层""先居住建筑，后公共建筑"的顺序进行的。为了切实降低建筑能耗，一些国家采取绝对值法对节能水平进行了规定，而另外一些国家则采取逐步提升建筑节能标准目标法以促进零能耗建筑的发展。在欧美发达国家，采取了不同激励手段，美国是通过商业手段推动技术进行的，从而降低技术成本逐步实施零能耗建筑，如 LEED 的发展模式；欧洲则是通过政府手段，以立法的方式确定建筑节能发展目标，结合先进的技术手段和财税政策，进而推动零能耗建筑。

建筑节能设计伴随着建筑设计的全过程，是建筑设计、建筑结构、暖通空调、给排水和建筑电气等多专业协同的设计过程。在这个过程中，有一系列的设计问题需要解决。当通过各种设计手段很好地解决这些问题后，零能耗的建筑也是可能达到的，如图 1-7 所示。

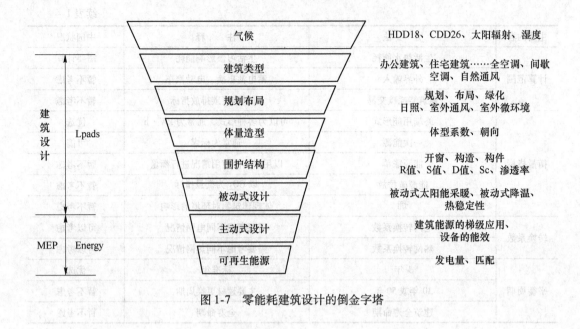

图 1-7  零能耗建筑设计的倒金字塔

# 1.3  建筑节能技术分类方法

## 1.3.1  节能技术特性分类法

在原料开采和产品生产、使用、废弃整个生产系统流程中，根据技术在系统中所处的环节与功能不同，可将节能减排技术分为生产过程节能技术、资源能源回收利用技术、能源替代技术和产品节能技术四大类。

### 1.3.1.1  生产过程节能技术

生产技术是生产工序中进行物质与能量转换的核心载体，也是耗能产污的关键所在。生产过程节能技术是指在工业生产过程中降低能耗、减少污染物产生量的技术，包括工艺替代技术、工艺设备优化技术、系统优化型技术等。

（1）工艺替代技术。工艺替代技术是指利用低能耗的新型工艺流程技术，部分或全部替代原有能耗高的工艺技术。

特点：一是通常投资较高，几乎相当于完全新建项目；二是节能效果显著，通常节能量较大；三是基本不依附于原有项目。

（2）工艺设备优化技术。对生产过程中某一工艺运行技术参数进行优化或设备进行更新优化的技术。

特点：一是投资比工艺替代型技术小；二是节能效果通常比较明显；三是依附于项目主体。

（3）系统优化技术。能量系统优化是以能量系统为对象，以科学用能理论为指导，突出系统节能思想，通过一定的策略和方法来处理能量系统的设计、控制及运行管理等问题，达到能量系统的整体优化、能量的阶梯利用、余热余能的回收利用，从而提高系统的能效水平。

特点：一是多种节能技术综合应用，通常需要信息技术的支撑；二是通常投资比较高；三是依附性比较强。

在建筑行业中最典型的生产过程节能是建材方面的节能，例如高性能混凝土材料已成为低碳材料发展新趋势，相较于传统建筑混凝土，其具有降低水泥使用量、耐久性强、减少二氧化碳排放量等优势。汉麻混凝土可以用生物纤维等绿色环保材料替代石灰石原料，降低水泥熟料系数；高延性混凝土（HDC）与超高性能混凝土（UHPC）可以通过加入不同新型材料提高混凝土硬度，提高耐久度。

### 1.3.1.2  资源能源回收利用技术

资源回收利用是对再生资源回收拆解利用的简称，再生资源，又称废弃物资源，是指在生产、流通、消费等过程中产生的不再有原有使用价值，但通过回收、加工、利用又可重新恢复其部分价值的各种物料的总和。其具有带污染、品种繁多、特种价值、量大且集中等特点。再生资源是一种被重新发现的资源，具有一定的经济效益、社会效益和环境效益，因此有必要进行回收利用。在暖通行业较为典型的应用就是热回收技术，余热浪费严重是导致空调系统能耗偏高的重要原因之一。在空调系统中设置热回收装置，利用两种不同状态的流体以及热交换设备实现热量传递，尽可能降低热源或冷源能耗量，在此基础上进行室内热、湿交换，以此实现建筑节能。

### 1.3.1.3  能源替代技术

能源替代技术是能源经济学研究中一个非常重要的问题，也是一直困扰经济学界的问题。能源替代分为内部替代和外部替代，前者主要是能源结构优化问题，而后者主要是包括能源、资本、劳动力在内的社会资源有效配置问题。能源替代是能源领域科技进步和资源合理利用要求的反映，能源危机意味着整个时代呼吁能源替代。

能源替代机理是由能源替代双方的成本变化所决定的。常规能源由于其资源稀缺性，从供需分析，资源价格将不断上涨。这使原先开采利用成本较高的技术和资源逐渐趋于能参与竞争和替代的可能。例如在石油开采中，石油价格上涨使海上石油开采技术成为具有竞争能力的技术之一。同样在可再生新能源替代常规能源的过程中，除了技术进步使可再生新能源开发利用成本不断下降外，常规能源资源稀缺及其环境负面影响产生的外部成本造成的价格上涨这种双向作用，使可再生新能源逐步替代常规能源成为可能。

能源替代技术中较为典型的便是电采暖技术，相较于传统供暖，电采暖技术更为节能，能够真正实现分户分室和区域控制，操作方便。如电热膜低温辐射供暖系统在手动和自动编程控制方面，简单易行，有利于节能。电热膜低温辐射供暖系统在分户、分室可控方面，可轻而易举的实现。

### 1.3.1.4  产品节能技术

产品节能技术是指通过使用高效的用能产品来降低产品使用过程中能源消耗、资源消耗的技术，包括高效电机、高效变压器、高效照明器具等。其特点为：一是节能效果主要体现在产品使用过程中；二是技术含量比较高。例如在现代化暖通空调系统中，变频技术具有良好的节能性能。通过变频技术，既可弥补空调系统的工艺问题，也可减少能源消耗，降低运行成本。一般情况下，空调系统仅按照事先设计的额定功率运行，在负荷较低的情况下，如果设备仍以额定功率实行全负荷运行，必然会产生能源浪费。结合空调的实际负荷状况，通过应用变频技术，适当调节风量和冷量，可以实现空调设备的输出功率随着负荷的变化情况而有所调节，达到节能减排效果，实现节能目标。一方面，变风量系统，利用空调系统的末端装置实现室内负荷的补偿机制，优化调整送风量，以保持合适的室内温度；与定风量系统相比较，变风量系统可节能约 50%；另一方面，变水量系统，主要通过控制流量来调节负荷，比定流量系统更加省电。随着我国工业变频器的推广与使用，通过优化调节风量、水量及主机等，可实现与空调负荷的匹配运行，发挥良好的节能效益。

### 1.3.2　能源介质分类法

根据节约的能源介质种类不同，节能技术可分为以下几类。

（1）节煤技术。直接提高煤炭燃烧（转化）效率，降低煤炭消耗的技术。主要包括提高煤炭品质、优化燃烧、强化传热、改进控制等方面的节能技术。

特点：一是主要集中于锅炉和窑炉的应用；二是技术相对成熟；三是节能潜力比较大。

（2）节油（气）技术。直接提高油（气）燃烧（转化）效率，或采用替代能源减少油（气）资源消耗的技术。主要包括锅炉无油、微油点火技术，高效内燃机技术，汽车轻量化设计技术，燃油（气）替代技术等。

（3）节电技术。直接提高电力利用效率，降低电力消耗的技术。主要包括电机系统节能、输变电系统节能、电化学节能、绿色照明、电力替代等技术。

特点：一是应用领域比较广；二是节能潜力比较大；三是在工业用电价格相对较高的地区或行业，经济效益显著，可承受较高的单位节能量投资。

（4）节约耗能工质技术。直接提高水、氧气、氮气、水蒸气等耗能工质利用效率，降低耗能工质使用量的技术。

特点：一是技术比较分散；二是最终效益体现在节煤、节电等效益上。

### 1.3.3　技术适用性分类法

（1）通用技术。工业领域通用的节能技术，如电机系统节能技术、锅炉能效提升技术、中低温余热回收利用技术等。多属于设备优化替代、产品节能类技术。

（2）行业专用技术。与特定行业、某个生产工序（系统）相关的节能技术，多属于生产过程（工艺过程替代/优化技术、系统优化类）节能技术。

（3）工业适用技术。多工业行业适用的技术，如中低温余热回收利用技术、热泵技术等。多属于资源回收利用类技术和产品节能技术。

### 1.3.4　生命周期分类法

节能新技术遵循技术发展的一般规律，体现出生命周期的特性，即其市场需求和技术本身都会随着时间的推移而出现周期性曲线变化。按照技术生命周期曲线特性，可将节能新技术划分为：导入期技术、加速成长期技术、稳定成长期技术、成熟期技术和衰退期技术。

（1）导入期技术。在技术导入（起步）阶段，技术尚处于开发初期，此时期节能技术从概念到开发成功，形成经过小规模验证的技术和设备，但节能技术尚未定型且市场前景较为不明朗，风险相对较大，尚不具备大规模扩散价值。

特点：一是通常未经过大规模工业化应用，或处在工程验证示范应用过程中；二是投资非常高；三是技术通常还需继续优化。

（2）加速成长前期技术。此阶段节能技术正在逐渐开始规模化的产业应用，并在前期的验证性示范应用过程中得以不断地优化和改进，具备加速成长的基础。

特点：一是技术进一步成熟；二是随着应用规模的扩大，投资逐步降低。通常认为普及率小于20%的工艺替代技术（工艺替代技术的效果不仅是能效提升，一般还包括产品质量的提升、规模的扩大等，通常投资大，回收期较长），以及普及率小于20%投资回收期大于5年的工艺改造技术，基本处于加速成长前期，此时市场对技术的认知度较低。

（3）加速成长期技术。此阶段技术应用市场开始由慢到快逐渐增长，但技术尚未完全成熟。对节能技术来讲，通常认为普及率小于20%，回收期小于5年的技术，属于加速成长期技术。

特点：一是普及率快速上升；二是投资进一步降低，趋于稳定。

（4）成熟期技术。位于成熟期的技术得到广泛的应用。通常认为节能技术普及率超过80%的技术属于成熟期技术。

特点：一是技术普及率较高，市场增长缓慢；二是市场上有较多的供给者；三是已有技术持有者开始开发新的替代技术。

（5）衰退期技术。此时，技术已失去优势地位，开始逐步退出市场。通常认为普及率超过80%的节能技术属于衰退期技术。

特点：一是普及率几乎不再提高；二是新的替代技术开始出现。

# 1.4 建筑节能的原则、途径与目标

## 1.4.1 建筑节能原则

根据我国能源的问题形式和节能工作经验，在建筑节能方面，总结下列原则：

（1）制定阶段性的、局部的建筑节能目标和计划，但重要的是必须建立长远的、全局的能源意识。

（2）节能工作应该兼顾能源节约和人民生活水平的逐步提高，不应将提高建筑环境质量与建筑节能对立起来。

（3）建筑节能的具体方法应根据各地区的不同气候条件而有所区别，以充分利用太阳、风、气温、水利、地形等各种自然因素。

（4）大力开发不同层次的多种节能技术，特别是较为经济的、在量大面广的住宅建筑中可取得实效的技术及最佳民用的能量形式。

（5）目前建筑节能工作的重点，是如何降低各类建筑的日常运转能耗，尤其是住宅空调系统运行能耗。

（6）重视低水平、低能耗建筑的节能问题研究，以保证在稳步提高人民生活水平的同时避免能源浪费。

（7）在降低建筑围护结构能耗的同时，改善建筑设备，提高节能效益。

（8）既要积极推行建筑节能设计，又要充分重视建成环境的节能改造。

（9）采用中水回收技术，对废水或雨水经适当处理后，达到标准后重复使用，以节约能量和水资源。

（10）充分利用可再生资源，可再生资源是指可以重新利用的资源或者在短时期内可以再生，或是可以循环使用的自然资源。主要包括生物资源（可再生）、土地资源、水能、气候资源等。

（11）重视综合用能，逐步提高对残余热和自由热的利用水平。

### 1.4.2　建筑节能途径

自我国明确提出"双碳"目标以来，"碳中和"一直是政策和产业的关注焦点。众所周知，气候变化对建筑行业影响巨大，是实施节能减排、向清洁能源过渡的重点领域之一。随着我国新基建建设和碳中和发展策略的实施，能源与建筑产业正处于同步向低碳转型发展的进程中，建筑能耗将成为解决问题的研究切入点。这就需要在建筑的全生命周期中思考如何进行技术切入，如何抓住在整个过程中"多碳问题"，尽可能地减少建筑行业中的碳排放，做好建筑各个步骤中的上下游减碳工作，从而开发新技术、实现技术革新。国际能源署（IEA）的《太阳能供暖和制冷计划》的研究表明，超过75%的建筑能耗来自供暖和制冷而且需求还在持续增加。因此，节约供暖空调系统的能源来应对持续的能源危机和气候变化至关重要。建筑各个系统，在整个运行的生命周期中将产生大量的能耗，尤其是一些年久失修的老建筑，在其风、水系统中更是费能，增加了大量二氧化碳的排放，因此，需要充分考虑如何实现建筑节能。

根据发达国家经验，随着城市发展，建筑业将超越工业、交通等其他行业而最终居于社会能源消耗的首位，达到33%左右。我国城市化进程如果遵循发达国家发展模式，使人均建筑能耗接近发达国家的人均水平，需要消耗全球目前消耗的能源总量的1/4才能满足我国建筑的用能要求，这实际上是做不到的。因此，必须探索一条不同于世界上其他发达国家的节能途径，大幅度降低建筑能耗，实现城市建设的可持续发展，因此，可以从以下6个方面考虑实施建筑节能。

（1）建筑规则与设计节能。据统计，在发达国家，空调采暖能耗占建筑能耗的65%。目前，我国的采暖空调和照明用能量增长速度明显高于能量生产的增长速度。因此，减少建筑的冷、热及照明能耗等建筑设备的能耗是降低建筑能耗总量的重要工作。在建筑规划和设计时，根据大范围的气候条件影响，针对建筑自身所处的具体环境气候特征，利用自然环境（如外界气流、雨水、湖泊和绿化、地形等）创造良好的建筑室内微气候，以尽量减少对建筑设备的依赖，最大限度地降低建筑设备能耗。

（2）围护结构节能。围护结构采取节能措施，是建筑节能的基础。建筑围护结构组成部件（屋顶、墙、地基、隔热材料、密封材料、门和窗、遮阳设施）的设计对建筑能耗、环境性能、室内空气质量与用户所处的视觉和热舒适环境有根本的影响。一般增加围护结构的费用仅为总投资的3%～6%，而节能却可达20%～40%。通过改善建筑物围护结构的热工性能，在夏季可减少室外热量传入室内，在冬季可减少室内热量的流失，使建筑热环境得以改善，从而减少建筑冷、热消耗。设计时，应根据地区、建筑使用性质、运行状况等条件，确定建筑物围护结构的热工参数合理方案。由于我国建筑节能是从采暖居住建筑起步的，人们首先想到的是加强围护结构保温。但是在不同城市的不同气象条件下，不同类型的建筑能耗构成是完全不同的。寒冷地区采暖能耗占主导地位，南方炎热地区空调能耗占较大份额，长江流域广大地区采暖、空调能耗的比例差别不是太大。而同一措施对采暖与空调的节能效果是不同的，对于间歇运行的空调建筑，在空调关机之后，室温升高，当室外气温低于室温时，通过围护结构的逆向传热可以降低第二天空调的启动负荷。因此，围护结构保温越好，蓄热量越大，空调负荷也越大。而对公共建筑而言，如果围护结构形成的负荷在总负荷中所占比例很小，则围护结构的节能潜力有限。

（3）采用新系统及新设备节能。随着供热和空调系统的输送能耗所占比重越来越大，如果忽视输送系统的节能，即使供热与空调设备的性能系数很高，整个供热、空调系统也是不节能的。因此，建筑节能要注重系统输送和运行能耗。首先，建筑中的锅炉、空调等耗能设备，应选用能源效率高的设备。其次，根据建筑的特点和功能，设计高能效的暖通空调设备系统，例如：热泵系统、蓄能系统和区域供热、供冷系统等。最后，从一次能源转换到建筑设备系统使用的终端能源的过程中，能源损失很大。因此，应从全过程（包括开采、处理、输送、储存、分配和终端利用）进行评价，才能全面反映能源利用效率和能源对环境的影响。

（4）利用可再生能源节能。在节约能源、保护环境方面，新能源的利用起至关重要的作用。新能源通常指非常规的可再生能源，包括太阳能、地热能、风能、生物质能等。建筑用能大多数是低品质能量，因此应该尽可能地使用可再生的自然能源，可再生能源在建筑应用的形式包括太阳能光热系统、太阳能光伏系统、地源热泵系统、空气源热泵热水系统等。

1）太阳能光热系统。太阳能的利用有被动式利用（光热转换）、光化转换和光电转换三种方式，是一种使可再生能源被利用的新兴方式。使用太阳能电池通过光电转换把太阳光中包含的能量转化为电能。使用太阳能热水器利用太阳光的热量加热水。利用太阳光的热量加热水并利用热水发电。利用太阳能进行海水淡化。

2）太阳能光伏系统。太阳能光伏系统是指利用光伏效应（又称为光生伏特效应），将太阳辐射能直接转换成电能的发电系统，简称光伏系统。光伏系统可置于建筑物的房顶或外墙上，形成光伏建筑一体化。

3）地源热泵系统。地源热泵系统是指以岩土体、地下水或地表水为低温热源，由水源热泵机组、地热能交换系统、建筑物内系统组成的供热空调系统。根据地热能交换系统形式的不同，地源热泵系统分为地埋管地源热泵系统、地下水地源热泵系统和地表水地源热泵系统。

4）空气源热泵热水系统。空气源热泵热水系统是指采用电动机驱动，利用工质汽化冷凝压缩循环，将空气中的热量转移到被加热的水中，并输送至各用户所必须的完整系统。

在采用上述技术时，要根据当地能源供应的具体情况，因地制宜，采用合适的能量应用形式。

（5）能源系统运行管理节能。通过智能数据分析、诊断预测、管理运行可视化、能源自动化、设备维护信息等对所监控的介质进行控制管理，在基本准则的基础上对企业进行能源管理，对水电气等多种能源状态进行管理和监控，对现场中的危险源、压力、温湿度、生物识别等多种参数都能够进行分散控制、集中管理。此外在使用中，应重视建筑能源系统的管理节能，提高操作管理人员的专业技术水平，提高供热与空调运行管理的自动化水平，通过运行管理达到运行节能效果。用冷、热储存系统进行电力的移峰填谷是利用储能系统把晚上用电低谷时段的电力转移到白天用电高峰时使用，实现现有电力资源充分利用，减少浪费，是一种有效的节能手段。

（6）照明动力系统节能。据世界照明用电统计，我国电力照明能源消耗已占到平均家庭能源预算的 25%，而且我国的照明市场还正在以 15% 的速度增长，这意味着用电量在进一步增加。节约用电不仅可以减少对能源的消耗，还可以减少因发电而产生的污染并节约大量的电力建设资金。因此照明节电已成为节能的重要方式，在保证照度的前提下，推广高效节能的照明器具，提高电能利用率，以达到节能的目的。

提高建筑耗能设备的工作效率，指的是建筑物主动采用高效率的各种耗能设备，如照明、电梯、空调、供水等设备，其中又以空调系统的性能最为重要，通过提高冷水机组、风机、水泵等设备的效率，以求达到在相同制冷、制热量的情况下空调系统能耗最小。

### 1.4.3  建筑节能的目标

建筑节能的目标，早在 20 世纪 80 年代便已提出，在国家《民用建筑节能设计标准（采暖居住建筑部分）》（JGJ 26—95）就对我国建筑节能工作提出了具体要求。现将有关内容介绍如下：

总目标：在保证使用功能和建筑质量并符合经济原则的条件下，在当地 1980 ~ 1981年住宅通用设计的基础上节能 50%。其中：

（1）改善建筑围护结构设计，以减少建筑物采暖耗热量 30%。在执行时应注意，对于较有条件的围护结构，应力争做到一次达到下述第二步的要求，而对条件尚不成熟的围护结构，可适当放宽。并且，由于一些层数较低、体量较小、体形系数较大的建筑除大幅度提高保温水平难以达标，故应以多层为主，低层和高层互补，实现对建筑节能的总体宏观控制。

（2）改善采暖供热系统，以节约采暖能耗 20%。其中，提高锅炉运行效率 10%；提高管网热输送效率 10%。

此后，随着建筑行业的不断发展，国家为了更好地改善建筑的室内环境，提高能源利用效率，促进可再生能源的建筑应用，降低建筑能耗，国家进一步出台了更加完善的规范，例如《公共建筑节能设计标准》（GB 50189—2015）、《建筑节能与可再生能源利用通用规范》（GB 55015—2021）等一系列规范，现将《建筑节能与可再生能源利用通用规范》（GB 55015—2021）有关内容介绍如下：

总目标：新建居住建筑和公共建筑平均设计能耗水平应在 2016 年执行的节能设计标准的基础上分别降低 30% 和 20%。不同气候区平均节能率应符合下列规定：

（1）严寒和寒冷地区居住建筑平均节能率应为 75%。

（2）除严寒和寒冷地区外，其他气候区居住建筑平均节能率应为 65%。

（3）公共建筑平均节能率应为 72%。

### 1.4.3.1　"十四五"建筑节能的目标

到 2025 年，城镇新建建筑全面建成绿色建筑，建筑能源利用效率稳步提升，建筑用能结构逐步优化，建筑能耗和碳排放增长趋势得到有效控制，基本形成绿色、低碳、循环的建设发展方式，为城乡建设领域 2030 年前碳达峰奠定了坚实基础。到 2025 年，完成既有建筑节能改造面积 3.5 亿平方米以上，建设超低能耗、近零能耗建筑 0.5 亿平方米以上，装配式建筑占当年城镇新建建筑的比例达到 30%，全国新增建筑太阳能光伏装机容量 0.5 亿千瓦以上，地热能建筑应用面积 1 亿平方米以上，城镇建筑可再生能源替代率达到 8%，建筑能耗中电力消费比例超过 55%。

### 1.4.3.2　具体任务

（1）加大绿色建筑关键技术和适宜技术的研究与示范。按被动式技术为主、主动式技术为辅的原则，对绿色建筑的节能、节地、节水、节材环境保护进行综合考虑。总体规划着重考虑集约节约土地、场地生态、雨水规划和地表径流、热岛强度和室外风、光、声环境的设计。建筑单体关注自然采光、通风和遮阳，设备选型和能效，自动控制与管理，节水和水资源规划，高性能结构材料和装配式建筑，室内空气品质等因素。

（2）加强可再生能源应用研究。开展以太阳能为主的建筑复合能量系统、太阳能空调制冷设备、太阳能除湿设备、太阳能与空气源热泵耦合技术研究与示范，逐步提高应用比例和质量；推进可再生能源集中连片推广应用。

IEA 发布《全球能源进展报告 2022》，评估了全球在寻求到 2030 年具有经济性、安全性和可持续性的现代能源方面取得的成就。

1）2010 ~ 2020 年，全球用电增加了 13 亿人，世界用电人口比例从 83% 上升到 91%，无法获得电力供应的人数从 12 亿人下降到 7.33 亿人。撒哈拉以南非洲地区电力供应不足，占 2020 年无法获取电力供应人数的四分之三以上（5.68 亿人）。由于覆盖偏远贫困未服务人群的复杂性日益增加，以及 Covid-19 大流行的空前影响，近年来电气化进展的步伐已经放缓。按照目前的发展速度，到 2030 年全世界电气化比例仅达 92%。

2）2020 年，全球获得清洁烹饪燃料和技术的人口比例上升至 69%，比 2019 年增加 3 个百分点。但人口持续增长使得无法清洁烹饪的总人数在几十年间难以下降，2000 ~ 2010 年间接近 30 亿人，2020 年降至约 24 亿人，这主要是由于亚洲大国在获得相应服务方面的进步。为实现到 2030 年普及清洁烹饪的具体目标，需要多部门协调努力。

3）为保证全球普遍获得兼具经济性、安全性和可持续的现代能源，需要在电力、热能和运输等领域加速部署可再生能源。可再生能源产能扩张份额在 2021 年增长了创纪录的水平。未来，当前新增产能之后的国家更有必要发展可再生能源。商品、能源和航运价格上涨，以及限制性贸易措施，增加了可再生能源生产和运输成本，为未来的可再生能源项目增加了不确定性。到 2030 年，可再生能源在最终能源消费总量比例需达 30% 以上才能在 2050 年之前实现净零能源排放。

（3）提高新建建筑节能水平。以《建筑节能与可再生能源利用通用规范》确定的节能指标要求为基线，启动实施我国新建民用建筑能效"小步快跑"提升计划，分阶段、分类型、分气候区提高城镇新建民用建筑节能强制性标准，重点提高建筑门窗等关键部件节能性能要求，推广地区适应性强、防火等级高、保温隔热性能好的建筑保温隔热系统。推动政府投资公益性建筑和大型公共建筑提高节能标准，严格管控高耗能公共建筑建设。

## 思考与练习题

1-1　建筑能耗的定义及构成。

1-2　建筑用电消耗在哪些方面?

1-3　建筑节能的含义是什么?

1-4　如何实现建筑节能?

1-5　什么是节能建筑?举例说明。

1-6　建筑节能体系包括哪些方面?

1-7　什么是建筑能效,有哪些影响因素?

1-8　什么是零能耗建筑?举例说明。

1-9　绿色建筑的含义是什么?举例说明。

1-10　根据技术应用环节与功能不同,建筑节能技术可以分为哪些类型?

1-11　建筑节能途径有哪些?

1-12　简述建筑节能在实现"双碳"目标的作用。

## 参 考 文 献

[1] 赵东来,胡春雨,柏德胜,等. 我国建筑节能技术现状与发展趋势 [J]. 建筑节能,2015,43 (3):116-121.

[2] 杨涌泉,寿青云,裴晓梅,等. 建筑节能中热力学方法的分析应用 [J]. 制冷与空调,2014,28 (1):64-67.

[3] 张志军,曹露春. 可再生能源与建筑节能技术 [M]. 北京:中国电力出版社,2012.

[4] 杨柳. 建筑节能综合设计 [M]. 北京:中国建材工业出版社,2014.

[5] 宋春华. 广义建筑节能与综合节能措施 [J]. 建筑装饰材料世界,2006 (4):46-55.

[6] 武涌,侯静,徐可西,等. 中国建筑能效提升体系的研究 [J]. 建筑科学,2015,31 (4):1-14.

[7] 杨丽. 绿色建筑设计——建筑节能 [M]. 上海:同济大学出版社,2016.

[8] 孙晓飞. 我国节能技术在建筑中的应用 [J]. 应用能源技术,2019 (8):41-45.

[9] 清华大学建筑节能研究中心. 中国建筑节能年度发展研究报告2018 [M]. 北京:中国建筑工业出版社,2018.

[10] 燕达,陈友明,潘毅群,等. 我国建筑能耗模拟的研究现状与发展 [J]. 建筑科学,2018,34 (10):130-138.

[11] 刘靖. 建筑节能 [M]. 长沙:中南大学出版社,2015.

[12] 刘荣达. 综合能源管理系统解决方案 [J]. 智慧建筑,2019 (10):39-45.

[13] 陈观生,张仁元. 建筑节能与中央空调冷热综合利用 [J]. 发电与空调,2007,28 (3):75-78.

[14] 冷超群,李长城,曲梦露. 建筑节能设计 [M]. 北京:航空工业出版社,2016.

[15] 罗春燕. 深圳市公共建筑节能改造重点城市建设项目的节能效果分析 [J]. 暖通空调,2021,51 (8):78-82.

[16] 董宝春. 浦东机场航站楼暖通空调系统的节能运行 [J]. 电力与能源,2011,32 (3):240-243.

[17] 陈欣,宋德萱. 基于零能耗理念的城市社区低碳生活模式研究 [C]//2020 国际绿色建筑与建筑节能大会论文集,2020:696-700.

[18] 中华人民共和国住房和城乡建设部. GB 50176—2016 民用建筑热工设计规范 [S]. 北京:中国建筑工业出版社,2016.

[19] 林伯强. 中国能源发展报告 2018［M］. 北京：北京大学出版社，2019.

[20] 清华大学建筑节能研究中心. 中国建筑节能年度发展报告 2020［M］. 北京：中国建筑工业出版社，2020.

[21] 中华人民共和国住房和城乡建设部. GB 50189—2015 公共建筑技能设计标准［S］. 北京：中国建筑工业出版社，2015.

[22] 中华人民共和国住房和城乡建设部. GB 55015—2021 建筑节能与可再生能源利用通用规范［S］. 北京：中国建筑工业出版社，2022.

# 2　建筑节能原理

建筑能量系统是指由室外环境、建筑围护结构、能量使用、能量输送和能量转换等所有与建筑能量利用过程相关的分系统构成，其能源利用过程就是能量不断传递转换的过程。热力学第一定律和第二定律奠定了节能应用的理论基础。热力学第一定律是指能量在"数量"上是守恒的，它既不会无故产生，也不会无缘消失。具体到热量和功量，它们是等价的，即热功当量。热力学第二定律是指能量在"质量"上是有差异的，不同形式能量间的转换存在"不等价"现象。例如，机械能可以自发地全部转化为热能，而热能则只能有条件地部分转化为机械能。建立在热力学第一定律之上的能量守恒分析法和建立在热力学第二定律之上的熵分析法和㶲分析法指出了能量"浪费"的关键所在，为节约能源指明了方向和途径。

## 2.1　能源与能源分类

### 2.1.1　能、能量和能源

能是物质运动的一般量度，其大小称为能量。各种不同形式的能量，反映了各种不同质的运动形式，如机械运动、热运动、电磁运动、化学变化、原子内部运动等。对应于不同运动形式就有不同形式的能量，如机械能、热能、电磁能、化学能、原子能等。当物质的运动由一种形式转变到另一种形式时，必然同时产生能量形式的转化。在现实生活中，能更多的从热能或电磁能转变为机械能，并以做功的形式表现出来，所以，常说能是做功的本领。

功与能可以互相转化，功是能的表现，所以功与能采用相同的单位。能、能量、能源三者是有区别的，在日常生活中容易混淆相互的概念，实际上它们有不同的含义。物理学中的"能"指的是物体做功的能力，包括动能、势能、热能、电能、核能、辐射能和化学能等，其中动能和势能属于机械能，是人类最早认识的能的形式，光能则属于辐射能。能量则是对上述各种能的计算，或者称为物质运动的量度，通常用 cal（1cal 等于给 1g 水加热使温度升高 1℃所需要的能量）和 J（4.18J 等于 1cal）来衡量。能量是物质的基本单元在空间中的运动周期范围的测量。能量的单位与功的单位相同，在国际单位制中是焦耳（J）。按照物质的不同运动形式分，能量可分为机械能、化学能、热能、电能、辐射能、核能、光能、潮汐能等。这些不同形式的能量之间可以通过物理效应或化学反应相互转化。各种场也具有能量，可以做功，并将能量传递出去。例如重力势能。

而对能源的解释却很多，我国的《能源百科全书》这样解释："能源是可以直接或经转换提供人类所需的光、热、动力等任一形式能量的载能体资源"，这与《科学技术百科全书》的定义比较接近："能源是可从其获得热、光和动力之类能量的资源"。简单地说，能源是一种呈多种形式的，且可以相互转换的能量的源泉，是自然界中能够为人类提供某种形式能量的物质资源。

## 2.1.2 能源的分类

所谓能源是指可向人类提供各种能力和动力的物质资源。迄今为止，由自然界提供的能源有：水力能、风能、地热能、燃料的化学能、原子核能、海洋能以及其他一些形式的能量。在能源的获取、开发和利用的过程中，为了表达的需要，可以根据来源、性质、开发步骤、使用技术状况以及利用开发对环境污染程度等进行分类。

（1）按来源分，能源大致可分为三类：第一类是地球本身蕴藏的能源，如原子核能、地热能等；第二类是来自地球以外天体的能源，如太阳能以及由太阳能转化而来的风能、水能、海洋波浪能、生物质能以及化石能源（如煤炭、石油、天然气等）；第三类则是来自月球和太阳等天体对地球的引力，且以月球引力为主，如海洋的潮汐能。

（2）按照能源开发的步骤，能源可分为一次能源和二次能源。一次能源，即在自然界以自然形态存在可以直接开发利用的能源，如煤炭、石油、天然气、水力能、风能、海洋能、地热能和生物质能等。一次能源中又可根据能否再生分为可再生能源和不可再生能源。可再生能源是指不会因被开发利用而减少，具有天然恢复能力的能源，如太阳能、风能、地热能、水力能、海洋能、生物质能等；不可再生能源是指储量有限，随着被开发利用而逐渐减少的能源，如煤炭、石油、天然气和原子核能等。二次能源，即由一次能源直接或间接转化而来的能源，二次能源也称为"次级能源"或"人工能源"，如电能、蒸汽、热水、汽油、沼气、氢气、甲醇、乙醇、液化石油气等。在生产过程中的余热余压，如锅炉烟道排放的高温烟气，反应装置排放的可燃废气、废蒸汽、废热水，密闭反应器向外排放的有压流体等也属于二次能源。

（3）按照能源使用程度和技术分，能源使用的技术状况不同，从而可将能源分为常规能源和新能源。常规能源是指开发时间较长、技术比较成熟、人们已经大规模生产和广泛使用的能源，如煤炭、石油、天然气和水力能等。新能源是指开发时间较短、技术尚不成熟、尚未被大规模开发利用的能源，如太阳能、风能、生物质能、地热能、海洋能和原子核能等。

（4）按照开发利用过程中能源对环境的污染程度分，能源可分为清洁能源和非清洁能源。无污染或污染很小的能源称为清洁能源，如太阳能、风能、水力能、海洋能等；对环境污染大或较大的能源称为非清洁能源，如煤炭、石油、天然气等。清洁与非清洁能源的划分也是相对的。

（5）按能源的性质分，能源可分为含能体能源和过程性能源。含能体能源是指集中储存能量的含能物质，如煤炭、石油、天然气和原子核能等，而过程性能源是指物质运动过程产生和提供的能量，此种能量无法储存并随着物质运动过程结束而消失，如水力能、风能和潮汐能等。

## 2.1.3 能的形态和性质

### 2.1.3.1 能的形态

能是物质做功的能力，由于物质运动有多种形式，如机械运动、电磁运动、不规则热运动、化学变化及核裂变或核聚变等，能也就有与运动形式相应的不同形态。

（1）储存能：指那些在自然形态下比较稳定存在的能量，其中有生物燃料（如粮食、木柴）、矿物燃料（如天然气、石油、煤）、核燃料、电池、溶液浓度差所具有的能量等。化学能和核能是它的主要形态。

（2）不规则能：是指由于分子、原子等粒子不规则运动所产生的能量，如地热能、海水温差具有的能量，冷冻水、冰等所具有的"冷能"等。

（3）机械能：是指物体宏观运动所具有的能量，如水能、风能、海浪能、潮汐能等。

（4）电磁能：电磁场所具有的能量，其中包括静电能、电磁能和磁能等。

（5）辐射能：其典型代表是太阳能，还包括电磁波、声波、弹性波、核放射线所传递的能量等。

### 2.1.3.2　能的性质

在不同形态能量之间，迄今除了尚未发现机械能可以直接转换为化学能和核能的方法外，其他不同形态的能量之间都可以相互传递和转换，并且在相互传递与转换过程中具有以下的性质。

（1）能量的数量守恒性。即能量既不可能创造，也不可能消失，但是能量可以从一种形式转换成另一种形式，并且在能量传递与转换过程中，能量的总量不变。这也就是人们所熟知的能量守恒定律。

（2）能量的质量差异性。能量守恒定律反映了能量在数量上的一致性，但是不同形态的能量毕竟存在着不一致性。不一致性就是不同形态的能量其质量不同，其具体体现就是能量在传递与转换过程中具有方向性。如机械能可以无条件地全部转换为热能，而热能不能无条件地全部转换为机械能，原因就在于机械能属于有规则的高品质能量，而热能属于无规则运动的低品质能量；又如环境（大气、海洋）中的热能，虽然数量很大，但是都属于无转换能力的低品质能量。

能量在数量上的守恒性和在质量上的差异性反映了能量在传递和转换时所具有的两重性。以往在能量十分短缺的时候，人们常常只注重能量之间的数量关系，而忽略了能量在质量上的差异。其实，人类在利用能量的过程中因为能量的总量是不变的，人类真正消耗的是能量的质量，不断将高品质能量变成了低品质能量。随着人类对能源认识的深入，现在人们对能量在质量上的差异关注越来越多。

## 2.2　热力学第一定律和第二定律

### 2.2.1　热力学第一定律

热力学第一定律是能量守恒与转换定律在热现象上的应用，它揭示了能量在量上的特性。

能量方程式：
$$Q = \Delta U + W \tag{2-1}$$

$Q$ 为热量；$\Delta U$ 为内能的改变量；$W$ 为功。上式表明：加给工质的热量一部分用于增加工质的内能，余下的部分以做功方式传递给外界。

热力学第一定律指出能量的转化与守恒的定律。热在一定条件下可以转化为功。任何形式的能量，在一定条件下可以实现转化为另一种形式的能量。但是在孤立体系中，转化前后能量的总和是恒定不变的。外界施加给系统的热量 $Q$ 等于系统对外界所做的功 $W$ 和系统中内能增量 $\Delta U$ 之和。不同形式的能常常用不同的尺度来度量，即采用不同的单位。当量原理的作用在于统一各种形式能量的度量，在不同能量单位之间确定其换算值，为定量地运用热力学第一定律创造前提。功、能和热量的单位换算见表 2-1。

表 2-1 功、能和热量的单位换算表

| 千焦(kJ) | 千卡(kcal) | 千克·米(kg·m) | 千瓦·时(kW·h) |
|---|---|---|---|
| 1 | 0.2389 | 101.97 | $2.778 \times 10^{-4}$ |
| 4.1868 | 1 | 426.94 | $1.163 \times 10^{-3}$ |
| $9.81 \times 10^{-3}$ | $2.341 \times 10^{-3}$ | 1 | $2.727 \times 10^{-6}$ |
| 3600 | 860 | $3.671 \times 10^{5}$ | 1 |

热力学第一定律是指能量守恒和转换定律在具有热现象的能量转换中的应用，由德国物理学家迈耶（J. R. Mayer）、亥姆霍兹（H. L. Helmholtz）和英国物理学家焦耳（J. P. Joule）奠定了其基础。它的本质就是能量守恒和转换定律。

能量守恒和转换定律指出：自然界的一切物质都有能量，能量有各种不同的形式，它能够从一种形式转换为另一种形式，从一个物体传递给另一个物体，从物体的一部分传递到另一部分，在转换和传递中能量的数量不变。

如图 2-1 所示，对于任何一个系统，能量守恒和转换定律可表示为

$$E_1 = \Delta E + E_2 \tag{2-2}$$

式中，$E_1$ 为进入系统的能力；$\Delta E$ 为系统能量的增量；$E_2$ 为离开系统的能量。

如图 2-2 所示，对于热力系统，热力学第一定律可表示为

$$Q = \Delta E + W \tag{2-3}$$

式中，$Q$ 为热力系统与外界交换的热量，J，热力系统吸热 $Q$ 取"正"值，热力系统放热 $Q$ 取"负"值；$\Delta E$ 为热力系统能量的增量，J；$W$ 为热力系统与外界交换的功量，J，热力系统对外界做功 $W$ 取"正"值，外界对热力系统做功 $W$ 取"负"值。

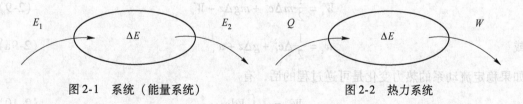

图 2-1 系统（能量系统）　　　　　　图 2-2 热力系统

工程应用上，经常涉及两个典型的热力系统，闭口系和稳定流动系。闭口系是指与外界没有质量交换的热力系统。不管是否流动，取一定质量的工质作为研究对象的热力系统就是闭口系。例如，取压气机压缩过程中被包围在气缸中的工质为研究对象，就是一个闭口系。

与外界有质量交换的热力系统叫作开口系，不随时间变化的流动叫作稳定流动，稳定流动系是指其内流动状况不随时间变化的开口系，取一定体系内稳定流动的工质作为研究对象的热力系统就是稳定流动系。例如，稳定工况下，取包围在锅炉、汽轮机、换热器中的工质为研究对象，就是一个稳定流动系。

**2.2.1.1　闭口系的能量方程式**

对于闭口系，根据热力学第一定律，其能量方程式可由式（2-3）变化为

$$Q = \Delta U + W \tag{2-4}$$

或

$$q = \Delta u + w \tag{2-4a}$$

式中，$\Delta U$、$Q$、$W$ 为闭口系热力学能的变化、与外界交换的热量和功量，J；$\Delta u$、$q$、$w$ 分别为单位工质热力学能的变化、与外界交换的热量和功量，J/kg。

如果闭口系与外界交换的功量只有容积变化功，并且其热力变化是可逆过程的话，有

$$W = \int_1^2 p\mathrm{d}V \tag{2-5}$$

式中，$p$、$V$ 分别为工质的压力和体积，Pa 和 $\mathrm{m}^3$。

此时，闭口系的能量方程式可写成

$$Q = \Delta U + \int_1^2 p\mathrm{d}V \tag{2-6}$$

或

$$q = \Delta u + \int_1^2 p\mathrm{d}v \tag{2-6a}$$

**2.2.1.2　稳定流动系的能量方程式**

对于稳定流动系，根据热力学第一定律，其能量方程式可由式（2-3）变化为

$$Q = \Delta H + \frac{1}{2}m\Delta c_\mathrm{f}^2 + mg\Delta z + W_\mathrm{s} \tag{2-7}$$

或

$$q = \Delta h + \frac{1}{2}\Delta c_\mathrm{f}^2 + g\Delta z + w_\mathrm{s} \tag{2-7a}$$

或

$$Q = \Delta H + W_\mathrm{t} \tag{2-8}$$

或

$$q = \Delta h + w_\mathrm{t} \tag{2-8a}$$

式中，$\Delta H$、$\frac{1}{2}m\Delta c_\mathrm{f}^2$、$mg\Delta z$ 分别为稳定流动系焓、动能和势能的变化，J；$W_\mathrm{s}$ 为稳定流动系通过轴与外界交换的轴功，J；$W$ 为稳定流动系与外界交换的技术功，J；$\Delta h$、$W_\mathrm{s}$、$W_\mathrm{t}$ 分别为单位工质焓的变化、轴功和技术功，J/kg。显然有

$$W_\mathrm{t} = \frac{1}{2}m\Delta c_\mathrm{f}^2 + mg\Delta z + W_\mathrm{s} \tag{2-9}$$

或

$$w_\mathrm{t} = \frac{1}{2}\Delta c_\mathrm{f}^2 + g\Delta z + w_\mathrm{s} \tag{2-9a}$$

如果稳定流动系的热力变化是可逆过程的话，有

$$W_\mathrm{t} = -\int_1^2 V\mathrm{d}p \tag{2-10}$$

此时，稳定流动系的能量方程式可写成

$$Q = \Delta H - \int_1^2 V\mathrm{d}p \tag{2-11}$$

或

$$q = \Delta h - \int_1^2 v\mathrm{d}p \tag{2-11a}$$

**2.2.1.3　热力学第一定律的应用**

应用式（2-4）~式（2-11）可以对工程上的设备从能量守恒的角度进行分析。例如，

对于压气机，单位质量工质在压缩过程中所消耗的功的绝对值 $w$ 可由式（2-12）得到。

$$w = (u_2 - u_1) - q \tag{2-12}$$

而产生单位质量的压缩工质所消耗的功的绝对值 $w$ 可由式（2-13）可得。

$$w = (h_2 - h_1) - q \tag{2-13}$$

上述式子中下标1、2分别表示工质状态发生变化的前、后。

对于像蒸汽轮机、燃气轮机和叶轮式压气机等叶轮机械，一般认为其内工质发生的过程为绝热且忽略工质动能、势能的变化，此时单位工质通过轴与外界交换的功量由式（2-14）可得。

$$w_s = h_2 - h_1 \tag{2-14}$$

对于喷管和扩压管，一般认为其内工质发生的过程为绝热且忽略工质势能的变化，此时由式（2-15）可得。

$$\frac{1}{2}\Delta c_f^2 = h_1 - h_2 \tag{2-15}$$

对于像锅炉、凝汽器、中间冷却器等间壁式换热器，热流体或者冷流体的能量平衡方程式由式（2-16）可得。

$$q = h_2 - h_1 \tag{2-16}$$

能源利用系统中的设备都是以能量的转换或者转移为目的的，弄清楚这些设备中的能量转换或者转移的数量，是提高设备效率、改进设备设计时最基本的参数。

### 2.2.2 热力学第二定律

热力学第二定律涉及能量传递的方向和深度的问题，是能量在质上的特性，所谓能的质量是指能的品位或能的可用性。能量在其传递或转换过程中，品质是逐渐降低的，即能量贬值。该定律指出能量的传递方向与其不可逆过程的程度。能量只能自发地由高品位向低品位传递，热量只能自发地由高温处向低温处传导，而不能相反。这是不可逆的过程，而自然界存在着大量不可逆过程和不可逆循环，也就是说，在这种循环及过程中，必然造成不可逆的损失。在热工过程中，这种不可逆的损失就表现为熵的增加。

人工制冷是热力学第二定律的典型应用。空调系统中的制冷机正是按照热力学第二定律，施予一定的能量消耗作为不可逆过程的损失，而使热量从低温热源转移到高温热源，以达到制冷的目的。

热力学第二定律是对自然界各种自发过程的不可逆性或者方向性蕴含的规律的总结。典型的自发过程有温差传热和热功转换。热量可以通过导热、对流和热辐射等多种形式从高温热源自发地传递到低温热源，机械能可以通过摩擦生热、压缩等多种形式自发地转换为热能。但是，相反的过程却不能自发进行，而它们并不违反热力学第一定律。大量的实践证明：当有无序能参与能量转换时，遵守热力学第一定律的过程未必能够实现。例如，人类历史上发明创造了形式繁多的动力循环都不能全部，而只能部分地把热能转换为机械能。德国物理学家克劳修斯（R. J. E. Clausius）、英国科学家开尔文（L. Kelvin）和法国物理学家卡诺（N. I. S. Carnon）对热力学第二定律做出了巨大的贡献。

针对不同自发过程的物理现象，热力学第二定律有不同的表述。

克劳修斯说法：不可能把热量从低温物体传到高温物体而不引起其他变化。

开尔文说法：不可能从单一热源取热使之完全变为功而不引起其他变化。

人们把能够从单一热源取热，使之完全变为功而不引起其他变化的机器叫作第二类永动机，显然第二类永动机是不可能实现的。

根据热力学第二定律，在实际中任何热机都不能把热能全部转换为机械能，到底有多少热能可以转换为机械能呢？卡诺定律从理论上回答了这一问题。

#### 2.2.2.1　卡诺循环和卡诺定律

卡诺首先假设了一个工作在两个恒温热源之间按照卡诺循环工作的理想热机，如卡诺循环是由两个可逆定温过程和两个可逆绝热过程组成的可逆循环，工质从温度为 $T_1$ 的高温热源吸热 $Q_1$，作出循环净功 $W$，向温度为 $T_2$ 的低温热源放热 $Q_2$。卡诺循环的热效率 $\eta_{t,c}$ 为

$$\eta_{t,c} = \frac{W}{Q_1} = 1 - \frac{T_2}{T_1} \tag{2-17}$$

显然，遵守卡诺循环的热机把从高温热源吸收的热能转换为机械能的数量为

$$W = \eta_{t,c} Q_1 = \left( 1 - \frac{T_2}{T_1} \right) Q_1 \tag{2-18}$$

卡诺通过卡诺定理一和定理二进一步阐述了热力学第二定律。

卡诺定理一：在相同的高温热源和相同的低温热源之间工作的可逆热机的热效率恒高于不可逆热机的热效率。

卡诺定理二：在相同的高温热源和相同的低温热源之间工作的可逆热机有相同的热效率，而与工质无关。

遵循卡诺循环的热机虽然是理想化的，但是卡诺定理的意义在于：任何热机热效率的极限值是卡诺热机的热效率 $\eta_{t,c}$，而不是热力学第一定律体现出来的 100%。例如，工作在温度为 1000K 的高温热源和 300K 的低温热源之间的卡诺热机的热效率为 70%，工作在该温限之间的所有热机的热效率的极限值就是 70%。换句话说，如果从该高温热源吸热 1000kJ，能够转化的最大功为 700kJ。

卡诺定理仅仅针对热能和机械能转换这一自发现象阐述热力学第二定律。为了适应不同的自发现象，克劳修斯引入状态参数"熵"来进一步描述自发现象的不可逆性。

#### 2.2.2.2　熵和热力学第二定律

对于热力过程，用熵参数表示的热力学第二定律的数学表达式为

$$\Delta S \geq \int_1^2 \frac{\delta Q}{T} \tag{2-19}$$

或

$$\Delta s \geq \int_1^2 \frac{\delta q}{T} \tag{2-19a}$$

式中，$\Delta S$、$\Delta s$ 分别为热力系全部工质和单位质量工质的熵的变化，J/K 和 J/(kg·K)。

对于热力循环，用熵参数表示的热力学第二定律的数学表达式为

$$\oint \frac{\delta Q}{T} \leq 0 \tag{2-20}$$

或

$$\oint \frac{\delta q}{T} \leq 0 \tag{2-20a}$$

上述式子中，不等式表示热力过程或者循环是不可逆的，等式表示热力过程或者循环是可逆的。不等式左右边项差别越大，说明热力过程和循环的不可逆程度越大。所以，上述热力学第二定律表达式不但表示了自发过程的不可逆性和方向性，而且表示了自发过程进行的条件和深度。熵的物理意义正是通过它可以描述自发现象的不可逆性。

为了更好地理解熵的变化，把熵变化 $\Delta S$ 分为熵流 $\Delta S_t$ 和熵产 $\Delta S_g$ 两部分。熵流是指由于质量和热量的传递引起的熵变化，熵产是指由于不可逆因素引起的熵变化。所以有如下公式：

$$\Delta S = \Delta S_t + \Delta S_g \tag{2-21}$$

或

$$\Delta s = \Delta s_t + \Delta s_g \tag{2-21a}$$

不难看出，式（2-19）中左边项比右边项多出的部分就是熵产。

对于孤立系统，由于热力系与外界既无能量也无质量交换，由式（2-19）和式（2-21）可知。

$$S_{ISO} = \Delta s_g \geqslant 0 \tag{2-22}$$

这一结论是孤立系统熵增原理，式（2-22）也是热力学第二定律的数学表达式。

对热力系统熵参数的探究虽然清楚表达了自发过程的不可逆性，但并没有直接对能量转换的规律进行描述。㶲参数的引入解决了这一问题。

### 2.2.2.3 㶲和热力学第二定律

以温差传热这个相对简单的不可逆过程为例，来说明㶲在能量分析中的作用。假设热量 $Q$ 从恒温体系 A（温度为 $T_A$）传到恒温体系 B（温度为 $T_B$，$T_B < T_A$），根据㶲的定义和式（2-18）可知，该热量在 A 和 B 体系中的㶲分别如式（2-23）、式（2-24）所示。

$$E_{x,Q,A} = \left(1 - \frac{T_0}{T_A}\right) Q \tag{2-23}$$

$$E_{x,Q,B} = \left(1 - \frac{T_0}{T_B}\right) Q \tag{2-24}$$

显然，同样数量的热量，在两个不同温度下所具有的㶲是不同的（后者小于前者），也就是说具有的作功能力是不同的。用另一句话说，不可逆传热引起了㶲损失。如果用 $I$ 表示㶲损失，则该不可逆传热过程的㶲损失为

$$I = E_{x,Q,A} - E_{x,Q,B} = T_0 \left(\frac{1}{T_B} - \frac{1}{T_A}\right) Q \tag{2-25}$$

从上式可以看出，温差传热虽然满足了热力学第一定律，能量数量没有变化，但是其内含有的㶲却减少了，也就是能量中转化为有用功能能够被利用的部分减少了，称之为"能量贬值"，能量贬值的实质是能量中的㶲退化成了炕。

对于孤立系统，热力过程进行时㶲只会减少不会增加，可逆时保持不变，这就是能量贬值原理，见式（2-26）。

$$\Delta E_{x,iso} \leqslant 0 \tag{2-26}$$

实际设备中的热力过程总有各种各样的不可逆因素，就像温差传热一样，不可避免地能量中的一部分㶲将退化为炕。我们通常所说的能量损失，严格地讲是指㶲损失。基于这个意义，节能的实质是尽可能减少㶲损失。

如图 2-3 所示，就像能量平衡一样，对于任何一个系统，㶲损失也可以通过㶲平衡方程计算，见式（2-27）。

$$E_{x,1} = \Delta E_x + E_{x,2} + I \tag{2-27}$$

式中，$E_{x,1}$ 为进入系统的㶲；$\Delta E_x$ 为系统㶲的增量；$E_{x,2}$ 为离开系统的㶲，J。

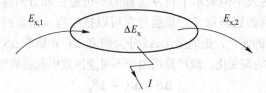

图 2-3    㶲平衡系统

对于闭口系，㶲平衡方程可由式（2-27）变化为式（2-28）或式（2-28a）。

$$E_{x,Q} = \Delta E_{x,U} + \Delta E_{x,W} + I \tag{2-28}$$

或 $\qquad\qquad e_{x,q} = \Delta e_{x,u} + e_{x,w} + i \tag{2-28a}$

对于稳定流动系，㶲平衡方程可由式（2-27）变化为式（2-29）或式（2-29a）。

$$E_{x,Q} = \Delta E_{x,H} + E_{x,W_1} + I \tag{2-29}$$

或 $\qquad\qquad e_{x,q} = \Delta e_{x,h} + e_{x,W_1} + i \tag{2-29a}$

式中，$e_x$ 和 $i$ 分别表示单位工质㶲和㶲损失，J/kg。

**【例 2-1】** 有一制冷机（冰箱），其冷冻体系必须保持在 253K，而其周围的环境温度为 298K，周围环境传入制冷机的热量约为 $10^4 \mathrm{J/min}$，而该机的效率为可逆制冷机的 50%，试求开动这一制冷机所需的功率。

**【解】** 卡诺热机的逆转即为制冷机的制冷效率可表示为：

$$\beta = \frac{Q_1}{-W} = \frac{T_1}{T_2 - T_1}$$

式中，$-W$ 为环境对制冷机所做的功；$Q_1$ 为制冷机从低温热源取出的热。

根据题目给的条件，此制冷机的可逆制冷效率为 $\beta = \dfrac{253}{298 - 253} = 5.62$，而欲保持冷冻体系的温度为 $-20℃$，则每分钟必须由低温热源取出 $1 \times 10^4 \mathrm{J}$ 的热，因此需对制冷机做的功为：

$$-W = \frac{Q_1}{\beta} = \frac{10^4}{5.62} \mathrm{J} \cdot \min$$

故开动此制冷机所需之功率为 $\left(1780 \times \dfrac{1}{60}\right) \div 50\% = 59.3\mathrm{W}$。

# 2.3   围护结构热工理论

传热三种形式：热辐射、热对流和热传导，建筑围护结构基本热工要求主要针对建筑物外围护结构的保温及隔热进行的热工计算。

建筑得热与失热的途径。冬季采暖房屋的正常温度是依靠采暖设备的供暖和围护结构保温之间的相互配合，以及建筑的得热量与失热量的平衡得以实现。建筑物总得热由采暖设备散热、建筑物内部的热和太阳辐射的热构成。夏季空调房间的正常温度是依靠空调设备的制冷和围护结构的隔热之间的相互配合，以及建筑得热量与失热量的平衡得以实现。建筑物的冷负荷是由围护结构传入的热量及室内各种热源发出的热量所形成。经围护结构传入的热量来自室外空气及太阳辐射。建筑的得热和失热的途径及其影响因素是研究建筑采暖空调和节能的基础。

### 2.3.1 建筑保温与隔热

（1）围护结构的含义：围护结构是指建筑物及其房间各面的围护物，分为透明和不透明两种类型。不透明围护结构有墙、屋面、地板、顶棚等；透明围护结构有窗户、天窗、阳台门、玻璃隔断等。按是否与室外空气直接接触，又可分为外围护结构和内围护结构。与外界直接接触者称为外围护结构，包括外墙、屋面、窗户、阳台门、外门，以及不采暖楼梯间的隔墙和户门等。不需特别指明情况下，围护结构即为外围护结构。

（2）建筑保温的含义：建筑保温通常指围护结构在冬季阻止室内向室外传热，从而保持室内适当温度的能力。保温是指冬季的传热过程，通常按稳定传热考虑，同时考虑不稳定传热的一些影响。保温性能通常用传热系数值或传热绝缘系数值来评价。主要保温措施有：建筑保温对保证冬季室内热环境质量、节约采暖能源有重要作用。一般应从综合措施和外围护结构保温两方面入手：1）综合措施：在总体规划中合理布置房屋位置、朝向，使其在冬季能获得充分的日照而又不受冷风袭击；在单体设计时，应在满足功能要求的前提下采用体形系数小的方案；2）外围护结构保温：凡有保温要求的房屋的外围护结构应有合乎规定的热阻。采暖的民用建筑的外墙和屋顶等的总热阻应根据技术经济分析确定，但不得小于最小总热阻。

（3）建筑隔热的含义：在夏季或炎热地区，为减弱太阳辐射和室外气温的作用而对外围护结构所采取的技术措施。对一般建筑可防止室内过热，对空调建筑则可降低供热供冷负荷。在外围护结构中，对隔热要求最高的是屋顶，其次是西墙和南墙。主要隔热措施有：1）减弱太阳辐射热作用，如采用遮阳以减少太阳辐射热；结构外表为浅色以减少太阳辐射的吸收。2）降低外围护结构内表面温度，合理设计外围护结构以减少传入室内的热量。如选择导热系数较小的材料，使外围护结构有良好的热工特性；设置带铝箔的空气间层以减少辐射热量；采用通风间层以从间层中带走部分热量等。

### 2.3.2 围护结构传热过程

#### 2.3.2.1 围护结构的保温计算

它是针对外围护结构在冬季阻止室内向室外传热，从而保证室内适当温度的热工计算。冬季室外温度波动较小，建筑外围护结构的冬季传热过程可近似认为稳态传热。严寒地区与寒冷地区的围护结构主要考虑冬季保温的技术要求。

围护结构保温性能，一般从下面几个方面来考虑：保证内表面不结露，即内表面温度不得低于室内空气的露点温度；室内温度与围护结构内表面温度差应满足舒适性要求；应满足建筑节能要求；应具有一定的热稳定性。

在稳态传热条件下，室内外温度均不随时间而变，单位时间通过围护结构的热流就必然是一个衡量，热流传递过程不会在哪一层增加或减少，即单位时间、单位面积的传热量相等，见图2-4。此时，围护结构传热系数成为反映围护结构保温性能的特征指标，而传热热阻是传热系数的倒数，因此围护结构的保温设计即是确定合理的热阻。当建筑材料一定时，围护结构越薄，热损失越大，热阻越小，围护结构内表面的温度越低；当围护结构内表面温度过低时，人体向外辐射热量过多，会产生不舒适感。当围护结构内表面的温度低于室内空气露点温度时，围护结构内表面还会出现结露现象。内表面结露可导致耗热量增大及围护结构易于破坏。因此，围护结构的保温设计，就应该保证围护结构内表面的温度满足上述要求，这样计算得出的围护结构热阻为冬季围护结构的最小热阻。

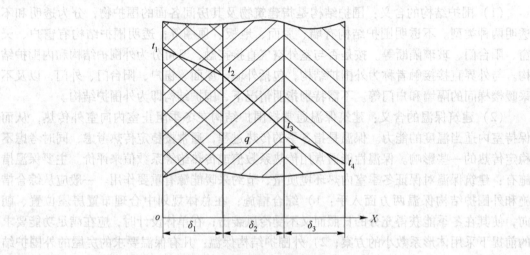

图 2-4   围护结构稳态传热过程

外墙和屋顶围护结构的最小传热阻 $R_{0,\min}$ 按下式计算：

$$R_{0,\min} = \frac{(t_n - t_e)\alpha}{\Delta t_y \alpha_n} \tag{2-30}$$

式中   $R_{0,\min}$——围护结构的最小传热阻，$m^2 \cdot ℃/W$；

        $t_n$——冬季室内计算温度，℃；

        $t_e$——围护结构冬季室外热工计算温度，℃；

        $\alpha_n$——围护结构内表面换热系数，$W/(m^2 \cdot ℃)$；

        $\alpha$——室内外计算温差修正系数；

        $\Delta t_y$——冬季室内计算温度与围护结构内表面温度的允许温差，℃。

以上参数的确定原则和选用方法如下：

（1）冬季室内计算温度 $t_n$。$t_n$ 值因房间使用性质不同而有不同的规定值。一般居住建筑取 18℃；高级居住建筑、医疗、托幼建筑，取 20℃。

（2）冬季围护结构室外计算温度 $t_e$ 选取，与围护结构的热惰性指标 $D$ 值有关。热惰性指标 $D$ 值大，$t_e$ 取值较高；热惰性指标 $D$ 值小，$t_e$ 取值较低。其原因是在进行围护结构保温设计时，假定室内外温度不随时间变化而改变，但实际上二者是发生变化的。由于不同围护结构对温度变化的抵抗能力不同，亦即围护结构的热惰性不同，同样的温度变化对其内表面温度的影响也就不同。对轻质结构影响大一些，对厚重的砖石结构和混凝土结构影响小一些。针对这种情况，《民用建筑热工设计规范》（GB 50176—2016）给出了具体选取方法。根据围护结构热惰性指标 $D$ 值将围护结构分成四种类型，其冬季室外计算温

度 $t_e$ 根据围护结构热惰性指标 $D$ 值按表 2-2 选用。

**表 2-2　冬季围护结构室外计算温度 $t_e$**　　　　　　　　　　　　（℃）

| 围护结构的类型 | 热惰性指标 $D$ 值 | $t_e$ 的取值 |
|---|---|---|
| I | $D \geqslant 6.0$ | $t_e = t_w'$ |
| II | $4.1 \leqslant D < 6.0$ | $t_e = 0.6t_w' + 0.4t_{e,min}$ |
| III | $1.6 \leqslant D < 4.1$ | $t_e = 0.3t_w' + 0.7t_{e,min}$ |
| IV | $D < 1.6$ | $t_e = t_{e,min}$ |

注：$t_w'$，$t_{e,min}$ 分别为供暖室外计算温度和累年最低日平均温度，℃。

（3）围护结构内表面换热系数 $\alpha_n$。围护结构内表面换热系数 $\alpha_n$ 一般按表 2-3 选用。

**表 2-3　围护结构内表面换热系数 $\alpha_n$**　　　　$[W/(m^2 \cdot ℃)]$

| 围护结构内表面特征 | $\alpha_n$ |
|---|---|
| 墙面、地面、表面平整或有肋状突出物的顶棚，当 $h/s \leqslant 0.2$ 时 | 8.7 |
| 有肋状突出物的顶棚，当 $0.2 < h/s \leqslant 0.3$ 时 | 8.1 |
| 有肋状突出物的顶棚，当 $h/s > 0.3$ 时 | 7.6 |
| 有井状突出物的顶棚，当 $h/s > 0.3$ 时 | 7.0 |

注：$h$ 为肋高，m；$s$ 为肋是净距，m。

（4）冬季室内计算温度与围护结构内表面温度的允许温差 $\Delta t_y$。允许温差是根据卫生和建造成本等因素确定的。按允许温差设计，围护结构的内表面温度不会太低，不会对人体形成过分的冷辐射，也可保证不会产生结露现象，同时，热损失较小。根据房间性质及结构，建筑的允许温差 $\Delta t_y$ 一般可按表 2-4 取值。

**表 2-4　允许温差 $\Delta t_y$**　　　　　　　　　　　　　　（℃）

| 序号 | 建筑物和房间类型 | 外墙 | 平屋顶和坡屋顶顶棚 |
|---|---|---|---|
| 1 | 体育馆、食堂、礼堂等建筑 | 7.0 | 5.5 |
| 2 | 居住建筑、幼儿园、职工医院等建筑 | 6.0 | 4.0 |
| 3 | 办公楼、各类学校、医院门诊部等建筑 | 6.0 | 4.5 |
| 4 | 室内潮湿的建筑不允许外墙、顶棚内表面结露时 | $t_n - t_1$ | $0.8(t_n - t_1)$ |
| 5 | 室内潮湿的建筑仅当不允许顶棚内表面结露时 | 7.0 | $0.9(t_n - t_1)$ |

注：$t_n$ 为室内计算温度；$t_1$ 为室内计算温度和相对温度状况下的露点温度，℃。

由表 2-4 可见，使用功能要求较高的房间，允许温差小一些。在相同的室内外气象条件下，按较小 $\Delta t_y$ 确定的最小传热阻值，其值也就大一些。也就是说，使用功能要求越高，其围护结构应有更大的保温能力。

（5）温差修正系数 $\alpha$。当某些围护结构的外表面不与室外空气直接接触时，应对温差加以修正，修正系数 $\alpha$ 见表 2-5。

**表 2-5　温差修正系数 $\alpha$**

| 序号 | 围护结构及其所处情况 | $\alpha$ |
|---|---|---|
| 1 | 外墙、屋顶、地面及与室外空气直接接触的楼板等 | 1.00 |
| 2 | 带通风间层的平屋顶、坡屋顶顶棚及与室外空气相通的非采暖地下室上面的楼板等 | 0.90 |
| 3 | 与有外门窗的非采暖楼梯间相邻的隔墙（1～6 层建筑） | 0.60 |
| 4 | 与有外门窗的非采暖楼梯间相邻的隔墙（7～30 层建筑） | 0.50 |
| 5 | 非采暖地下室上面的楼板，外墙上有窗户时 | 0.75 |
| 6 | 外墙无窗户且位于室外地坪以上时 | 0.60 |
| 7 | 外墙无窗户且位于室外地坪以下时 | 0.40 |
| 8 | 与无外门窗的非采暖房间相邻的隔墙 | 0.40 |
| 9 | 与有外门窗的非采暖房间相邻的隔墙 | 0.70 |
| 10 | 抗震缝墙 | 0.70 |
| 11 | 沉降缝、伸缩缝墙 | 0.30 |

应当注意，按上述求得围护结构最小热阻 $R_{0,\min}$，并非是外围护结构的实际热阻一定正好等于该计算数值，它是围护结构热工性能的最低标准值，实际热阻可以大于它，但不得小于它。对于严寒和寒冷地区的采暖居住建筑，暖通专业可协助建筑专业在进行建筑热工设计时，将各部分围护结构的传热系数控制在现行的国家规范、标准规定的限值范围内。

**2.3.2.2　围护结构的隔热计算**

建筑隔热是指围护结构在夏天隔离太阳辐射热和太阳高温的影响，从而使其内表面保持适当温度的能力。冬季保温好的房间，为什么夏季非常热？因为冬季传热为稳态传热，而夏季热作用是非稳态传热，日出和日落是非稳态导热的最大因素，需要考虑太阳辐射的周期性变化。夏热冬暖地区围护结构应考虑夏季的隔热，夏热冬冷地区围护结构既要保证夏季隔热为主，又要兼顾冬天保温要求。

评价围护结构的防热优劣是其抵抗波动热作用的能力，通常依据夏季计算温度条件下，围护结构内表面温度最高值。因为，内表面温度的高低不仅可以直接反映围护结构的隔热性能，同时，内表面温度直接与室内平均辐射温度相联系，即直接关系到内表面与室内人体的辐射换热，控制内表面最高温度，实际上就控制了围护结构对人体辐射的最大值，而且这个标准既符合当前的实际情况又便于应用。围护结构内表面最高温度可以通过计算求得。

根据《民用建筑热工设计规范》（GB 50176—2016），在给定两侧空气温度及变化规律的情况下，建筑物外墙内表面最高温度应符合表 2-6 的规定。

**表 2-6　在给定两侧空气温度及变化规律的情况下，外墙内表面最高温度限值**

| 房间类型 | 自然通风房间 | 空 调 房 间 | |
|---|---|---|---|
| | | 重质围护结构 $D \geqslant 2.5$ | 轻质围护结构 $D < 2.5$ |
| 内表面最高温度 $\theta_{i,\max}$ | $\leqslant t_{e,\max}$ | $\leqslant t_i + 2$ | $\leqslant t_i + 3$ |

注：外墙内表面最高温度应按本规范附录 C 第 C.3 节的规定计算。

以下各参数确定方法如下：

（1）室外综合温度计算。在夏季，建筑物外围结构受到室外温度和太阳辐射两部分的作用，将两者合二为一称为"综合温度"，考虑到太阳辐射对表面换热量的增强，相当于在室外气温上增加了一个太阳辐射的等效温度值。室外综合温度是以温度值表示室外气温、太阳辐射对给定外表面的热作用。它是为了计算方便推出的一个当量室外温度。

室外综合温度按下式计算。

$$t_{se} = \frac{I \cdot \rho_s}{\alpha_e} + t_e \tag{2-31}$$

式中　$t_{se}$——室外综合温度，℃；

　　　$t_e$——室外空气温度，℃；

　　　$I$——投射到围护结构的太阳辐射照度，W/m²；

　　　$\rho_s$——外表面的太阳辐射吸收系数，无量纲，与外表面材料、表面状况、色泽有关，应按《民用建筑热工设计规范》（GB 50176—2016）附录 B 第 B.5 的规定取值；

　　　$\alpha_e$——外表面换热系数，W/（m² · K），应按《民用建筑热工设计规范》（GB 50176—2016）附录 B 第 B.4 的规定取值。

夏季室外热作用呈现周期性变化，是按一天为周期的热波动，室外综合温度昼夜 24h 为传热周期。由于室外综合温度昼夜呈周期性波动变化，在围护结构隔热设计的计算中，必须确定昼夜综合温度的最大值、平均值及昼夜温度波动振幅。

1）室外综合温度平均值按下式计算。

$$\bar{t}_{se} = \frac{\bar{I} \cdot \rho_s}{\alpha_e} + \bar{t}_e \tag{2-32}$$

式中　$\bar{t}_{se}$——平均室外综合温度，℃；

　　　$\bar{t}_e$——采暖期室外平均温度，℃，应按《民用建筑热工设计规范》（GB 50176—2016）附录 A 第 A.0.1 条的规定取值；

　　　$\bar{I}$——水平或垂直面上的太阳辐射照度平均值，W/m²，应按《建筑节能气象参数标准》（JGJ/T 346）的规定取值；

　　　$\rho_s$——太阳辐射吸收系数，应按《民用建筑热工设计规范》附录 B 第 B.5 的规定取值；

　　　$\alpha_e$——外表面换热系数，应按《民用建筑热工设计规范》附录 B 第 B.4 的规定取值。

2）根据《民用建筑热工设计规范》（GB 50176—93），室外综合温度波幅应按下式计算。

$$A_{isa} = (A_{te} + A_{ts})\beta \tag{2-33}$$

式中　$A_{isa}$——室外综合温度波幅，℃；

　　　$A_{te}$——室外空气温度波幅，℃；

　　　$\beta$——相位差修正系数，因为室外气温最大值与太阳辐射等效温度最大值出现时间不一致，因此二者振幅不能取简单代数和，应乘以修正系数。

表达式如下。

$$A_{ts} = \frac{(I_{max} - \bar{I})\rho_s}{\alpha_e} \tag{2-34}$$

式中　$A_{ts}$——太阳辐射的温度波幅，℃；

　　　$I_{max}$——水平或垂直面上太阳辐射照度最大值，W/m²；

　　　其他符号意义同上。

3）室外综合温度最大值按下式计算。

$$t_{e,max} = \bar{t}_{sa} + A_{isa} \tag{2-35}$$

（2）围护结构内表面最高温度计算。

1）围护结构内表面最高温度可按下式计算。

$$\theta_{imax} = \bar{\theta}_i + \left( \frac{A_{tsa}}{V_0} + \frac{A_{ti}}{V_i} \right) \beta \tag{2-36}$$

2）内表面平均温度可按下式计算。

$$\bar{\theta}_i = \bar{t}_i + \frac{\bar{t}_{sa} - \bar{t}_i}{R_0 \alpha_i} \tag{2-37}$$

式中　　　$\theta_{imax}$——内表面最高温度，℃；

$\bar{\theta}_i$——内表面平均温度，℃；

$\bar{t}_i$——室内计算温度平均值，℃，取 $\bar{t}_i = \bar{t}_e + 1.5$（℃）；

$A_{ti}$——室内计算温度波幅值，℃，取 $A_{ti} = A_{ei} - 1.5$（℃）；

$A_{ei}$——室外计算温度波幅值；

$R_0$——围护结构的热阻，$m^2 \cdot K/W$；

$V_0$——围护结构衰减倍数即室外综合温度波幅与围护结构内表面温度波幅的比值，其表达式为：

$$V_0 = \frac{A_{isa}}{A_{te}} = 0.9e^{\frac{\sum D}{\sqrt{2}}} \cdot \frac{S_1 + \alpha_i}{S_1 + Y_1} \cdot \frac{S_2 + Y_1}{S_2 + Y_2} \cdots \frac{S_n + Y_{n-1}}{S_n + Y_n} \cdot \frac{Y_n + \alpha_e}{\alpha_e} \tag{2-38}$$

$\sum D$——围护结构热惰性指标，等于各材料层热惰性指标之和；

$S_1, S_2, \cdots, S_n$——各层材料蓄热系数，$W/(m^2 \cdot K)$；

$Y_1, Y_2, \cdots, Y_n$——各层材料外表面蓄热系数，$W/(m^2 \cdot K)$；

$\alpha_i, \alpha_e$——分别为内、外表面换热系数，应按《民用建筑热工设计规范》（GB 50176—2016）附录 B 第 B.4 的规范取值；

$V_i$——室内温度波动影响到围护结构内表面温度波动的衰减倍数，其表达式如下：

$$V_i = \frac{A_{ti}}{A_{\theta i}} = 0.95 \frac{\alpha_i + Y_i}{\alpha_i} \tag{2-39}$$

$Y_i$——内表面蓄热系数，$W/(m^2 \cdot K)$；

$A_{ti}$——室内温度波动的振幅，℃；

$A_{\theta i}$——内表面温度波动的振幅，℃。

$$\xi_0 = \frac{1}{15} \left( 40.5 \sum D - \arctan \frac{\alpha_i}{\alpha_i + \sqrt{2} Y_i} + \arctan \frac{Y_e}{Y_e + \sqrt{2} \alpha_e} \right) \tag{2-40}$$

式中　$\xi_0$——温度波通过围护结构的相对延迟，即内表面的最高温度出现时间与室外综合温度最大值的出现时间之差，即围护结构延迟时间，h；

1/15——单位换算值，以 1h 为 15°，将度数换算成小时；

40.5——单位换算值，将弧度换算成度数。

$$\xi_i = \frac{1}{15} \arctan \frac{Y_i}{Y_i + \sqrt{2} \alpha_i} \tag{2-41}$$

式中　$\xi_i$——室内最高温度出现的时间与围护结构内表面的最高温度出现时间之差，即室内温度影响到内表面的延迟时间，h；

其他符号意义同上。

由上述分析知，围护结构内表面最高温度不仅受室外综合温度的影响，还受到围护结构衰减倍数延迟时间、室内温度及其波动的影响。

围护结构隔热设计主要是针对建筑外表面的温度，即室外综合温度进行的。室外综合温度不仅以24h为周期进行波动，随围护结构的朝向及外表面对太阳辐射的吸收率不同，室外综合温度有很大的变化。不同朝向表面接受的太阳辐射照度有很大的差异，对同样做法的外墙，西墙、东墙、西南墙、东南墙所受室外热作用比南墙大，其综合温度最高值比南墙高得多，更应做好隔热设计。

围护结构的隔热能力还取决于其对周期性热作用的衰减倍数和延迟时间。同样的综合温度作用下，围护结构的衰减倍数越大其内表面的温度波越小，内表面的最高温度也就越低，即隔热性能越好。同时，在相同综合温度作用下，延迟时间越长，围护结构隔热性能就越好。

此外，在《民用建筑热工设计规范》（GB 50176—93）中，隔热设计将围护结构内表面最高温度低于当地夏季室外计算温度最高值作为评价指标，相当于在自然通风条件下240mm实心砖墙（清水墙，内侧抹20mm石灰砂浆）的隔热水平。随着经济水平的发展和国家对建筑节能工作的重视，240mm砖墙的隔热水平远远达不到节能建筑墙体的热工性能，而且越来越多的建筑采用了空调方式进行室内环境的控制，这些情况都与30多年前发生了根本性的改变。但自然通风条件下围护结构隔热性能同样重要，尤其在评价被动建筑热性能时具有重要的作用，在南方还有许多建筑利用自然通风来改善室内热环境。因此，《民用建筑热工设计规范》（GB 50176—2016）中采用自然通风和空调两种工况条件下来评价围护结构的隔热性能，在具体分析时仍需要注意。

## 2.4 建筑节能的分析方法

节能分析，即用热力学的基本原理分析、评价用能过程的能量损失的性质、大小、原因及分布情况，确定各种用能过程的效率，为提高能量利用率、制定节能措施及实现过程最优化提供依据。节能分析方法一般可以分为能分析和㶲分析两种。

### 2.4.1 能分析法

能分析法即能量平衡法，又称为热平衡法，它是依据热力学第一定律，对某一能量利用装置（或系统）考察其收入的能量和支出能量的数量上的平衡关系。其目的是对考察对象的用能完善程度做出评价，对能量损失程度和原因做出判断，对节能的潜力和影响因素做出估计。对能量的转换、传递和终端利用中的任一环节或整体进行热平衡分析是最常用的分析方法。这种方法简单，是多年来工厂企业普遍采用的方法。

能量平衡既包括一次能源和二次能源所提供的能量，也包括工质和物料所携带的能量，以及在工艺过程、发电、动力、照明等能源转换和传输过程的各项能量收支。由于热能往往是能量利用中的主要形式，因此，在考察系统的能量平衡时，通常将其他各种形式的能量（如电能、机械能、辐射能等）折算成等价热能，并以热能为基础进行能量平衡的计算，因此往往又将能量平衡称为热平衡。

能量平衡的理论依据是众所周知的能量守恒和转换定律，即对一个有明确边界的系统有

$$输入能量 = 输出能量 + 体系内能量的变化$$

对正常的连续生产过程，可以视其为稳定状态，此时系统内的能量将不发生变化，于是有

$$输入能量 = 输出能量$$

由此可见，能量平衡主要是通过考察进出系统的能量状态与数量来分析该系统能量利用的程度和存在的问题，而不细致考察系统内部的变化，因此它是一种典型的黑箱方法。能量平衡法是建立在热力学第一定律基础上的能量分析方法，主要考察系统热量的平衡关系，揭示能在数量上的转换和利用情况，从而确定系统的能利用率或能效率（热效率）。

能量平衡法对提高能源利用率，实现能量有效利用的作用是不容低估的。但随着生产和能源消费的不断增长，能源供需矛盾日益突出，而且用能系统使用能源的种类和能量的品位也日趋多样化（如除燃料的化学能、电能外，还有余热能、地热能、风能、太阳能等），人们越来越认识到单纯的以热力学第一定律为基础的能量平衡法的不足之处，例如，能量平衡只能反映系统的外部损失（如排热、散热等损失），而不能揭示能量转换和利用过程中的内部损失（即不可逆损失）。

能量平衡应用于设备和装置时，称为设备能量平衡，应用于车间、企业时则称为企业能量平衡。设备能量平衡着眼于设备单元的能量收支分析，企业能量平衡则以企业为基本单位，着眼于企业整体能量利用的综合平衡分析。企业能量平衡所涉及的范围、采用的方法、包含的内容都远远超过了设备能量平衡，但设备能量平衡却是企业能量平衡的基础。有时为了考察企业中某一种能源形式的收支关系，还可以有所谓蒸汽平衡、油平衡、电平衡等，其中图2-5是较为典型的企业热平衡系统。

企业能量平衡的技术指标，包括单位能耗、单位综合能耗、设备效率和企业能量利用率等。在能源利用中，能量利用率是指有效利用能量占全部能量的百分比，是衡量能量利用技术水平和经济性的一项综合性指标。通过对能源利用效率的分析，可以有助于改进企业的工艺和设备，挖掘节能的潜力，提高能量利用的经济效果。

它包括能源消费弹性系数（能源消费弹性系数 = 能源消费量年平均增长速度/国民经济年平均增长速度）、能源的利用效率和用能效益（首先，计算出各自的总年金现值，包括直接效益（指经济效益）和间接效益（包括环境效益和社会效益即 $V = V_{经济} + V_{环境} + V_{社会}$）；其次，计算周期内总增量效益现值 $V_{总} = V \times PV_2$）。其中能源利用效率是指能量被有效利用的程度，通常以 $\eta$ 表示，其计算公式为：

$$\eta = \frac{有效利用能量}{供给能量} \times 100\% = \left(1 - \frac{损失能量}{供给能量}\right) \times 100\% \qquad (2-42)$$

对不同的对象，计算能源利用效率的方法也不尽相同，通常有以下几种。

（1）按产品能耗计算。一个国家或一个地区可能生产多种产品。对主要的耗能产品，如电力、化肥、水泥、钢铁、炼油、制碱等，按单位产品的有效利用能量和综合供给能量加权平均，即可求得总的能源利用率 $\eta_t$，即

$$\eta_t = \frac{\sum G_i E_{0i}}{\sum G_i E_i} \times 100\% \qquad (2-43)$$

式中　$G_i$——某项产品的质量；

$E_{0i}$——该项产品的有效利用能量；

$E_i$——该项产品的综合供给能量（综合能耗量）。

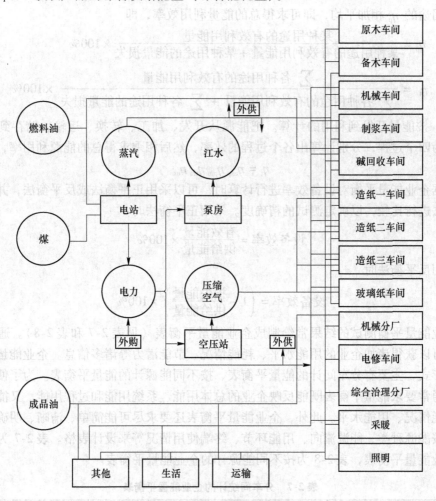

图 2-5 典型的能量平衡系统

上述综合能耗量包括两部分：一部分为直接能耗，即生产该种产品所直接消耗的能量；另一部分是间接能耗，它是指生产该种产品所需的原料、材料及耗用的水、压缩空气、氧等及设备投资所折算的能耗。

（2）按部门能耗计算。将国家和地区所消耗的一次能源，按发电、工业、运输、商业和民用四大部门，分别按技术资料及统计资料，计算各部门的有效利用能量和损失能量，求得部门的能量利用效率 $\eta_d$，然后再求得全国或地区的总的能量利用效率 $\eta_t$，即

$$\eta_d = \frac{\text{部门有效利用能量}}{\text{部门有效利用能量 + 部门损失能量}} \times 100\% \tag{2-44}$$

$$\eta_t = \frac{\sum \text{部门有效利用能量}}{\sum \text{部门有效利用能量} + \sum \text{部门损失能量}} \times 100\% \tag{2-45}$$

（3）按能量使用的用途计算。一次能源在国民经济各部门使用，除了少数作为原料外，绝大部分作为燃料使用。其中一类是直接燃烧，如各种窑炉、内燃机、炊事和采暖

等；另一类转换为二次能源后再使用，如电、蒸汽、煤气等。因此按用途计算便可分为发电、锅炉、窑炉、蒸气动力、内燃动力、炊事、采暖等。先求得某项用途的 $\eta_p$，然后再将各种用途的 $\eta_p$ 相加平均，即可求得总的能量利用效率，即

$$\eta_p = \frac{某种用途的有效利用能量}{某种用途的有效利用能量 + 某种用途的能量损失} \times 100\% \tag{2-46}$$

$$\eta_t = \frac{\sum 各种用途的有效利用能量}{\sum 各种用途的有效利用能量 + \sum 各种用途的能量损失} \times 100\% \tag{2-47}$$

（4）按能量开发到利用的计算。把能源从开发、加工、转换、运输、储存到最终使用，分为四个过程，分别计算出各个过程的效率，然后相乘求得总的能源利用率，即

$$\eta_t = \eta_{exp} \eta_{pro} \eta_{tra} \eta_{use} \tag{2-48}$$

根据企业能量平衡对设备效率进行计算时，可以采用正平衡法或反平衡法，并可将这两种方法进行比较，以确定测试的精确度。采用正平衡法时

$$设备效率 = \frac{有效能量}{供给能量} \times 100\% \tag{2-49}$$

采用反平衡法时

$$设备效率 = \left(1 - \frac{损失能量}{供给能量}\right) \times 100\% \tag{2-50}$$

企业能量平衡测试的结果常绘制成企业能量平衡表（见表 2-7 和表 2-8）。通过能量平衡表可以获得诸如企业的用能水平、耗能情况、节能潜力等诸多信息。企业能量平衡表有多种形式，主要有分车间计的能量平衡表、按不同能源计的能量平衡表。为了便于能源管理，通常要求能量平衡表既能反映企业的总体用能、系统用能和过程用能，又能反映企业的能耗情况、用能水平。此外，企业能量平衡表还要求尽可能简单、清晰、明确，为此一般都按能源种类、能源流向、用能环节、终端使用情况等来设计表格。表 2-7 为分车间计的企业能量平衡表，表 2-8 为按不同能源计的企业能量平衡表。

表 2-7　分车间统计的企业能量平衡表

| 车间名称 | 供入生产系统能量 | | 能量分配（标煤）/t | | | | | | | | | | | | 有效利用能量（标煤）/t |
|---|---|---|---|---|---|---|---|---|---|---|---|---|---|---|---|
| | | | 主要生产系统 | | | 辅助生产系统 | | | 附属生产系统 | | | 其他 | | | |
| | 按等价值（标煤）/t | 按当量值（标煤）/t | 供入能量 | 有效利用 | 损失 | 供入能量 | 有效利用 | 损失 | 供入能量 | 有效利用 | 损失 | 供入能量 | 有效利用 | 损失 | |
| 1 | 2 | 3 | 4 | 5 | 6 | 7 | 8 | 9 | 10 | 11 | 12 | 13 | 14 | 15 | 16 |
| 一车间 | | | | | | | | | | | | | | | |
| 二车间 | | | | | | | | | | | | | | | |
| 三车间 | | | | | | | | | | | | | | | |
| ⋮ | | | | | | | | | | | | | | | |
| 合计 | | | | | | | | | | | | | | | |
| 企业能源利用率/% | | | | | | | | | | | | | | | |

表 2-8　按不同能源计的企业能量平衡表

| 项　目 | | 购入储存 | | | 加工转换 | | | | 输送分配 | 最终使用 | | | | | | |
|---|---|---|---|---|---|---|---|---|---|---|---|---|---|---|---|---|
| | | 实物量 | 等价值 | 当量值 | 发电站 | 制冷站 | 其他 | 小计 | | 主要生产 | 辅助生产 | 采暖空调 | 照明 | 运输 | 其他 | 合计 |
| 能源名称 | | 1 | 2 | 3 | 4 | 5 | 6 | 7 | 8 | 9 | 10 | 11 | 12 | 13 | 14 | 15 |
| 供入能量 | 蒸汽 | | | | | | | | | | | | | | | |
| | 电力 | | | | | | | | | | | | | | | |
| | 柴油 | | | | | | | | | | | | | | | |
| | 汽油 | | | | | | | | | | | | | | | |
| | 煤 | | | | | | | | | | | | | | | |
| | 冷媒水 | | | | | | | | | | | | | | | |
| | 热水 | | | | | | | | | | | | | | | |
| | 合计 | | | | | | | | | | | | | | | |
| 有效能量 | 蒸汽 | | | | | | | | | | | | | | | |
| | 电力 | | | | | | | | | | | | | | | |
| | 柴油 | | | | | | | | | | | | | | | |
| | 汽油 | | | | | | | | | | | | | | | |
| | 煤 | | | | | | | | | | | | | | | |
| | 冷媒水 | | | | | | | | | | | | | | | |
| | 热水 | | | | | | | | | | | | | | | |
| | 合计 | | | | | | | | | | | | | | | |
| 回收利用 | | | | | | | | | | | | | | | | |
| 损失能量 | | | | | | | | | | | | | | | | |
| 合计 | | | | | | | | | | | | | | | | |
| 能量利用率 | | | | | | | | | | | | | | | | |
| 企业能源利用率/% | | | | | | | | | | | | | | | | |

通过企业能量平衡表可以获得的信息有：1）企业的耗能情况，如能源消耗构成、数量、分布与流向；2）企业的用能水平，如能源利用与损失情况，主要设备和耗能产品的效率等；3）企业的节能潜力，如可回收的余热、余压、余能的种类、数量、参数等；4）企业的节能方向，如主要耗能设备环节和工艺的改进方向，余热、余能的利用途径等。

由于图形比表格应用更加直观、形象，因此在能源管理中各种应用图也越来越多，而且有的应用图已经有相应的国家标准，常用的有热流图、能流图和能源网络图。能源利用流向图是根据生产过程的用能按比例绘制的，有时简称能流图。通过能流图可以形象直观地表示能量的来龙去脉、能量的分布、利用程度和损失大小。在能流图中应明显地表示各项输入能量、输出能量、有效利用能量、损失能量和回收利用的能量。各项能量均以供给能量的百分数表示，并按一定比例用不同宽度的能源带来表示百分数的大小。能流图按表示的范围，可以分为全国和地区能流图、企业能流图和设备能源图等，按其性质则有热流图、气流图和电流图等，按其性质则有热流图、气流图和电流图等，其中尤以热流图应用最为普遍，如《企业能量平衡网络图绘制方法》（GB/T 28749—2012）。图 2-6 所示为某一大型锅炉的热流图。

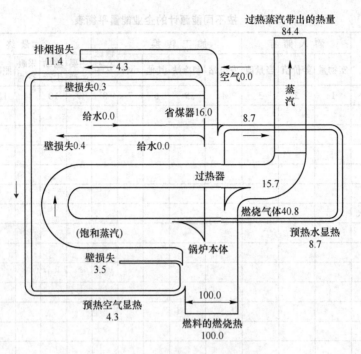

图 2-6　某一大型锅炉的热流图（%）

　　能源网络图是另一种能源应用图，它以能源利用系统为依据，按国家标准规定绘制。图 2-7 所示为某一企业的能源网络图。按照绘制的规定，将企业的能源系统分为购入储存、加工转换、输送分配、终端利用四个环节。每个环节可能包括几个用能单元。在上述各种图形中，除注明单元的名称外，还用相应的数字表示能量的数值，用进出箭头表示能量流向，箭头旁边的数字则表示能量流的大小。

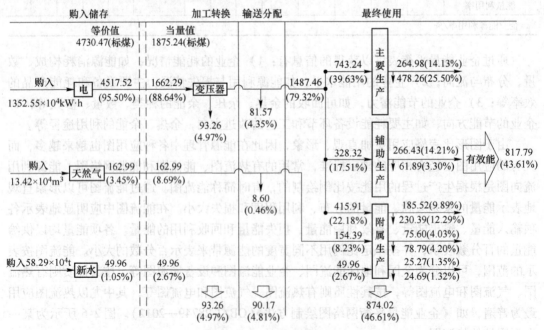

图 2-7　项目能源网络图

### 2.4.2 㶲分析法

能量平衡不能适用于不同品位能源同时使用的综合系统、能量平衡法的这种缺陷，从热力学理论看，并不难理解，因为单纯考察能量的数量平衡，而不考虑能量"质"的差异，就很难全面地反映能源利用的完善程度。㶲分析法正是从"质"和"量"两方面来综合评价能源系统的新方法。

㶲分析法的基本原理是以对平衡状态（基准态）的偏离程度作为㶲，或者做功能力的度量。通常都采用㶲周围环境作为基准态。因为从热力学第二定律可知，周围环境是所有能量利用过程的最终冷源。

㶲分析依据的是能量中的㶲平衡关系，即热力学第一定律和第二定律。通过分析，揭示出能量中㶲的转换、传递、利用和损失的情况，确定出系统或装置的㶲利用效率。由于这种分析方法和效率是基于热力学第一定律和第二定律基础之上的，故称为"㶲分析"和"㶲效率"，或者称第二定律效率。

为了便于比较"能分析"与"㶲分析"之间的差别，并揭示"能分析"存在的不足，以图2-8所示的简单能量利用系统为例进行分析。

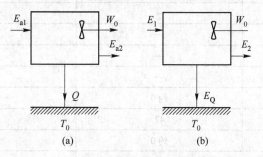

图2-8 能量利用系统图示
（a）能分析图；（b）㶲分析图

依照能流图和热力学第一定律，可以得到

$$E_{a1} = W_s + E_{a2} + Q \tag{2-51}$$

式中，$E_{a1}$、$E_{a2}$为工质带入、带出系统的能量；$Q$为系统向周围环境的放热量；$W_s$为系统对外所做的轴功，属于有效的收益。因此能效率为

$$\eta_1 = \frac{W_s}{E_{a1}} = 1 - \frac{Q}{E_{a1}} - \frac{E_{a2}}{E_{a1}} \tag{2-52}$$

类似对照㶲流图，可以建立其㶲平衡关系如下

$$E_1 = W_s + E_2 + E_Q + \sum_i \prod_i \tag{2-53}$$

式中，$E_1$、$E_2$为工质带入、带出系统的㶲；$E_Q$为系统向周围环境的放热量中的㶲；$W_s$为系统对外所做的轴功，属于有用的收益；$\sum_i \prod_i$为由于过程不可逆所引起的系统内部㶲损失。因此㶲效率为

$$\eta_t = \frac{W_s}{E_1} = 1 - \frac{E_Q}{E_1} - \frac{E_2}{E_1} - \frac{\sum_i \prod_i}{E_1} \tag{2-54}$$

　　分析上式可以看出，两种分析方法互有联系又各有特点：能量分析法着眼于外部能量损耗；㶲分析法则从内部和外部两个方面着手，揭示了能量损失的实质。内部㶲损失是由系统内部过程的不可逆性引起的，是能量质量的降低，它是内部损失的根源，由于任何实际过程都是不可逆的，内部㶲损失是不可避免的，只能设法把它控制在某个最佳值；外部损失实际是内部损失的表现，但它也在某种程度上影响着内部损失，内部损失和外部损失是相互影响，相互作用的。

　　热效率是被利用的能量与消耗的能量在数量上的比值，不能反映能量质的差别，用作衡量用能设备好坏和热利用装置的完善程度，不是一个很合理的尺度。㶲效率是被利用的㶲与消费的㶲比值，评价能量转换设备或过程的技术完善程度和热力学完善程度的同一指标。㶲效率以㶲为基准，不同形式能量的㶲是等价的。

　　对蒸汽电站的能量损失与㶲损失进行分析可以较为贴切说明能分析与㶲分析的差别，见表2-9。

表 2-9　蒸汽电站的能量损失与㶲损失的分析

| 设备 | 能量损失占输入能量的比例/% | 㶲损失占输入能量的比例/% |
|---|---|---|
| 锅炉 | 9 | 49.0 |
| 其中：燃烧过程 | — | 29.7 |
| 传热过程 | — | 14.9 |
| 烟道损失 | — | 0.68 |
| 扩散段损失 | — | 3.72 |
| 透平 | 约0 | 4.0 |
| 冷凝器 | 47 | 1.5 |
| 加热器 | 约0 | 1.0 |
| 其他 | 3 | 5.5 |
| 合计 | 59 | 61 |

　　由表中可以看出：虽然能效率和㶲效率的差别不是很大，前者为59%，后者为61%，但它们所反映的含义却大不相同。从能分析的结果看最大的能量损失是冷凝器，似乎冷凝器是蒸汽电站的症结所在；而从㶲分析看，冷凝器的㶲损失很小，只占1.5%，真正的㶲损失大户是锅炉，占到了49%。根据热力学第二定律，能分析的结果显然是不全面的。因为能量的真正利用价值在于㶲，虽然冷凝器的排热损失大，但是此部分能量的温度已接近环境温度，虽然数量很大，但是㶲值很小，炕值很大。只有通过锅炉内部的不可逆环节的改善，使㶲损失减小，才可以减少以冷凝器排弃余热形式所表现出来的由㶲退化为炕的部分。

　　以上实例说明了㶲分析要比能分析更科学、更深入、更全面。㶲分析在揭示能量损失原因、部位及指出改进方向等方面，更能发挥独特的作用，这是能分析无法比拟的。因此，在能源日益短缺、节能十分紧迫的今天，越来越多的人意识到在能分析的基础上进一步作好㶲分析是十分必要的。

　　从热力学方法的角度分析，建筑的采暖制冷需求属于典型的低㶲能源需求，由此建筑的采暖制冷空调系统就是一种典型的低㶲能源系统。而㶲分析方法是一种对能源系统进行热力学分析非常有效的方法，特别适用于低㶲能源系统。

㶲分析是以系统的㶲平衡原理为基础的，为了建立过程和系统的㶲平衡方程，对于代表不可逆过程㶲耗散和系统对环境㶲排放损失的㶲消耗的计算是很重要的。㶲平衡关系的一般方程式可表示为：

$$\text{㶲输入} - \text{㶲输出} = \text{㶲消耗} \tag{2-55}$$

建筑的能量供应链可分为多个子系统，包括围护结构、室内空气、采暖/制冷末端、分配系统和产能系统等。这里主要针对建筑的采暖工况，分别对相应各子系统的㶲平衡关系进行分析讨论，得到对应的公式来指导系统设计。

（1）产能系统。产能系统㶲输入的量值会比所有子系统热量㶲的需求量更大，这是因为在实际的系统里，总有一部分的㶲量会不可避免地被损失掉。由于这里讨论的是建筑的采暖工况，所以就以锅炉作为对象进行分析。锅炉的㶲输入和㶲输出可分别表示为：

$$Ex_{b,in} = \frac{\alpha Q}{\eta_b} \tag{2-56}$$

$$Ex_{b,out} = c_{p,w} m_w \left( T_{w,out} - T_{w,in} - T_0 \ln \frac{T_{w,out}}{T_{w,in}} \right) \tag{2-57}$$

（2）采暖/制冷末端。这里以空气加热器作为研究对象进行分析，其㶲输入和㶲输出可分别表示为：

$$Ex_{b,in} = Ex_{b,out} \tag{2-58}$$

$$Ex_{b,out} = c_{p,a} m_a \left( T_h - T_r - T_0 \ln \frac{T_h}{T_r} \right) \tag{2-59}$$

（3）室内空气。室内空气的㶲输入和㶲输出可分别表示为：

$$Ex_{a,in} = Ex_{h,out} \tag{2-60}$$

$$Ex_{a,out} = Q \left( 1 - \frac{T_0}{T_r} \right) \tag{2-61}$$

（4）围护结构。建筑围护结构的㶲输入可表示为：

$$Ex_{e,in} = Ex_{a,out} \tag{2-62}$$

对于建筑系统的㶲分析，可做进一步的简化，即围护结构的㶲输入可完全被视为㶲消耗。因为当墙体外侧温度逐渐变为环境温度 $T_0$ 时，其㶲输出最终会等于零，即

$$Ex_{e,out} = 0 \tag{2-63}$$

在上述公式中，下标"b""h""a""w"和"e"分别表示锅炉、空气加热器、室内空气、热水和围护结构，下标"in"和"out"分别表示输入和输出，下标"0"表示参考环境状态。

为了能更清晰地掌握㶲分析方法在建筑节能中的应用，现以采暖工况下的房间作为研究对象进行分析。

【例2-2】 某建筑房间长为8m，宽为6m，高为3.2m，有一面外墙。外墙的墙体面积为13.6m²，窗户面积为12m。提供电力的发电厂和提供热量的锅炉都以液化天然气（LNG）作为燃料，其能质系数（即其化学㶲与其最高热值之比）为0.94，发电厂的热效率（即其发电量与其最高热值之比）为0.35。

房间室内空气的设计温度为20℃，室外空气温度为0℃，并以室外空气温度作为系统

的参考温度。在计算过程中，空气的定压比热为1005J/(kg·K)，空气密度为1.2kg/m³，水的定压比热为4183J/(kg·K)。

为比较建筑围护结构热工性能与锅炉效率对建筑节能的影响程度，分四种工况加以研究。工况2和工况1的差别是锅炉热效率由0.75提高到0.95，其他参数不变；工况3与工况1的差别在于，墙体和窗户的传热系数分别由2.67W/(m²·K)降低到1.14W/(m²·K)和6.2W/(m²·K)降低到3.6W/(m²·K)，换气率由0.8h⁻¹减少到0.4h⁻¹，风机和水泵的功率也分别由30W减少到16W和23W减少到17W。工况4与工况3的差别也仅在于锅炉热效率由0.75提高到0.95，其他参数都相同。上述四种工况的热工参数和设备参数如表2-10所示。

表2-10　四种工况的热工参数和设备参数

| 参　　数 | 单　位 | 工况1 | 工况2 | 工况3 | 工况4 |
|---|---|---|---|---|---|
| 墙体传热系数 | W/(m²·K) | 2.67 | 2.67 | 1.14 | 1.14 |
| 窗户传热系数 | W/(m²·K) | 6.2 | 6.2 | 3.6 | 3.6 |
| 换气率 | h⁻¹ | 0.8 | 0.8 | 0.4 | 0.4 |
| 风机功率 | W | 30 | 30 | 16 | 16 |
| 水泵功率 | W | 23 | 23 | 17 | 17 |
| 锅炉热效率 | — | 0.75 | 0.95 | 0.75 | 0.95 |

设定空气加热器的进水温度为70℃，出水温度为60℃，房间的送风温度为30℃。将以上参数代入到建筑各子系统的㶲分析计算公式中，可得到如表2-11所示的四种工况下的㶲量计算结果。

表2-11　四种工况下建筑各子系统的㶲量计算结果

| 参　　数 | 单　位 | 工况1 | 工况2 | 工况3 | 工况4 |
|---|---|---|---|---|---|
| 供热需求量 $Q$ | W | 3037.5 | 3037.5 | 1585.7 | 1585.7 |
| 围护结构㶲输入 $Ex_{e,in}$ | W | 207.3 | 207.3 | 108.2 | 108.2 |
| 空气质量流量 $m_a$ | kg/s | 0.302 | 0.302 | 0.158 | 0.158 |
| 室内空气㶲输入 $Ex_{a,in}$ | W | 254.6 | 254.6 | 132.9 | 132.9 |
| 热水质量流量 $m_w$ | kg/s | 0.0726 | 0.0726 | 0.0379 | 0.0379 |
| 空气加热㶲输入 $Ex_{h,in}$ | W | 584.0 | 584.0 | 304.9 | 304.9 |
| 风机㶲量 $Ex_f$ | W | 80.6 | 80.6 | 43.0 | 43.0 |
| 水泵㶲量 $Ex_p$ | W | 61.8 | 61.8 | 45.7 | 45.7 |
| 锅炉㶲输入 $Ex_{b,in}$ | W | 3807.0 | 3005.6 | 1987.4 | 1569.0 |

通过以上分析研究可知，在建筑节能设计过程中，要降低建筑各用能设备的能耗，其根本是要减少建筑本身的冷热负荷需求，从而提高围护结构热工性能、自然通风、天然采光等被动式的设计方法是实现此目标的重要手段，这是在进行设计时首要考虑的因素。在建筑负荷确定的情况下，选用能效高的设备是随后应采取的必要手段。在分析采用不同被动式节能方法和选用不同主动式节能设备的时候，㶲分析方法是分析比较不同建筑节能方式性能、效果和内在规律的重要的热力学方法。

### 2.4.3 综合分析法

根据热力学第一定律和第二定律，能量合理利用的原则，就是要求能量系统中能量在数量上保持平衡，在质量上合理匹配。从能量利用经济性指标的角度考虑，就是要尽量使系统的热效率和㶲效率接近100%。

能量在数量上保持平衡在实践中容易做到，根据热力学第一定律，没有足够的能量输入，就达不到人们所需要的生产和生活需求。但同时还要认识到，输入的能量不一定能够完全被生产和生活利用，工业生产过程中工质跑、冒、滴、漏带走的能量、管道运输中能量的沿程损失、废热废物的遗弃等都是不可避免的。关键的问题在于最大限度地减少这种非需求的能量损失。通常把这种能够在数量上表现出来的能量损失叫作外部损失。工程上常常采用的余热回收利用、保温防漏、废副产物回收利用等都是减少能量外部损失，实现节能的重要措施。

能量在质量上合理匹配，在很长一段时期被人们忽视，即使现在也不被人们重视。工业实践中使用高压蒸汽通过减压阀来提供低压动力，生活实践中使用电热供暖就是典型的例子。把高压蒸汽和电能这种高"质量"能量直接转换成低压蒸汽和热能这种低"质量"能量，也是能量损失的一种形式。通常把这种不能从数量上表现出来，只能在质量上反映出来的能量损失叫作内部损失。能量发生内部损失，贬值到一定程度，往往难以利用而只好废弃，又引发能量的外部损失。所以，能量在质量上的合理匹配是不容忽视的。通过能量系统中㶲损失的分析，计算其大小，找出其发生的部位和原因，改进生产方法、设备、工艺流程或者采用新技术等都是合理匹配利用能量，实现节能的方法。

**思考与练习题**

2-1 什么是能源，能源种类有哪些？

2-2 根据能量的质量差异性，如何实现能源在建筑中的高效利用？

2-3 人工制冷的工作原理，并举例说明如何采取节能措施。

2-4 冬季供暖建筑得热与失热的途径。

2-5 建筑隔热的措施有哪些？

2-6 冬季保温好的房间，为什么夏季非常热？

2-7 影响围护结构隔热性能的因素有哪些？

2-8 什么是能源利用效率，如何计算能源利用效率？

2-9 选取某一企业绘制能量平衡表，并说明其能源消费情况。

2-10 什么是低㶲能源系统？举例说明。

2-11 假设环境温度为0℃，为使室内温度保持20℃，单位时间内需向室内供热10kJ。如果采用电炉供暖，在没有外部损失的情况下计算出电炉的热效率和㶲效率。

2-12 已知普通壁挂式空调制冷模式下输入功率为1025W，制冷量为3630W，制热模式下输入功率为1030W，制热量为4000W，求出壁挂式空调的㶲效率。

### 参 考 文 献

[1] 冯飞，张蕾. 新能源技术与应用概论 [M]. 2版. 北京：化学工业出版社，2016.

［2］李艳，王楠，赵锦，等. 节能技术分类方法探析 ［J］. 节能与环保，2015（5）：62-65.

［3］李崇祥. 节能原理与技术 ［M］. 西安：西安交通大学出版社，2011.

［4］周鸿昌. 能源与节能技术 ［M］. 上海：同济大学出版社，1996.

［5］谭羽非. 工程热力学 ［M］. 北京：中国建筑工业出版社，2016.

［6］上海市经济团体联合会. 节能减排理论基础与装备技术 ［M］. 上海：华东理工大学出版社，2010.

［7］朱彩霞，杨瑞梁. 建筑节能技术 ［M］. 长沙：湖北科学技术出版社，2012.

［8］黄素逸，林一歆. 能源与节能技术 ［M］. 3 版. 北京：中国电力出版社，2016.

［9］清华大学建筑节能研究中心. 中国建筑节能年度发展研究报告 2010 ［M］. 北京：中国建筑工业出版社，2010.

［10］刘永丽，吴丹，李红，等. 云南省民用建筑能耗统计初步分析 ［J］. 暖通空调，2016，46（1）：6-11.

［11］蔡伟光，李晓辉，王霞. 基于能源平衡表的建筑能耗拆分模型及应用 ［J］. 暖通空调，2017，47（11）：27-34.

［12］刘晓勤. 民用节能技术应用 ［M］. 上海：同济大学出版社，2014.

［13］中华人民共和国住房和城乡建设部. GB 50176—2016 民用建筑热工设计规范 ［S］. 北京：中国建筑工业出版社，2016.

［14］中华人民共和国住房和城乡建设部. GB 50189—2015 公共建筑技能设计标准 ［S］. 北京：中国建筑工业出版社，2015.

# 3 建筑节能设计

对建筑节能设计的要求，总的来说就是设法将能量消耗降至最小程度，努力提高能源利用效率，充分利用自然能量，尽可能提高综合用能水平。

由于我国幅员辽阔，为实现上述要求所采取的方法在各地区不尽相同。我国国家标准中已将全国划分为五个热工气候分区，即：严寒地区、寒冷地区、夏热冬冷地区、夏热冬暖地区、温和气候区。但为了更好地指导节能设计实践，可以引入气象地理学中的气候分区方法，即有：海洋性气候、内陆性气候区和山地气候区。将两者组合，就可以得到15种不同的特征气候区。对于每一特征设计气候区，均可根据热工学、气象学、地理学而找出其典型地区气候特征，并进而确定节能处理的一般原则。以此为基础，就可对该区域内的建筑节能设计策略作进一步探讨，如确定主朝向控制原则、体形系数限制、表面色彩运用原则及材料运用和构造处理原则等。

建筑规划布局主要结合建筑选址、建筑朝向、建筑间距等几个方面进行综合分析。建筑单体设计通过对建筑体型、平面尺寸等相关参数的分析进而得出建筑节能技术的优化方案，并且针对其他建筑节能方法进行深入剖析。

建筑造型及围护结构形式对建筑物性能有决定性影响，包括：建筑物与外环境的换热量、自然通风和自然采光水平等，以上三方面构成了70%以上的建筑采暖通风空调能耗。不同的建筑设计形式会造成能耗的巨大差别，且建筑物系统复杂，各种因素相互影响，很难确定设计的优劣。这就需要利用动态热模拟技术对不同的方案进行详细的模拟预测和比较，目前此类工作仍在进行中。

当然，对整个建筑节能体系而言，除建筑节能设计外，尚需建立合适的建筑设备体系，如何有效利用自然能源等，也应纳入基本设计策略的工作中。

## 3.1 气候对建筑节能设计的影响

### 3.1.1 我国气候分区

建筑必须与当地的气候特点相适应。我国幅员辽阔，地形复杂。由于地理纬度、地势和地理条件等不同，使各地气候差异很大。要在这种气候相差悬殊的情况下，创造适宜的室内热环境并节约能源，不同的气候条件会对节能建筑的设计提出不同的设计要求，如炎热地区的节能建筑需要考虑建筑防热综合措施，以防夏季室内过热；严寒、寒冷和部分气候温和地区的节能建筑则需要考虑建筑保温的综合措施，以防冬季室内过冷；夏热冬冷地区和部分寒冷地区夏季较为炎热，冬季又较为寒冷，在这些地区的节能建筑不但要考虑（或兼顾）夏季隔热，还需要兼顾（或考虑）冬季保温。当然由于以上地区具体的气候特征不同，考虑隔热、保温（或隔热加保温）的主次程度及途径会有所区别。为了体现节能建筑和地区气候间的科学联系，做到因地制宜，必须做出考虑气候特点的节能设计气候分区，以使各类节能建筑能充分利用和适应当地的气候条件，同时防止和削弱不利气候条件的影响。

我国分别编制了严寒和寒冷地区、夏热冬冷、夏热冬暖地区的居住建筑节能设计标准和公共建筑节能设计标准。这些标准中的气候分区都是建立在我国《民用建筑热工设计规范》(GB 50176—1993) 中气候分区的基础上的，有些标准还进行了再细分。我国地域辽阔，即使在同一气候区内某些地区间冷暖程度的差异还是较大的，客观上也存在进一步细分的必要，目的是使得标准中对建筑围护结构热工性能的要求更合理一些。如我国《公共建筑节能设计标准》(GB 50189—2015) 在五个气候分区的基础上又将严寒地区细分为 A、B 两个子区，下面分别予以介绍。

### 3.1.1.1   我国《民用建筑热工设计规范》中的气候分区

我国《民用建筑热工设计规范》(GB 50176—93)，从建筑热工设计的角度出发，用累年最冷月（1 月）和最热月（7 月）平均温度作为分区主要指标，累年日平均温度≤5℃和≥25℃的天数作为辅助指标将全国划分为严寒、寒冷、夏热冬冷、夏热冬暖和温和五个气候。这五个气候区各自的分区主要指标及设计要求如下：

（1）严寒地区：指累年最冷月平均温度低于或等于 −10℃ 的地区。主要包括内蒙古和东北北部地区、新疆北部地区、西藏和青海北部地区。这一地区的建筑必须充分满足冬季保温要求，一般可不考虑夏季防热。

（2）寒冷地区：指累年最冷月平均温度为 0~10℃ 的地区。主要包括华北、新疆和西藏南部地区及东北南部地区。这一地区的建筑应满足冬季保温要求，部分地区兼顾夏季防热。

（3）夏热冬冷地区：指累年最冷月平均温度为 0~10℃，最热月平均温度为 25~30℃ 的地区。主要包括长江中下游地区，即南岭以北、黄河以南的地区。这一地区的建筑必须满足夏季防热要求，适当兼顾冬季保温。

（4）夏热冬暖地区：指累年最冷月平均温度高于 10℃，最热月平均温度为 25~29℃ 的地区。包括南岭以南及南方沿海地区。这一地区的建筑必须充分满足夏季防热要求，一般可不考虑冬季保温。

（5）温和地区：指累年最冷月平均温度为 0~13℃，最热月平均温度为 18~25℃ 的地区。主要包括云南、贵州西部及四川南部地区。这一地区中，部分地区的建筑应考虑冬季保温，一般可不考虑夏季防热。

### 3.1.1.2    《公共建筑节能设计标准》中的气候分区

《公共建筑节能设计标准》(GB 50189—2015) 标准也采用《民用建筑热工设计规范》(GB 50176—93) 中的气候分区，只是又将其中的严寒地区细分为 A、B 两个区。表 3-1 列出了该标准中全国主要城市所处的气候分区。

表 3-1   主要城市所处气候分区

| 气候分区 | 代 表 性 城 市 |
|---|---|
| 严寒地区 A 区 | 海伦、博克图、伊春、呼玛、海拉尔、满洲里、齐齐哈尔、富锦、哈尔滨、牡丹江、克拉玛依、佳木斯、安达 |

| 气候分区 | 代 表 性 城 市 |
|---|---|
| 严寒地区B区 | 长春、乌鲁木齐、延吉、通辽、通化、四平、呼和浩特、抚顺、大柴旦、沈阳、大同、本溪、阜新哈密、鞍山、张家口、酒泉、伊宁、吐鲁番、西宁、银川、丹东 |
| 寒冷地区 | 兰州、太原、唐山、阿坝、喀什、北京、天津、大连、阳泉、平凉、石家庄、德州、晋城、天水、西安、拉萨、康定、济南、青岛、安阳、郑州、洛阳、宝鸡、徐州 |
| 夏热冬冷地区 | 南京、蚌埠、盐城、南通、合肥、安庆、九江、武汉、黄石、岳阳、汉中、安康、上海、杭州、宁波、宜昌、长沙、南昌、株洲、永州、赣州、韶关、桂林、重庆、达县、万州、涪陵、南充、宜宾、成都、贵阳、遵义、凯里、绵阳 |
| 夏热冬暖地区 | 福州、莆田、龙岩、梅州、兴宁、英德、河池、柳州、贺州、泉州、厦门、广州、深圳、湛江、汕头、海口、南宁、北海、梧州 |

## 3.1.2 城市建筑节能气候分类

建筑节能主要在城市，建筑节能的效果关键在于建筑节能措施对城市气候的适应性。建筑节能涉及建筑热工、设备、材料等多个方面，各个方面与气候要素的适应关系不同。构建各城市的建筑节能体系，不能忽视气候差异性的影响。合理地利用城市气候资源，构建适宜不同气候的技术路线和关键技术，需要对城市建筑节能气候进行分类。

### 3.1.2.1 城市建筑节能气候分类的气候要素

（1）主要考虑以下气候要素：影响建筑热环境质量的气候要素；影响建筑冷热耗量的气候要素；影响采暖空调技术应用与性能的气候要素。其中，重点是影响建筑冷热耗量和暖通空调能效比的气候要素。

1）与冷热耗量有关的气候要素。

①太阳辐射：影响建筑物的热量，从而影响采暖空调能耗。②气温：直接影响采暖空调能耗。③空气湿度：影响夏季湿负荷大小，新风处理能耗。④高温持续时间和低温持续时间：影响空调采暖持续时间。

2）与暖通空调能效有关的气候要素。

①冬季太阳辐射：影响太阳能采暖的使用。②最冷月平均温度：影响空气源热泵的使用。③夏季相对湿度：影响蒸发冷却技术的使用。④冬夏累积温度的差异：影响地源热泵的使用。

根据上述气候要素，确定了12个气候指标作为初始指标集（见表3-2）。

**表3-2 气候初始指标集**

| 序号 | 指 标 | 序号 | 指 标 |
|---|---|---|---|
| 1 | 采暖度日数 HDD18 | 7 | 年极端最低温度/℃ |
| 2 | 空调度日数 CDD26 | 8 | 年极端最高温度/℃ |
| 3 | 冬季（最冷3个月）太阳辐射/MJ·m⁻² | 9 | 夏季（最热3个月）平均温度/℃ |
| 4 | 最冷月太阳辐射/MJ·m⁻² | 10 | 最热月平均温度/℃ |
| 5 | 冬季（最冷3个月）平均温度/℃ | 11 | 夏季（最热3个月）相对湿度/% |
| 6 | 最冷月平均温度/℃ | 12 | 最热月相对湿度/% |

采暖度日数（HDD18）：一年中，当某天的室外日平均温度低于 18℃ 时，将低于 18℃ 的摄氏温度数乘以 1d，并将此乘积累加，单位为℃·d，其公式为：

$$HDD18 = \sum_{i=1}^{365} (18℃ - t_i)D \quad (t_i < 18℃) \tag{3-1}$$

空调度日数（CDD26）：一年中，当某天的室外日平均温度高于 26℃ 时，将高于 26℃ 的摄氏温度数乘以 1d，并将此乘积累加，单位为℃·d，其公式为：

$$CDD26 = \sum_{i=1}^{365} (t_i - 26℃)D \quad (t_i < 26℃) \tag{3-2}$$

式中，$t$ 为典型年第 $i$ 天的日平均温度；$D$ 为 1d。计算中，当 $18℃ - t_i$ 或 $t_i - 26℃$ 为负值时，取 $18℃ - t_i = 0$ 或 $t_i - 26℃ = 0$。

（2）指标的筛选。

1）指标地域差异分析，首先对初选指标进行空间变异，以确保指标具有地域差异。地域差异明显的指标对于区域的划分具有鲜明的分辨率，用各指标的空间变异系数 $C_V$ 来区分指标空间分辨率的强弱：

$$C_V = \frac{s}{|\bar{x}|} \times 100\% \tag{3-3}$$

式中，$s$ 为标准差；$|\bar{x}|$ 为均值，区域分布明显的指标，则变异系数大。通过计算 336 个城市的变标中，如果两指标之间相关显著，则取其中之一即可。例如，夏季太阳辐射和夏季气温之间相关显著，故可不取夏季太阳辐射作指标。总体相关系数的定义式：

$$\rho = \frac{C_{ov}(X_i, X_j)}{\sqrt{V_{ar}(X_i)}\sqrt{V_{ar}(X_j)}} \tag{3-4}$$

式中，$C_{ov}(X_i, X_j)$ 是指标 $X_i$ 和 $X_j$ 的协方差；$V_{ar}(X_i)$ 和 $V_{ar}(X_j)$ 分别为指标 $X_i$ 和 $X_j$ 的方差。总体相关系数是反映两指标之间相关程度的一种特征值，表现为一个常数，并进行统计假设 t 检验，判断其显著性。

2）指标的确定经指标间的相关分析，选取 HDD18 和 CDD26，最冷月平均温度，冬季太阳辐射和夏季相对湿度作为城市建设节能气候的指标。

### 3.1.2.2　城市建筑节能气候分类的指标体系

气候分区原则有：主导因素原则、综合性原则和主导因素与综合性相结合的原则。主导因素强调进行某一级区分时，必须采用统一的指标，适合于对某一重要气候因素进行分区；综合性原则强调分区气候的相似性，而不必用统一的指标去划分分区，主要用于多因素影响的气候分区。城市建设节能气候分类考虑将上述二者相结合的第三种原则，既强调某一重要因素的影响，又需要协调考虑其他因素。各城市进行分类指标分析后，可提出一些建筑节能意义较明确、分层次较符合客观实际和普适性强的指标体系。根据主导性原则将作为一级分类指标；根据综合性原则将最冷月平均温度，冬季太阳辐射和夏季相对湿度作为二级分区指标。

（1）HDD18 和 CDD26。目前，对建筑能耗按气候条件进行修正的方法都基于这样的假设，建筑能耗可以分为两部分：一部分是与气候条件息息相关的（如空调能耗、采暖能耗），并认为这部分能耗与气候参数（主要是室外空气温度、空调天数/采暖天数）呈线性关系；另一部分能耗与气候条件无关（如办公设备等的能耗）。国际上通用的方法——度日法（DD 法，DEGREE-DAY METHOD）是根据稳态传热理论发展起来，最初用于估计建筑的全年采暖能耗的一种方法。对于居住建筑，通常用采暖度日数 HDD18 和空调度日数 CDD26 衡量当地寒冷和炎热的程度。

采暖和空调的能耗除了温度的高低因素外，还与低温和高温持续时间长短有关。空调度日数和采暖度日数指标包含了冷热的程度和冷热持续的时间两个因素，用它作为分区指标更能反映空调、采暖需求的大小。因此，城市建筑节能气候分类采用采暖度日数 HDD18、空调度日数 CDD26 作为气候分区的一级指标。

根据 HDD18 和 CDD26 的散点分布特征，以 1000℃·d，2000℃·d，3800℃·d 为界，将 HDD18 划分为 4 级，分别代表冬季温暖（0~1000℃·d）、冷（1000~2000℃·d）、寒冷（2000~3800℃·d）、严寒（3800~8000℃·d）；以 50 为界，将 CDD26 划分为两级，分别代表夏季凉爽（0~50℃·d）、热（50~650℃·d）。

（2）夏季相对湿度。建筑节能中湿度不可忽略，空气湿度除影响舒适度外，还决定着蒸发潜力的大小，尤其是夏季的湿度，蒸发冷却技术在干燥和比较干燥的地区，可以替代常规空调实现舒适性，其 COP 值高，从而可以大大节省空调制冷能耗。利用温度和湿度将我国蒸发冷却技术适用区划分为东西两区，其中东区潮湿，西区干燥，西区蒸发冷却技术有很大的应用潜力。

（3）冬季太阳辐射。冬季太阳辐射量直接影响室内获取能量的多少和温度的高低，是影响建筑能耗的重要指标。我国属于太阳能资源丰富的国家之一，全国总面积 2/3 以上地区年日照时数大于 2000h，辐射总量高于 5000MJ/($m^2$·a)。根据太阳辐射量的大小及冬季可利用程度，将冬季大于 1000MJ/$m^2$ 视为太阳能资源丰富区，将最冷 3 个月太阳辐射热≥1000MJ/$m^2$ 作为冬季的二级区划标准。

（4）指标体系。根据一级指标 HDD18 和 CDD26，二级指标夏季相对湿度，冬季太阳辐射及最冷月平均温度对 336 个城市进行分析，将全国划分为 8 个区，即：严寒无夏、冬寒夏凉、冬寒夏热、冬冷夏凉、夏热冬冷、夏热冬暖、冬寒夏燥和冬暖夏凉地区。各城市建筑节能气候分类指标见表 3-3。

表 3-3　城市建筑节能气候分类指标

| 分　区 | 一　级　指　标 | | 二　级　指　标 |
| --- | --- | --- | --- |
| | HDD18/℃·d | CDD26/℃·d | |
| 严寒无夏 | ≥3800 | <50 | |
| 冬寒夏凉 | 2000~3800 | <50 | HDD≥3800℃·d，最冷月平均温度≥-10℃，最冷 3 个月太阳辐射热≥1000MJ/$m^2$ 划入冬寒夏凉地区 |
| 冬寒夏热 | 2000~3800 | ≥50 | |
| 冬寒夏燥 | ≥2000 | ≥50 | 最热 3 个月相对湿度≤50% |
| 冬冷夏凉 | 1000~2000 | <50 | |
| 夏热冬冷 | 1000~2000 | ≥50 | |
| 夏热冬暖 | 0~1000 | ≥100 | |
| 冬暖夏凉 | 0~1000 | <100 | |
| | 1000~2000 | ≤50 | 最冷 3 个月太阳辐射热≥1000MJ/$m^2$ |

注：进行分区的气象参数来自中国建筑科学研究院物理研究所。

### 3.1.2.3　城市建筑节能气候类型

根据表3-3对中国建筑节能气候区划的指标，采用全国336个城市的气象参数，将它们划分为8个建筑节能气候类型。

（1）严寒无夏类。该类主要分布在东北三省，内蒙古，新疆及青藏高原地区。冬季异常寒冷，最冷月平均气温小于 −10℃，日平均气温小于5℃的天数在136～283d；夏季短促凉爽，最热月平均温度小于26℃。大部分地区太阳辐射量大，如青海等地冬季太阳辐射热大于 $1000MJ/m^2$。

（2）冬寒夏凉类。该类气候特征与严寒无夏地区相似。但寒冷程度小、时间短些。最冷月平均温度大于 −10℃，日平均气温小于5℃的天数在56～142d（不包括以辅助指标划入该区的城市）；另外，将冬季太阳辐射热 $\geqslant 1000MJ/m^2$，最冷月平均温度小于 −10℃，以红原、玉树等为代表 HDD18$\geqslant$3800℃·d 的地区也纳入该区。

（3）冬寒夏热类。该类气候条件较恶劣，冬季寒冷且长，最冷月平均气温在 −5.5～1.3℃。全年日平均温度低于5℃天数达67～115d，冬季太阳辐射量在415～836$MJ/m^2$，比较丰富；夏季炎热，最热月平均温度大于26℃，气温高于26℃的天数在32～80d，且昼夜温差较大。

（4）冬冷夏凉类。该类气候特征为冬季冷，冬季太阳辐射量在383～841$MJ/m^2$，最冷月平均温度在3.7～8.5℃；夏季凉爽湿度大，最热月平均温度低于26℃，夏季相对湿度在72%～86%。

（5）夏热冬冷类。该类主要位于长江流域，夏季闷热高湿，最热月平均温度26.5～30.5℃，相对湿度80%左右，太阳辐射热大于1000$MJ/m^2$；冬季阴冷，太阳辐射热小于750$MJ/m^2$，个别城市不足400$MJ/m^2$，最冷月平均气温0～8.6℃，是世界上同纬度下气候条件最差的城市。

（6）夏热冬暖类。该类气候特征冬季暖和，最冷月平均温度大于9℃，冬季太阳辐射热600～1500$MJ/m^2$；夏季长而炎热，最热月平均温度大于27℃。全年日平均温度大于26℃的天数达82～265d，相对湿度约为80%，太阳辐射强烈，大于1200$MJ/m^2$，个别地区大于2000$MJ/m^2$，降雨丰沛，是典型的亚热带气候。

（7）冬寒夏燥类。该类气候特征为冬季非常寒冷，且采暖期较长，最冷月平均温度 −2.2～ −17.2℃，全年日平均气温低于5℃的天数在96～125d；夏季燥热相对湿度较小，小于50%，太阳辐射强烈，在1200～2300$MJ/m^2$，夏季昼夜温差大。

（8）冬暖夏凉类。该类气候条件舒适，冬季温暖，最冷月平均温度大于9℃，冬季太阳辐射在1000$MJ/m^2$左右；夏季凉爽，最热月平均温度18～25.7℃，夏季3个月太阳辐射热大于1200$MJ/m^2$。

城市气候类型直接决定城市的建筑节能技术路线。

### 3.1.2.4　按城市建筑节能季节划分

#### A　常用的季节划分方法

季节是一年中以气候的相似性划分出的几个时段。季节的划分，有以天文因子为主的，也有以气候要素特征为主的，不同的方法所划分的季节时段不尽相同。由于10℃以上适合于大部分农作物生长，一年中维持在10℃以上的时间的长短对农业生产的影响很大。中国的农业气候季节划分，平均气温低于10℃为冬季，高于22℃为夏季，10~22℃为春秋过渡季，并划出各地四季的长短。按此标准划分四季，则长江中下游地区春秋两季各约2个月，冬夏各约4个月。其中，中游地区夏季比冬季长，而下游地区冬季比夏季略长。长江流域西部夏季3~4个月，冬季约3个月。具体见表3-4。

**表3-4　长江流域不同城市四季开始期和持续日数**

| 测站 | 春季 | | 夏季 | | 秋季 | | 冬季 | |
|---|---|---|---|---|---|---|---|---|
| | 开始日期 | 持续天数/d | 开始日期 | 持续天数/d | 开始日期 | 持续天数/d | 开始日期 | 持续天数/d |
| 上海 | 4月2日 | 71 | 6月12日 | 107 | 9月26日 | 61 | 11月26日 | 126 |
| 南通 | 4月5日 | 72 | 6月15日 | 93 | 9月17日 | 63 | 11月19日 | 137 |
| 长沙 | 3月12日 | 70 | 5月21日 | 130 | 9月28日 | 60 | 11月27日 | 105 |
| 衡阳 | 3月12日 | 65 | 5月16日 | 140 | 10月3日 | 60 | 11月2日 | 100 |
| 安庆 | 3月28日 | 56 | 5月23日 | 128 | 9月28日 | 56 | 11月23日 | 125 |
| 南昌 | 3月23日 | 56 | 5月18日 | 133 | 9月28日 | 56 | 11月18日 | 120 |
| 武汉 | 3月18日 | 61 | 5月18日 | 128 | 9月23日 | 56 | 11月18日 | 120 |
| 宜昌 | 3月13日 | 66 | 5月18日 | 128 | 9月23日 | 61 | 11月18日 | 110 |
| 徐州 | 4月4日 | 61 | 6月4日 | 98 | 9月9日 | 59 | 11月6日 | 150 |
| 合肥 | 3月28日 | 56 | 5月23日 | 123 | 9月23日 | 56 | 11月18日 | 130 |
| 成都 | 3月5日 | 81 | 5月25日 | 113 | 9月15日 | 76 | 11月25日 | 952 |
| 重庆 | 2月15日 | 94 | 5月25日 | 128 | 9月15日 | 76 | 12月15日 | 67 |
| 遵义 | 3月15日 | 82 | 6月5日 | 97 | 9月15日 | 71 | 11月25日 | 115 |

除温度划分四季外，其他气候带因其气候的特殊性，常采用其他气候要素划分气候季节。在热带和一些亚热带地区，气温的年变化较小，常用降水量或风向的变化来划分季节。故有干季和雨季、东北信风季和西南信风季等。这种划分季节的方法，在南亚次大陆尤为通用。在北非大部分地区，把一年划分为凉季、热季和雨季3个季节。在极地附近，则按日照的状况划分为永昼的夏季和长夜的冬季两个季节。在地势高亢的青藏高原，冬半年干旱、多大风，夏半年多降水，故全年大体可分为风季（干季）和雨季两个季节。

**B　建筑节能领域的主要生物气象指数**

建筑节能季节划分的目的是充分利用室外气候资源，维持室内环境的舒适、健康，指导人们的室内环境调控行为，有效地降低能源消耗。所以，城市建筑节能季节划分宜用人体舒适与卫生标准。

为了从气象角度来评价空气环境对人体影响的综合效应，人类生物气学家提出了各种不同类型的生物气象指数，用以描述在不同的气象条件下人体的舒适程度和感觉。

生物气温指标根据研究的不同角度分为4类：第一类是通过测定环境气象中气象因素而制定的评价指标，如湿球温度、卡他温度、黑球温度；第二类是根据主观感觉结合环境气象因素制定的指标，人们多数用经验公式表示的人体舒适度就是这类指标；第三类是根据生理反应综合气象因素制定的指标，如湿黑球温度；第四类是根据机体与环境之间热交换情况制定的指标，如热应激指标等。

Yagtou 和 Houghten（1947 年）根据人体在不同气温、湿度和风速条件下所产生的热感觉指标提出了实感温度。Lots 和 Wezler（1951 年）描述了气流对人体舒适感的影响。Burton（1955 年）等指出了湿度对人体舒适感影响的特点；当气温适中时，大气湿度变化对人体舒适感的影响较小；当气温较高或偏低时，湿度变化才对人体的温热感产生影响。Thom（1959 年）和 Bosen 提出和发展的不适指数（DI）应用较为广泛，后来由美国国家气象局用于夏季舒适度及工作时数预报的温湿指数。这些研究都已认识到当气温较高时，高湿会加剧人体对热的感觉，而当气温较低时，风常使人备觉寒冷，直到 1966 年，特吉旺才正式提出舒适度指数和风效指数的概念。我国国土广阔，包括了严寒地区、寒冷地区、夏热冬冷地区、夏热冬暖地区和温和地区 5 个不同的气候区，各区域之间的气候差异大，没有一个能普遍适用的舒适度模型和指标体系。

C　建筑节能季节划分的舒适度模型

现有的暖通空调领域热舒适标准是基于空调环境下的热舒适；现有的气候学领域的生物气象指数对于我国气候差异较大的特点不具有普适性。它们都不宜用来划分我国建筑节能季节。需要提出适应我国气候和社会的建筑节能季节划分的舒适度模型。

美国生物气象学家 Stamen 从人体热量平衡的角度研究人体对冷热的具体感受程度。人体获得热量的主要方式：一是体内新陈代谢产生的热量（$Q$），二是通过皮肤和衣服吸收的热量（$Q_g$）。人体的失热由 3 部分组成，即肺呼吸作用失热（$Q_v$）、衣着失热（$Q_f$）和人体裸露部分失热（$Q_u$）。以 $\varphi_2$ 表示人体衣着部分的面积系数，确定了温热和酷热条件下的人体热量平衡方程，如式（3-5）：

$$Q + Q_g = Q_v + \varphi_2 Q_f + (1 - \varphi_2) Q_u \tag{3-5}$$

热季的 AT 模型是指当日平均气温在 21℃ 以上时，由于温度较高，不考虑衣着覆盖率的热平衡方程如式（3-6）：

$$Q + Q_g = Q_v + Q_u \tag{3-6}$$

为方便讨论，在进行理论计算时假设 $Q_g = 0$，此时 $Q = Q_v + Q_u$。

其中，$Q_v$ 因为在炎热状态下从肺中呼出的气体几乎和人体表面的温度及水汽压相同。此时，肺散热量仅是海平面状况下散失热量的 2% ~ 12%。

根据 McCutchan 和 Tayhor 等（1951 年）给出的肺散失热量表达式如式（3-7）：

$$Q_v = 0.143 - 0.00112 T_a - 0.0168 e_a \tag{3-7}$$

其中，$T_a$ 为气温，℃；$e_a$ 为周围空气中的水汽压，kPa，可求得 $Q_u$ 为

$$Q_u = \frac{T_b - T_a}{R_s + R_a} + \frac{e_b - e_a}{Z_s + Z_a} \frac{R_a}{R_s + R_a} - Q_g \frac{R_a}{R_s + R_a} \tag{3-8}$$

$Q$ 是一个随年龄、性别、活动剧烈程度而变化的量。

由以上分析，在气温大于 21℃ 时的人体热量平衡方程可表达如式（3-9）：

$$Q = Q_v + \frac{T_b - T_a}{R_s + R_a} + \frac{e_b + e_a}{Z_s + Z_a} \frac{R_a}{R_s + R_a} - Q_g \frac{R_a}{R_s + R_a} \tag{3-9}$$

冷季 AT 模型是指气温在 21℃ 以下的人体热量平衡方程。它与 21℃ 以上的热季 AT 模型的差异在于模型必须考虑人体衣着的厚度。其热量平衡方程如式（3-10）：

$$Q + Q_g = Q_v + \varphi_2 Q_f + (1 - \varphi_2) Q_u \tag{3-10}$$

凉爽条件下 $Q$ 值等于在海平面肺呼吸散热的热量，它和风速，辐射无关，主要取决

于空气温度和水汽压。其表达式如式（3-11）：

$$Q_v = 25.7 - 0.202T_a - 3.05e_a \tag{3-11}$$

$Q_u$ 和 $Q_f$ 当辐射存在有衣着覆盖时，裸露部分散失的热量（$Q_u$）和 $T_a > 21℃$ 时相同，而有衣着覆盖部分散失的热量（$Q_f$）应考虑衣服潜热传递阻力和显热传递阻力。

人体在失热过程中所受的阻力有皮肤的显热传输阻力 $R_s$，潜热传输阻力 $Z_s$，衣服的显热传输阻力 $R_f$，潜热传输阻力 $Z_f$，空气的显热传输阻力 $R_a$，空气的潜热传输阻力 $Z_a$。根据物理学中的欧姆定律，其表达式分别如式（3-12）和式（3-13）：

$$Q_u = \frac{T_b - T_a}{R_s + R_a} + \frac{e_b - e_a}{Z_s + Z_a}\frac{R_a}{R_s + R_a} - Q_g\frac{R_a}{R_s + R_a} \tag{3-12}$$

$$Q_f = \frac{T_b - T_a}{R_s + R_f + R_a} + \frac{e_b - e_a}{Z_s + rR_f + Z_a}\frac{R_f + R_a}{R_f + R_s + R_a} - Q_g\frac{R_a}{R_s + R_f + R_s} \tag{3-13}$$

式（3-12）、式（3-13）中 $T_b$ 为体温，℃；$T_a$ 为气温，℃；$e_b$ 为体内水汽压，hPa；$e_a$ 为周围空气中的水汽压，hPa；$Q_g$ 为单位面积的净辐射，W/m²；$r$ 为系数。$R_a$，$Z_s$，$Z_f$，$Z_a$ 均可测得。

综合上式，考虑衣着覆盖时，人体的热量平衡方程如式（3-14）：

$$Q = Q_v + (1 - \varphi_2)\left(\frac{T_b - T_a}{R_s + R_a} + \frac{e_b - e_a}{Z_s + Z_a}\frac{R_a}{R_s + R_a} - Q_g\frac{R_a}{R_s + R_a}\right) +$$

$$\varphi_2\left(\frac{T_b - T_a}{R_s + R_f + R_a} + \frac{e_b - e_a}{Z_s + rR_f + Z_a}\frac{R_f + R_a}{R_f + R_s + R_a} - Q_g\frac{R_a}{R_s + R_f + R_s}\right) \tag{3-14}$$

D 判断参数及划分标准

建筑节能季节划分判断参数及划分标准建筑节能季节的定义如下：

（1）通风期：采用通风方式能达到室内的舒适性热环境质量要求的时段。

（2）除湿期：一年中，除采暖期和空调期外，需要对进入室内的室外空气进行除湿才能维持建筑室内所要求的热湿环境质量的时段。

（3）加湿期：一年中，需要对进入室内的室外空气进行加湿，才能维持建筑室内所要求的热湿环境质量的时段。

（4）空调期：采用通风或除湿方式不能达到室内的舒适性热环境质量要求时空调设备需要运行的时段。

（5）采暖期：采用通风或除湿方式不能达到室内的舒适性热环境质量要求时采暖设备需要运行的时段。

与建筑节能季节划分有关气象参数包括空气温度、大气湿度、辐射、空气流速。以 AT 值作为第一划分参数，它反映了温度、湿度、风速及太阳辐射对人体舒适度的综合影响。

以相对湿度作为第二指标，它反映了卫生学和医疗气候学的要求。从卫生学及医疗气候学对湿度的角度考虑，在低湿度环境中，人们常抱怨鼻子、咽喉、眼睛和皮肤干燥。低湿度下，呼吸道内纤毛的自净能力和噬菌细胞的活动能力减小，增加了呼吸器官受病毒感染的可能性和不舒适性。有研究结果表明，当空气湿度低于40%的时候，鼻部和肺部呼吸道黏膜脱水，弹性降低，黏液分泌减少，黏膜上的纤毛运动减缓，灰尘、细菌等容易附着在黏膜上，刺激喉部引发咳嗽，也容易发生支气管炎、支气管哮喘以及呼吸道的其他疾病。空气干燥的时候，会使流感病毒和能引发感染的革兰氏阳性菌的繁殖速度加快，而且也容易随着空气中的灰尘扩散，引发疾病。湿度过低，人体皮肤因缺少水分而变得粗糙甚至开裂，皮肤的极度干燥还会导致皮肤损伤、粗糙和不舒适，人体的免疫系统也会受到伤害对疾病的抵抗力大大降低甚至丧失。空气中的微生物和化学物质对人们的健康影响很大，在冬季室外空气含湿量为 $5 \sim 10 \mathrm{g/kg}$ 以下，流行性感冒容易发生，室内的相对湿度为 $50\%$ 以上，流行性感冒病毒不能生存，所以冬天气温下降的情况下，加湿可以预防流行性感冒。

在较高湿度下，人体上呼吸道黏膜表面的冷却不充分，空气闷热且不新鲜。空气湿度影响受试者的呼吸散热，进而对整个人体的热舒适水平产生影响。从高空气湿度引起呼吸不适的角度，提出另外一个预测由于呼吸散热减少而引起不满意的人数的百分比模型，并从热舒适角度给出人们所处环境的湿度上限。在热中性环境中，即与空气相对比。

高温环境中，如果相对湿度高于 $70\%$，就会引起人体的不适，而且这种不适感随空气湿度的增加而增加。湿度为 $80\%$ 下的热不舒适程度要大于 $70\%$ 或更低湿度状况，同时室内环境相对湿度较大会造成建筑潮湿，甚至有时会出现凝水现象。Nevins 建议在热舒适区暖和的一侧相对湿度不要超过 $60\%$。这一限制条件是根据室内霉菌的生长和其他与湿度有关的现象而制订的，并没有从人体热舒适的角度去考虑和限制。

湿度在影响室内空气品质方面，Toftum 的实验结果表明干燥和冷一些的空气让人感觉空气更新鲜，同时受试者对空气的可接受程度与空气焓值有直接关系。Berglund 也发现，即使在一间干净、无异味、通风良好的房间中，随着湿度的增加，受试者仍会感觉到空气质量变差，而且这种感觉并没有随着暴露时间的增加而改善。

医学研究表明，当空气湿度高于 $65\%$ 或低于 $38\%$ 时，病菌繁殖滋生最快，当相对湿度在 $45\% \sim 55\%$ 时，病菌死亡较快。气温与湿度还可以影响细菌及病毒在呼吸道的生长。湿度大时，革兰阴性细菌易于繁殖，湿度较小时，革兰氏阳性细菌及流感病毒易于繁殖。真菌生长繁殖的最佳条件一是气温在 $25 \sim 28\mathrm{℃}$，二是空气相对湿度在 $70\%$ 以上，且易传播流行。霉菌生长繁殖的最佳条件一是室温 $25 \sim 35\mathrm{℃}$，二是空气相对湿度在 $70\%$ 左右，若不除湿，室内物品会发霉。螨虫是室内一种非常普遍的微生物空气污染物。螨虫体内 $70\% \sim 75\%$ 的重量是水，为了生存要维持这一比例水分，它主要来源是周围的水蒸气。它们可以直接从不饱和空气中摄取水分，实验研究表明螨虫最理想的生长繁殖条件是在温度 $25\mathrm{℃}$，相对湿度 $70\% \sim 80\%$。

综合考虑上述卫生学成果，确定当温度 $>25\mathrm{℃}$，且相对湿度 $>70\%$ 范围需要除湿，当温度 $>18\mathrm{℃}$ 且相对湿度 $>40\%$ 的范围需要加湿。为了简化判断指标和后期的能耗计算，选择含湿量作为判断参数，计算温度 $t = 25\mathrm{℃}$，$\phi = 70\%$ 时的含湿量 $d$，当室外含湿量 $d_i > d$ 时需要除湿。计算温度 $t = 18\mathrm{℃}$，$\phi = 40\%$ 时的含湿量 $d$，当室外含湿量 $d_i > d$ 时需要加湿。通过计算，重庆 $d = 14.48\mathrm{g/kg}$，上海 $d = 14.01\mathrm{g/kg}$，武汉 $d = 14.06\mathrm{g/kg}$。因此，从卫生学的角度确定除湿期的判断指标为室外含湿量 $d_i > 14\mathrm{g/kg}$。

### 3.1.3  城市气候对建筑设计的影响

气候是能量对建筑最为直观的影响因素，气候适应性是建筑追求能量协同的本质表现，它使得建筑对自然界的气候形成因子有最为直观有效的适应，能够充分对气候条件趋利避害，创造更为适宜的人居条件。

影响建筑的气候要素是由作用于这个地区的太阳辐射、大气环境和地理环境之间长期的相互作用产生的。由于地理纬度、水陆分布、地面被覆盖地形地貌状况不同，地球上也就形成了不同的气候类型。一定区域的气候，取决于若干种气候要素的变化特征以及它们的组合情况。气候要素是指影响某地区气候状况的主要因素，在以研究人的舒适感为基础的设计方法时，涉及的主要气候因素有太阳辐射、空气温度、空气湿度、风等。影响建筑设计的气候因素一般包括温度、湿度、日照、降水、通风和采光等，不同气候条件对建筑环境设计的影响不同，见图3-1。

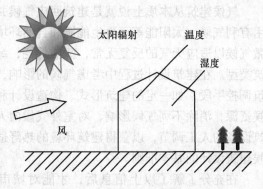

图 3-1　影响建筑的主要气候要素

　　微气候是一个有限区域范围内的气候状况，也被称为小尺度气候。建筑每一小范围地域都有各自不同的微气候环境，这是由场地环境内的太阳辐射、风速、风向等气候要素以及场地方位、地表、植被、土壤等地理要素共同作用形成的。建筑微气候是建筑室内外的特定范围内的气候要素的特征，它通常研究单一建筑或建筑群体周边小范围的环境气候特征，诸如建筑体型对日照的遮挡，墙和树木对风向的影响以及室内的气候卫生状况等都是微气候研究的范畴。大范围的气候状况，人类尚无力改变，但是可以根据不同气候范围内的气候特征，结合一定的气候设计策略，创造适宜的建筑内环境。因此，在建筑设计中要对具体气候要素进行综合分析，找出最具有决定意义的影响因子，进而对建筑的选址、布局、体型和热工构造等进行缜密设计。

　　气候直接影响着人类的生活，人类创造建筑正是为了抵御不利的自然气候，获取适宜居住、工作的稳定环境。建筑与气候是一对矛盾统一体，许多典型的传统民居建筑之所以能形成宜人的居住环境，关键在于其形式协调于当地的气候。因此可以这样认为，任何一种成熟的传统建筑形态必定有其对当地气候环境的适应性。表3-5归纳了我国不同气候区域群体建筑与单体建筑形态的特征，印证了与当地气候环境的适应性。

表 3-5　气候建筑与地域气候环境

| 气候条件 | （城镇）群体建筑形态 | 单体建筑形态 | 气候建筑实例 |
|---|---|---|---|
| 严寒气候 | 建筑群体（依山）向阳而建，呈紧凑式天井或院落式布局，封闭防风，厚墙保温 | 建筑厚墙、小窗（窗墙比20%左右）、封闭式天井或院落，以便防风沙与保温 | 西藏碉楼 |
| 寒冷气候 | 建筑群体呈封闭院落式，集中紧凑，喜阳布局，封闭防风、厚墙保温，夏季减弱日晒 | 房屋由垣墙包绕，对外不开敞，面向内院，朝南，南向大窗，北向只开小高窗，冬季吸纳较多日照 | 北京四合院 |
| 夏热冬冷气候 | 建筑群体形态开阔适度。北向封闭，考虑保温，南向开敞，形成夏热的通风、阴影空间 | 建筑空间半封闭半开敞，夏季避免阳光直射，减少辐射热，冬季获得更多的日照 | 湖南、贵州天井式民居 |
| 夏热冬暖气候 | 建筑群体形态开放，空间幽深开敞，天井、厅堂和廊道交融交织。高墙窄巷营造建筑阴影，幽深天井抽气通风 | 建筑轻盈、通透、开放，挑檐深远，营造隔热、遮阳、通风、避湿的开放空间"暑行不汗身，雨行不濡履" | 岭南骑楼 |
| 温和气候 | 建筑群体形态适宜自然，空间形态多变不一，形态丰富，不拘一格 | 多天井布局、开阔自由，不受拘束，因地制宜，就地取材 | 云南一颗印 |

气候建筑从本质上说就是建筑回应气候并且融入自然环境的庇护场所，它能够充分利用有利气候、太阳能等可再生能源和自然环境，降低不利气候的影响，并能连续调整建筑微气候以适应天气的反复无常，清洁低耗，绿色环保，是一种自然、健康和节能的生态建筑类型。在建筑设计过程中考虑气候的影响，协调功能、形体与空间等设计要素，通过建筑调控手段，如一定的建筑形式、构造设计和适宜技术措施等，驾驭自然条件和有利的气候资源，消除不利气候影响，对室外气候向人们期望的热环境方面调整，从而减少利用建筑设备的人工调节，以获得建筑环境的热舒适，创造低能耗且舒适宜人的人居环境，是气候建筑设计的基本准则。

在充分了解了以上信息后，才能对城市气候对于建筑设计的影响，有一个大概的印象。

正如上文大自然与人类的互动过程所表现的一样，人类在适应大自然以更好生存的过程中不断进化自身，建筑与城市建筑就是这种进化中的一个产物，也是人类适应自然的一个手段。

现有的建筑都是人类实践总结出的经验不断累积的结果，人类在累积经验教训的过程中不断更新或者维护旧有的建筑结构，这样建筑实际上是在不断新陈代谢的过程中生长着。

当然，建筑不一定都适应自然界，不一定都是好的设计，但这也像自然界中的优胜劣汰一样，不好的建筑是经不起自然界的检验的，而由上文中可知，自然界在不断对人类活动的妥协中，也会有小反弹，而正是这些小反弹将会淘汰那些不合时宜的建筑。同时，自然界也会因人类的活动产生变化，这些变化也会对建筑设计产生新的影响、新的变化，有的是促进作用，有的则抑制了某些建筑风格的发展。

不同地区自然气候的不同势必会对当地的人居设计产生不同的影响，某些地区因具有独特的气候，使人类建筑产生了革命性的变化，如陕西的窑洞、云南的台楼、威尼斯的水城、日本的填海造陆等。

上述的人类自身的因素，自然界空间上（区域性自然环境的独特性）与时间上（自然界在与人类互动过程中不断变化产生随时间而改变的现象）的因素，都对人类的建筑设计产生着综合的影响作用。

### 3.1.4　气候建筑设计策略

在气候对建筑物的干扰中，气温对建筑物的影响是最大的，这从平常见到的南方和北方建筑物的不同设计就可以看得出来。气温直接决定建筑物外围护结构有关保温或隔热的设计，关系着建筑的室内通风系统的设计。

其次是太阳辐射对建筑的影响，太阳辐射直接关系到建筑物的室内采光度和室内照明系统的设计，这就是为什么在建房子的时候要选择"朝向"的问题。太阳辐射还影响到室内的温度变化，以及空气中紫外线的折射，塑料等有机材料的加速老化。

风环境是建筑设计中重要的研究对象，这主要是因为风环境直接影响到建筑物的安全度和适用度，风向和风速关系到建筑物的布局设计以及自然通风效果的好坏，另外风速会加大大雨对迎风墙面的冲刷度，影响建筑物墙面的侵蚀度，严重影响建筑物的美观度。

降水量和降水强度则对建筑物的屋面、地面和地下排水系统的设计起到了直接的影响。因为强烈的雨水冲击会导致墙壁上出现缝隙，并顺着隙缝向室内渗透，这时就容易导致墙体内部出现发潮等迹象，从而大大降低墙面的使用寿命和性能，严重影响建筑物的美观度，降低建筑物的使用寿命。

气候的相对湿度对建筑物的材质选择有重要的影响。这主要是因为很多的建筑材料在受潮后，会导致导热系数急剧增加，大大降低了其保温性能，这对像建筑冰窟类的特殊建筑物会造成很大的影响。当空气中的湿度过高时，就会降低建筑材料的机械强度，容易使其产生破坏性变形现象，如一些有机材料还会出现腐朽的情况，这在很大程度上降低了建筑物的质量和耐久性。潮湿的建筑物材料还容易出现生长霉菌的现象，这对人的健康，以及物品的保质期都会造成不良的影响。

鉴于自然界的影响和城市气候的特殊性，在城市建筑的设计中应当遵循这样的原则：

尽可能地减少建筑及城市对自然界原有生态环境与平衡的稳定的干扰程度，同时也需要明确建筑与城市的作用是作为人类的一个活动空间，一个集合体，是人类社会性的体现。

在建筑空间设计中，气候适应性体现在外部和内部两个层面上。外部指的是区域气候环境对建筑的布局、选址、空间形态构成以及群体组合方式等方面的影响。在这个层面上，建筑只能顺应气候。气候适应性的内部层面主要指建筑室外微气候与建筑单体外部的空间形态构成之间的相互影响与作用以及室内微气候与建筑室内空间构成方式之间的相互影响与作用。建筑室外微气候是指建筑建成环境区域范围内的气候状况；建筑室内微气候环境是指建筑构成的室内人工气候环境。影响室内微气候的主要因素是室外微气候状况、建筑室内的空间组织方式及建筑外围护结构的热工性能等。在这一层面上，人类可以通过一定的策略措施，对建筑的室内外微气候进行改善，以获得适宜的生存环境，而非被动地顺应。

### 3.1.4.1 适应气候的节能规划布局

合理的建筑布局形式是创造适宜的建筑微气候环境的基础，对建筑单体的节能起到事半功倍的效果。在选择布局方式时，应充分考虑不同气候区的大气候环境。如松散的建筑布局有利于湿热气候的通风降温，但不利于遮阳与热压拔风；而适当紧密的布局形式既利于干冷气候的冬季防风，又有利于湿热气候的建筑遮挡夏季烈日，产生热压通风。建筑群体布局形式根据建筑平面围合形态的不同可以分为周边式布局、行列式布局以及综合式布局，如图3-2所示。

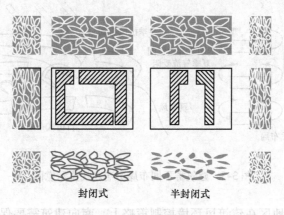

封闭式　　　　半封闭式

图3-2　建筑平面围合形态

　　周边式布局按其建筑围合的程度又可分为全封闭式和半封闭周边式布局。其中半封闭布局比较有利于建筑的通风，而且建筑朝向选择上也较为自由，但其内部环境容易受外界的干扰，不易形成独立的微气候。夏热冬冷气候的建筑，既要照顾夏季遮阳与通风，又要保证冬季日照与保温，因此，建筑的布局适宜介于松散与紧密之间，建筑群体形态适宜呈现南向开敞、北向闭合的半封闭半开敞的建筑组群布局。坡地建筑结合地形特点采用行列式布局往往会起到很好的建筑群体通风效果，例如将建筑群体布置在南向迎风坡上，利用坡地的高差，减少前排建筑对后排的遮挡，形成有利的通风局面，同时由于山丘的北高南低的整体格局易于满足日照需要，夏季形成良好的通风，冬季可阻挡寒冷北风，不但提高了建筑容积率，而且可使建筑获得更好的景观视野，并与坡地形态协调一致，延续坡地天际线，由此展现坡地独特的自然与建筑交融景观。

### 3.1.4.2　改善建筑风环境

　　建筑风环境是营造人体生理舒适性的主要因素，而且与建筑节能直接相关，因此成为可持续发展的"绿色建筑"的重要主题。建筑群布局如何适应当地的气流条件，以及采暖节能与制冷节能对风环境的完全不同的要求，都对建筑风环境设计提出了更高要求。

　　夏热冬冷气候区域建筑与城镇规划布局需要考虑冬季防风和夏季自然通风设计。这种相反的通风设计需要仔细审视冬夏两季的主导风向，必须根据具体地形情况，在仔细研究当地风廓线图的基础上，优化平面布局与组合，加强对风的各种控制来改善建筑风环境。行列式及自由式布局是住区规划中两种典型模式。对于行列式建筑群来说，夏季风向与建筑物垂直并不好，正面吹来的风会在吹过前排建筑后形成较长的涡流区，而这种涡流会使涡流区内的建筑通风不良；为引导和加速夏季建筑群体内风的流动，建筑群主要朝向与夏季盛行风方向的角度宜控制在0°～60°之间，并兼顾朝向与地形，尽量与正南向夹角保持在30°范围内，可获得适宜的风环境。见图3-3自由式布局使室外风向与建筑在不同的时间内呈现不同的夹角，避免了住区内室外微气候环境的不均匀性，自由式布局减小建筑正压区迎风面面积的同时，缩小了背风向的负压区范围，减缓建筑对气流的遮挡在负压区造成的不稳定风场，使住区内风环境更加畅通，见图3-4。

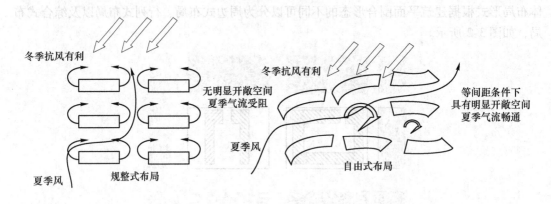

冬季抗风有利　　　无明显开敞空间夏季气流受阻　　冬季抗风有利　　等间距条件下具有明显开敞空间夏季气流畅通

夏季风　　规整式布局　　夏季风　　自由式布局

图3-3　建筑群不同布局影响之气流示意图

　　因此，夏热冬冷地区在建筑风环境控制策略上，南向建筑需要保持一定的开敞性，建筑长度不宜太长，留有风口以便形成穿堂风；对冬季防风策略而言，北向要尽量封闭，减

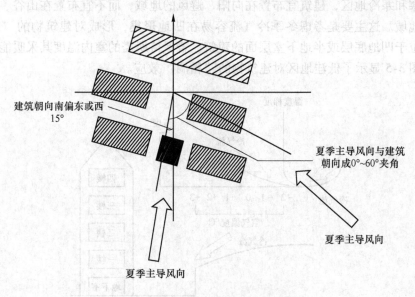

建筑朝向南偏东或西 15°

夏季主导风向与建筑朝向成0~60°夹角

夏季主导风向

夏季主导风向

图 3-4　行列式布局结合通风与朝向

弱冬季北向寒风，所以坡地建筑北侧布置最高和最长的建筑，南侧布置低矮和体量小的建筑，采用前后错列、斜列、前短后长、前疏后密、喇叭口等导风技术措施，可夏季自然通风和冬季防风。

### 3.1.4.3　适应气候要素的建筑空间节能设计策略

在夏热冬冷地区，夏季节能设计要尽量减低东、西晒和顶晒的面积，以及阻止太阳辐射热进入室内，并有效组织室内的自然通风，隔热、通风与降温是关键；而冬季则相反，建筑节能设计要充分利用日照、太阳能采暖，避免凛冽冬季风入侵室内，纳阳、日照与保温是其关键。尽管二者是相矛盾的，但是还是有共通之处，如建筑南向的利用、建筑体型的选择、空间开阖的变化、遮光纳阳板的调节，以及各种遮阳措施和太阳能采暖策略等。

## 3.2　建筑节能规划设计

居住建筑及公共建筑规划设计中的节能设计主要是对建筑的总平面布置、建筑体型、太阳能利用、自然通风及建筑室外环境绿化、水景布置等进行设计，具体规划设计要结合建筑选址、建筑朝向、建筑布局、建筑体型等几个方面进行。此外也需要考虑建筑围护结构的节能设计要求，从多方面入手进行建筑节能规划设计。

### 3.2.1　建筑选址及朝向

建筑节能设计，首先要全面了解建筑所在区域的地形地貌、地质水文资料等，这些因素对建筑规划的选址、建筑节能的效率及室内热环境都是有影响的。

建筑所处位置的地形地貌，如位于平地或坡地、山谷或山顶、江河或湖泊水系等，将直接影响建筑室内外热环境和建筑能耗的大小。

在严寒和寒冷地区，建筑宜布置在向阳、避风的地域，而不宜布置在山谷、洼地、沟底等凹陷地域。这主要是考虑冬季冷气流容易在凹地聚集，形成对建筑物的"霜洞"效应，因此位于凹地底层或半地下室层面的建筑，若保持所需的室内温度其采暖能耗将会大大增加。图 3-5 显示了低洼地区对建筑物的"霜洞"效应。

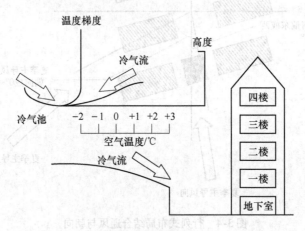

图 3-5　低洼地区对建筑物的"霜洞"效应

但是，对于夏季炎热地区而言，将建筑布置在山谷、洼地、沟底等凹形地域是相对有利的，因为在这些地方容易实现自然通风，尤其是在夏季的夜晚，高处凉爽气流会自然地流向凹地，把室内外的热量带走，在节约能耗的基础上改善了室内的热环境。

江河湖泊丰富的地区，由于地表水陆分布、地势起伏、表面覆盖植被等不同，在白天太阳辐射和夜间受长波辐射散热作用时，产生水陆风而形成气流运动。在进行节能建筑设计时，充分利用水陆风以取得穿堂风的效果，这样不仅可以改善夏季室内热环境，而且还可以节约大量的空调能耗。

江河湖海地区，因地表水陆分布、表面覆盖等的不同，昼间受太阳辐射和夜间受长波辐射散热作用时，因陆地和水体增温或冷却不均而产生昼夜不同方向的地方风。在建筑设计时，可充分利用这种地方风以改善夏季室内热环境，降低空调能耗。

在坡地建筑布局中，由于山体坡度、坡向和海拔高度不同，各方位山坡日照时间和强度差异很大。南坡日照时间相对最长，夏纳南风，冬避北风，冬暖夏凉，气候条件最佳，是最为理想的建筑选址地；而东南、西南坡的日照时间相对较长，气候条件次之，是较好的建筑基址；东坡、西坡分别通常只有上午和下午半天日照，相对较短，气候条件相对较差，可以因地制宜布置建筑；北坡和东北、西北坡日照时间最短，北坡坡地冬季甚至没有日照，夏热冬冷，冬风凛冽，气候条件最差，一般不宜布置建筑。因此为了冬季获得尽可能多的日照时间，同时保证夏季良好的通风纳凉，坡地建筑基址优先选择南坡和东南、西南坡，其次是东、西坡地，见图 3-6。

此外，建筑物室外地面覆盖层及其透水性都会影响室外微气候环境，从而都将直接影响建筑采暖和空调能耗大小。建筑物室外如果铺砌的为不透水的坚实路面，在降雨后雨水大部分很快流失，地面水分在高温下蒸发到空气中，形成局部高温高湿闷热气候，这种情况会加剧空调系统的能耗。因此，在进行节能建筑规划设计时，建筑物周围应有足够的绿

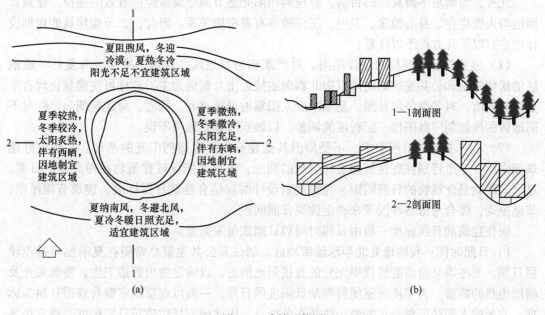

图 3-6　建筑地势图

（a）建筑地势；（b）地势剖面图

地和水面，严格控制建筑密度，尽量减少硬化地面面积，并尽量利用植被和水域减弱城市的热岛效应，以改善建筑物室外的微气候环境。

　　如上所述，确定建筑的选址原则如下：

　　（1）向阳、避风原则：节能建筑为满足冬季采暖的目的，利用阳光（日照）是最经济有效途径，同时阳光又是人类生存、健康和卫生的必须条件，因此节能建筑首先要遵循向阳的要求如选择向阳平地或坡地争取日照，为单位建筑的采暖提供条件；待建建筑向阳方向无遮挡，减少采暖负荷；避免西北向的冷风渗透，降低周围结构的热能渗透；重要建筑空间争取良好朝向，获取更多太阳辐射；合理的建筑日照间距以保证充分得热，间距大不经济；建筑群相对位置布局科学合理，取得日照的同时考虑阴影遮阳。

　　（2）致凉通风原则：完善的节能建筑在满足冬季采暖要求的同时必须兼顾夏季致凉，利用夜间凉爽的通风使室内热惰性材料降温。夏季主导风不受基地环境影响，减少冬季冷风；利用植被、构筑物导风；组织建筑内部通风。

　　（3）致凉遮阴原则：遮阴是防止夏季太阳辐射达到致凉的有效措施，如绿化遮阳，落叶乔木，夏季阻挡阳光，冬季阳光可以透过；建筑自遮阴，利用建筑互相形成的阴影遮挡阳光；自然地貌遮阴，悬崖、山丘、坡地遮阳。

　　（4）减少能量需求原则：避免"霜洞"效应的影响。冬季的山谷、洼地、沟底等凹地冷空气沉积造成"霜洞"效应，使建筑微气候环境恶化而消耗能量；避免热辐射干扰，减少玻璃幕墙"热"污染与光洁硬地面的热反射；避免不利风向，避开基地寒流走向，选择半封闭周边式或封闭式，开口避开寒流主导向；避免居地风速过大，建筑群布局不当造成局部寒风流速增加，建筑围护结构风压增大，窗和墙的冷风渗透，采暖负荷增大；避免雨雪堆积，地形中的沟槽冬季积雪融化会带走热量，造成建筑室外环境温度降低。

此外，为满足冬暖夏凉的目的，合理利用阳光是节能建筑最经济有效的途径。建筑日照也与人类生存、身心健康、卫生、工作效率有着密切关系。因此，在节能建筑的规划设计中应对以下几方面予以注意：

（1）注意选择建筑物的最佳朝向。对严寒和寒冷地区、夏热冬冷地区和夏热冬暖地区的居住建筑和公共建筑朝向应以南北朝向或接近南北朝向为主，这样可使建筑物均有主要房间朝南，对冬季争取日照，夏季减少太阳辐射得热有利。同时，对建筑朝向可针对不同地区的最佳朝向范围作一定程度的调整，以做到节能省地两不误。

（2）应选择满足日照要求、不受周围其他建筑物严重遮挡阳光的基地。在确定好建筑朝向后，还应特别注意建筑物之间合理的间距，这样才能保证建筑物获得充足的日照。这个间距就是建筑物的日照间距。建筑规划设计时应结合建筑日照标准、建筑节能原则、节地原则，综合考虑各种因素来确定建筑日照间距。

居住建筑的日照标准一般由日照时间和日照质量来衡量。

1）日照时间：我国地处北半球温带地区，居住及公共建筑总希望在夏季能够避免较强日照，而冬季又希望能够获得充分的直接阳光照射，以满足室内舒适卫生，建筑采光及辅助得热的需要。为了使居室能得到最低限度的日照，一般以底层居室窗台获得日照为标准。北半球太阳高度角全年的最小值是在冬至日，因此确定居住建筑日照标准时通常将冬至日或大寒日定为日照标准日，每套住宅至少应有一个居住空间能获得日照，日照标准应符合表3-6的规定。老年人住宅不应低于冬至日2h的日照要求，旧区改建的项目内新建住宅日照标准可酌情降低。但不应低于大寒日1h的日照时数要求。

表3-6　住宅建筑日照标准

| 建筑气候区划 | Ⅰ、Ⅱ、Ⅲ、Ⅶ气候区 | | Ⅳ气候区 | | Ⅴ、Ⅵ气候区 |
|---|---|---|---|---|---|
| | 大城市 | 中小城市 | 大城市 | 中小城市 | |
| 日照标准日 | 大寒日 | | | | 冬至日 |
| 日照时数/h | ≥2 | | ≥3 | | ≥1 |
| 有效日照时间带/h（当时真太阳时） | 8~16 | | | | 9~15 |
| 日照时间计算起点 | 底层窗台面 | | | | |

注：底层窗台面是指距室内地坪0.9m高的外墙位置。

2）日照质量：居住建筑的日照质量是通过日照时间的室内日照面积的累计而达到的。日照面积对北方居住建筑和公共建筑冬季提高室温有重要作用，应有适宜的窗型、开窗面积、窗户位置等，这是保证日照质量，也是采光、通风的需要。

（3）居住和公共建筑的基地应选择在向阳、避风的地段上。冷空气的风压和冷风渗透均对建筑物冬季防寒保温带来不利影响，尤其对严寒、寒冷和部分夏热冬冷地区的建筑物影响很大。节能建筑应选择在避风基址上建造或建筑物大面积墙面、门窗设置应避开冬季主导风向，应以建筑物围护体系不同部位的风压分析图作为设计依据，对建筑围护结构保温及各类门窗洞口和通风口进行防冷风渗透设计。

（4）利用建筑楼群合理布局争取日照。建筑楼群组团中各建筑的形状、布局、走向都会产生不同的阴影区，随着纬度的增加，建筑物背面的阴影区的范围也将增大，所以在规划布局时，注意从各种布局处理中争取最佳的日照。

### 3.2.2 建筑布局

建筑布局与建筑节能也是密切相关的。影响建筑规范设计布局的主要气候因素有：日照、风向、气温、雨雪等。在进行规划设计时，可通过建筑布局，形成优化微气候环境的良好界面，建立气候防护单元，对节能也是很有利的。设计组织气候防护单元，要充分根据规划地域的自然环境因素、气候特征、建筑物的功能等形成利于节能的区域空间，充分利用和争取日照、避免季风的干扰，组织内部气流，利用建筑的外界面，形成对冬季恶劣气候条件的有力防护，改善建筑的日照和风环境，实现节能。

建筑群的布局可以从平面和空间两个方面考虑。一般的建筑组团平面布局有行列式、错列式、周边式、混合式、自由式等，它们都有各自的特点。

（1）行列式。建筑物成排、成行布置，这种方式能够争取最好的建筑朝向，若注意保持建筑物间的日照间距，可使大多数居住房间得到良好的日照，并有利于自然通风，是目前广泛采用的一种布局方式。

（2）错列式可以避免"风影效应"，同时利用山墙空间争取日照。

（3）周边式。建筑沿街道周边布置，这种布置方式虽然可以使街坊内空间集中开阔，但有相当多的居住房间得不到良好的日照，对自然通风也不利。所以这种布置方式仅适于严寒和部分寒冷地区。

（4）混合式。是行列式和部分周边式的组合形式。这种布置方式可较好地组成一些气候防护单元，同时又有行列式的日照通风的优点，在严寒和部分寒冷地区是一种较好的建筑群组团方式。

（5）自由式。当地形比较复杂时，密切结合地形构成自由变化的布置形式。这种布置方式可以充分利用地形特点，便于采用多种平面形式和高低层及长短不同的体型组合。可以避免互相遮挡阳光，对日照及自然通风有利，是最常见的一种组团布置形式。

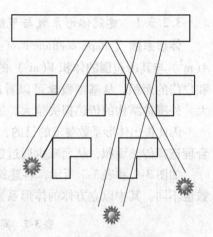

另外，规划布局中要注意点、条组合布置，将点式住宅布置在朝向好的位置，条状住宅布置在其后，有利于利用空隙争取日照，如图3-7所示。

在我国南方东南沿海地区，重点是考虑夏季防热及通风。建筑规划设计时应重视科学合理利用山谷风、水陆风、街巷风、林园风等自然资源，选择利于室内通风、改善室内热环境的建筑布局，从而降低空调能耗。

图 3-7   条形与点式建筑结合
布置争取最佳日照

### 3.2.3 建筑体型

建筑体型设计是节能设计过程中重要的环节，有效的体型设计可降低热量损失，并可在冬季增加太阳辐射的利用量，如图3-8所示。首先，要对建筑体形系数进行控制。体形系数＝建筑物接触室外大气的外表面积/其所包围的体积，体形系数越小，建筑与外界环境产生的热量交换就会降低，整体热损耗也会有所下降。控制建筑体形系数可采取以下方法：（1）其他条件恒定的情况下，提升建筑物层数，并扩大建筑体量，可对建筑体形系数进行有效控制，以降低建筑运行能耗。（2）其他条件保持不变的情况下，增加建筑长度或加装组合体，达到节能效果。（3）适量增加建筑进深，并降低建筑面宽。（4）尽可能选取规则简单的平面形式。在高度相同的情况下，圆形建筑物的体形系数相对较小，可达到更好的节能效果。其次，需要选择适当的长宽比。通常情况下，长宽比愈高，建筑得热愈多，有利于节能。另外，在建筑体型设计过程中要尽可能避风。在条件允许的情况下，建筑物高度愈高、长度愈长、进深愈小，建筑物背风面产生的涡流区也就愈大，可有效控制建筑周边风速、风压，降低热传导，以更好地达到节能效果。

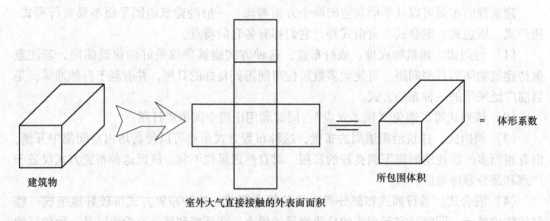

图 3-8　体形系数示意图

### 3.2.3.1　建筑体形系数与节能设计

体形系数（shape coefficient of building）就是指建筑物与室外大气接触的外表面积 $A(\mathrm{m}^2)$ 与其所包围的体积 $V(\mathrm{m}^3)$ 的比值；外表面积中，不包括地面和不采暖楼梯间隔墙和户门的面积。从基本概念可以看出，体形系数越大，单位建筑体积对应的外表面积越大，外围护结构的传热损失越大，能耗就越多。

因此提出体形系数要求的目的，是为了使特定体积的建筑在冬季及夏季的冷热作用下，合理选择传热面积，从而减少通过建筑物外围护结构产生的冬季热损失与夏季冷损失。

如图 3-9 和表 3-7 所示，各建筑物在体积相同的情况下，因外形尺寸不同，其体形系数也不同，其中以立方体的体形系数最小。

表 3-7　同体积不同体形的建筑的体形系数

| 立体的体形 | 表面积/m² | 体积/m³ | 表面积/体积/(m²/m³) |
|---|---|---|---|
| 图 3-9(a) | 80 | 64 | 1.25 |
| 图 3-9(b) | 81.9 | 64 | 1.28 |
| 图 3-9(c) | 94.2 | 64 | 1.47 |
| 图 3-9(d) | 104 | 64 | 1.63 |
| 图 3-9(e) | 132 | 64 | 2.01 |

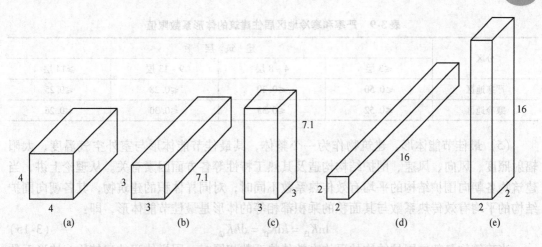

图 3-9 同体积建筑不同的体形系数（单位：m）

据此要求建筑物在平面布局上，外形不宜凹凸太多，在相同体积下尽可能地收缩构筑，力求外表面平整，以减少因凹凸太多形成外墙面积大而提高体形系数。

但是，体形系数不只是影响建筑物外围护结构的传热损失，它还与建筑造型、平面布局、采光通风等紧密相关。体形系数过小，将制约建筑师的创造性，使建筑造型呆板，平面布局困难，甚至损害建筑功能。因此权衡利弊，兼顾不同类型的建筑造型，尽可能减少房间外围护结构的面积，使体形不要太复杂，凹凸面不要过多。在北方严寒和寒冷地区，为了使建筑物在冬季尽可能多地获得太阳辐射热，需要满足或考虑建筑保温要求的地区建筑应朝向正南（向阳），以争取日照。同时，建筑布局时应使建筑立面避开冬季主导风向。

但是在夏热冬暖和夏热冬冷地区，夏季白天要防止太阳辐射，夜间希望建筑有利于自然通风、散热。因此，与北方寒冷地区相比，在建筑体形系数上没有那么严格的控制。为了满足建筑节能要求，《夏热冬暖地区居住建筑节能设计标准》（JGJ 75—2012）、《夏热冬冷地区居住建筑节能设计标准》（JGJ 134—2010）、《严寒和寒冷地区居住建筑节能设计标准》（JGJ 26—2018）、《公共建筑节能设计标准》（GB 50189—2015）等建筑节能设计规范，对不同地区不同性质的建筑的体形系数给出了相应的规定，建筑的体形系数不应大于规定限值，当体形系数大于规定限值时，必须围护结构热工性能进行权衡判断，以满足节能标准。通过总结上述规范中的规范值，在设计中，体形系数可以依据上述规范按如下要求选取。

（1）对于严寒、寒冷地区的公共建筑，其体形系数应小于或等于 0.40。

（2）夏热冬暖地区的居住建筑，建筑物朝向宜采用南北向或接近南北向，北区内单元式通廊式住宅的体形系数不宜超过 0.35，塔式住宅的体形系数不宜超过 0.40。

（3）对于夏热冬冷地区居住建筑，建筑物宜朝向南北或接近朝向南北。其体形系数不应大于表 3-8 规定的限值。

表 3-8 夏热冬冷地区居住建筑的体形系数限值

| 建筑层数 | ≤3 层 | 4～11 层 | ≥12 层 |
|---|---|---|---|
| 建筑的体形系数 | 0.55 | 0.40 | 0.35 |

（4）严寒和寒冷地区居住建筑的体形系数不应大于表 3-9 规定的限值。

表 3-9 严寒和寒冷地区居住建筑的体形系数限值

| 分区 | 建 筑 层 数 | | | |
|---|---|---|---|---|
| | ≤3 层 | 4 ~ 8 层 | 9 ~ 13 层 | ≥14 层 |
| 严寒地区 | ≤0.50 | ≤0.30 | ≤0.28 | ≤0.25 |
| 寒冷地区 | ≤0.52 | ≤0.33 | ≤0.30 | ≤0.26 |

（5）最佳节能体形。建筑物作为一个整体，其最佳节能体形与室外空气温度、太阳辐射照度、风向、风速、围护结构构造及其热工特性等各方面因素有关。从理论上讲，当建筑物各朝向围护结构的平均有效传热系数不同时，对同样体积的建筑物，其各朝向围护结构的平均有效传热系数与其面积的乘积都相等的体形是最佳节能体形，即：

$$\ln \overline{K}_{f3} = l d \overline{K}_{f1} = d h \overline{K}_{f2} \tag{3-15}$$

当建筑物各朝向围护结构的平均有效传热系数相同时，同样体积的建筑物，体形系数最小的体形，是最佳节能体形。

【例 3-1】 试计算三栋十层 30m 高，每层建筑面积同为 600m²，不同平面形状建筑的体形系数。

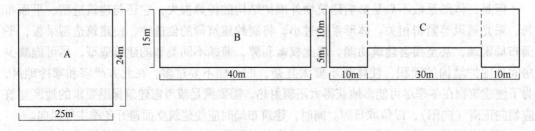

【解】

| 标号 | 架空 | 外围护面积 $F_0/\text{m}^2$ | 体积 $V_0/\text{m}^3$ | 体形系数 $S = F_0/V_0$ |
|---|---|---|---|---|
| A | 无 | 98m × 30m + 600m² = 3540 | 25m × 24m × 30m = 18000 | 3540/18000 = 0.197 |
| | 有 | 98m × 30m + 600m² × 2 = 4140 | 18000 | 4140/18000 = 0.23 |
| B | 无 | 110m × 30m + 600m² = 3900 | 40m × 15m × 30m = 18000 | 3900/18000 = 0.217 |
| | 有 | 110m × 30m + 600m² × 2 = 4500 | 18000 | 4500/18000 = 0.25 |
| C | 无 | 140m × 30m + 600m² = 4800 | (30m × 10m + 10m × 15m × 2) × 30m = 18000 | 4800/18000 = 0.267 |
| | 有 | 140m × 30m + 600m² × 2 = 5400 | 18000 | 5400/18000 = 0.30 |

若改为六层 18m 高时的结果比较：

| 标号 | 架空 | 外围护面积 $F_0/\text{m}^2$ | 体积 $V_0/\text{m}^3$ | 体形系数 $S = F_0/V_0$ |
|---|---|---|---|---|
| A | 无 | 98m × 18m + 600m² = 2364 | 25m × 24m × 18m = 10800 | 2364/10800 = 0.22 |
| | 有 | 98m × 18m + 600m² × 2 = 2964 | 10800 | 2964/10800 = 0.27 |
| B | 无 | 110m × 18m + 600m² = 2580 | 40m × 15m × 18m = 10800 | 2580/18000 = 0.24 |
| | 有 | 110m × 18m + 600m² × 2 = 3180 | 10800 | 3180/18000 = 0.29 |
| C | 无 | 140m × 18m + 600m² = 3120 | (30m × 10m + 10m × 15m × 2) × 18m = 10800 | 3120/10800 = 0.29 |
| | 有 | 140m × 18m + 600m² × 2 = 3720 | 10800 | 3720/10800 = 0.34 |

从上述例3-1可获结论如下：平面外形越紧凑，体形系数越小；层数越少，体形系数越大；增设架空层，体形系数随之扩大。

体形系数限制规定过小，将制约建筑师们的创造性，造成建筑造型呆板，平面布局困难，甚至损害建筑功能。因此权衡利弊，兼顾不同类型的建筑造型，尽可能地减少房间的外围护面积，避免因体形复杂和凹凸过多造成外墙面积太大而提高体形系数，甚至超过规定性指标，得重新调整建筑平面布局。

控制体形系数大小的方法：

减少建筑的面宽，加大建筑的进深。面宽与进深之比不宜过大，长宽比应适宜。

增加建筑的层数，多分摊屋面或架空楼板面积。

建筑体形不宜变化过多，立面不宜太复杂，造型宜简练。

### 3.2.3.2 窗墙比与节能设计

窗墙面积比（area ratio of window to wall，简称窗墙比）是指窗户洞口面积与房间立面单元面积（即房间层高与开间定位线围成的面积，包含窗面积）的比值。

$$窗墙面积比 = \frac{窗户洞口面积}{外墙表面积(开间 \times 层高)} \tag{3-16}$$

外窗是建筑必不可少的组成部分，墙体与屋面相比，外窗的热工性能最差。同时，夏季白天太阳辐射还可以通过窗户直接进入室内，窗户是影响建筑环境和建筑能耗的重要因素之一，其使用能耗占整个建筑使用能耗的40%～50%，因此窗户节能是建筑节能的一个重要突破口。

一般说来，窗墙比越大，建筑物的能耗也越大，窗墙比越小，建筑物的能耗也越小；但窗墙比过小，会影响建筑采光、通风等建筑环境。因此，如何根据不同地区的气象条件，不同的建筑使用性质，选择合理的窗墙面积比，至关重要。一般情况，在保证室内采光的前提下，确定合理的窗墙比，减少窗面积，对建筑节能大有裨益。因此，《夏热冬暖地区居住建筑节能设计标准》（JGJ 75—2012）、《夏热冬冷地区居住建筑节能设计标准》（JGJ 134—2010）、《严寒和寒冷地区居住建筑节能设计标准》（JGJ 26—2018）等建筑节能设计规范，对不同地区不同性质建筑的各个朝向的窗墙比给出了相应的规定，建筑窗墙面积比不应大于规定限值，当窗墙面积比大于限值时，必须进行围护结构热工性能的权衡判断，以满足节能要求。在设计中，应依据节能规范按表3-10～表3-12选取。

表3-10　夏热冬暖地区居住建筑的窗墙面积比

| 朝向 | 窗墙面积比 |
|---|---|
| 南向 | ≤0.5 |
| 东、西向 | ≤0.30 |
| 北向 | ≤0.45 |

表3-11　夏热冬冷地区居住建筑的窗墙面积比

| 朝向 | 窗墙面积比 | 朝向 | 窗墙面积比 |
|---|---|---|---|
| 南向 | ≤0.45 | 北向 | ≤0.40 |
| 东、西向 | ≤0.35 | 每套房间允许一间房(不分朝向) | ≤0.60 |

表 3-12　严寒和寒冷地区居住建筑的窗墙面积比

| 朝向 | 窗墙面积比 | |
|------|------|------|
| | 严寒地区 | 寒冷地区 |
| 南向 | ≤0.45 | ≤0.50 |
| 东、西向 | ≤0.30 | ≤0.35 |
| 北向 | ≤0.25 | ≤0.30 |

窗墙比的确定需要同时兼顾保温和太阳辐射得热两方面的要求。在冬天，由于太阳高度角低，阳光经由南窗入射进室内的深度大，使得南窗可以接受较多的太阳热量，这对严寒和寒冷地区居住建筑非常重要，因此可以适当加大南窗面积。但在夏季，太阳辐射强烈，透过外窗向室外传递热量会增加，尤其对于夏热地区和夏热冬冷地区，因此需要设置合理的门窗遮阳措施。而对于公共建筑，如果开窗面积过小会影响建筑的外观和通透性，因此可适当放宽窗墙比的限制，《公共建筑节能设计标准》(GB 50189—2015) 规定"严寒地区甲类公共建筑各单一立面窗墙面积比（包括透光幕墙）均不宜大于 0.60；其他地区甲类公共建筑各单一立面窗墙面积比（包括透光幕墙）均不宜大于 0.70"，门窗的节能通常采用保温隔热性能玻璃，改善对太阳辐射的透过、吸收和反射特性。

### 3.2.4　建筑通风设计

建筑通风设计与周围环境因素有紧密联系。随着城市建设步伐的加快，建筑设计也在不断创新。为了营造更舒适的室内环境，将建筑通风方面的设计影响因素屏蔽，以空调的方式去调整室内温度虽然能够短时间内解决室内通风与温度问题，但却增加了建筑成本与环境压力，消耗了更多的能源。绿色建筑发展在持续深入，尤其是低碳概念下，传统通风设计理念已经不能满足现代化建筑通风设计的要求。在这种情况下，就需要及时对通风设计理念进行创新，对通风技术重新审视，并越来越重视自然通风方面的研究。基于此，需要对通风设计有更多的了解，及时创新通风设计模式，取得更理想的通风设计效果。

#### 3.2.4.1　自然通风原理

自然通风产生的动力来源于热压和风压。热压主要产生在室内外温度存在差异的建筑环境空间；风压主要是指室外风作用在建筑物外围护结构，造成室内外静压差。

风压作用下的自然通风的形成过程：当有风从单侧吹向建筑时，建筑的迎风面将受到空气的推动作用形成正压区，推动空气从该侧进入建筑；而建筑的背风面，由于受到空气绕流影响形成负压区，吸引建筑内空气从该侧的出口流出，这样就形成了持续不断的空气流，称为风压作用下的自然通风。

热压作用下的自然通风的形成过程：当室内存在热源时，室内空气将被加热，密度降低，并且向上浮动，造成建筑内上部空气压力比建筑外的大，导致室内空气向外流动；同时，在建筑内下部，不断有空气流入，以填补上部流出的空气所让出的空间，这样形成的持续不断的空气流，就是热压作用下的自然通风。

根据进出口位置，自然通风可以分为单侧的自然通风和双侧的自然通风。

如果建筑物外墙上的窗孔两侧存在压力差 $\Delta p$，就会有空气流过该窗孔，空气流过窗孔时的阻力就等于 $\Delta p = \zeta \cdot \rho v^2 / 2$，这里 $\zeta$ 是窗孔的局部阻力系数；$v$ 为空气流过窗孔时的流速，m/s；$\rho$ 为空气密度，kg/m³。由此引起的通风换气量为：

$$L = vF = \mu F \sqrt{2\Delta p / \rho} \qquad (3\text{-}17)$$

式中，$\mu$ 为窗孔的流量系数，$\mu = (1/\zeta) \times 0.5$，$\mu$ 值的大小与窗孔的构造有关，一般小于1；$\Delta p$ 为窗孔两侧的压力差，Pa；$F$ 为窗孔的面积，m²。

#### 3.2.4.2 风能在建筑节能中的作用

风能是太阳能在地球大气中的一种能量转换形式。它广泛存在于自然界中，是取之不尽、用之不竭的可再生能源，它不会污染环境，不会改变自然生态平衡。当今世界各国因"地球温暖化"和能源短缺，对风能的利用，制定了明确的开发计划，加快了风能的开发利用。欧洲各国成立了 EWEA（欧洲风力能量协会）联合体；计划到 2030 年，风力发电占供电总量的 10%，使 $CO_2$ 的排出量减少 60% 以上。我国可开发利用的风能资源为 2.5亿千瓦，主要分布在东南沿海及内蒙古、甘肃、新疆一带。这些地区风能密度大于200W/m³，可利用的有效风力全年出现时间均在 70% 以上。

风能在空气调节中的应用有两个方面：一是直接利用，自然界的风能作用于建筑物，形成了自然通风，以自然通风的形式改善建筑物热性能，达到人或生产工艺所需要的热环境要求；二是间接利用，首先利用风力来发电，而后将电能作为空气调节系统的动力源。因间接利用风能的关键在于如何实现风力发电，故这里不介绍，下面主要讨论自然通风在建筑节能中的作用。

A　风力对建筑物的作用机理

自然通风是利用室外风力造成的风压，以及由室内外温差和高度差产生的热压，使空气流动，特点是不需要消耗能量和复杂的装置，是一种经济的通风方式。

实现自然通风的条件是窗孔两侧必须存在压差，它是影响自然通风的主要因素。当建筑物受到风压和热压的共同作用时，在建筑物外围护结构的窗孔上作用的内外压差，等于其所受到的风压和热压之和。

B　自然通风对室内热环境与热舒适的影响作用

（1）造成室内气流流动，通过直接加强对流及人体蒸发散热，来达到人体降温的目的。

（2）带走建筑物构件及家具的蓄热。

（3）适当条件下，用室外冷空气代替室内热空气，降低室内温度。

（4）通过换气增加空气的新鲜度，使人有"清新、凉爽"的感觉，改善室内空气品质。经实测研究，间歇自然通风时室内外气温差见表 3-13；当室外日平均气温差较大时，间歇通风降温效果较好，室内温度比室外气温可低 2.5℃。

表 3-13　间歇自然通风时室内外气温差

| 日平均气温差 | 日最高气温差 | 日最低气温差 |
| --- | --- | --- |
| −1.0 | −2.5 | −0.2 |

气温低于皮肤表面温度时，增大流速，加强散热效果，人体感觉凉爽。研究表明，流速增加 1m/s，会使人感到气温降低 2～3℃。在夏季提高风速，可以抵消高温带给人的热感。提高风速比降低温度所需的能耗和费用少得多。间歇自然通风不但有利于提高环境的

热舒适，还可提高室内的空气品质。因此，对风能充足的地区，可作为夏季改善建筑热环境、降低空调能耗的基本措施。

虽然一些发达国家在自然通风的研究、设计和应用中有些成功的经验，但是对于中国来说，照搬他们的经验是不切实际的。发达国家建筑的自然通风，通常涉及低建筑密度与低层系统的建筑群，而且这些国家的气候条件跟中国也大不一样。

C　风能利用的节能评估

提高风速可以改善夏季室内热环境。实验研究表明，自然通风条件下，取 0.8m/s 作为气流速度的上限，当相对湿度在 60%~70%，SET（预设温度）值在 25~26℃时，空气温度可达 30℃，比设计手册推荐的设计值 26℃要高出 3~4℃。这样，可节省空调设备容量，减少设备运行时间，达到节能目的。

一配有空调的 5000m$^2$ 普通旅馆，每年夏季开机约为 90 天，每天少开机 1h，则每年夏季可节约资金约 1 万元（空调动力部分用电量约 40W/m$^2$ 空调面积，非工业电价按 1kW·h 为 0.57 元计）。由此预计，一个城市数百万平方米空调建筑，一年将可节省数百万元资金，并节约大量能源，取得可观的社会、经济及环保效益。

### 3.2.4.3　自然通风的设计

(1) 主导风向原则，为了组织好房间的自然通风，在建筑朝向上，应使房屋纵轴尽量垂直于建筑所在地区的夏季主导风向。如在夏季，我国南方在建筑热工设计上有防热要求的地区（夏热冬暖地区和夏热冬冷地区）的主导风向都是南、偏南或东南。因此，这些地区的传统建筑多为"坐北朝南"，即房屋的主要朝向多朝向南或偏南。从防辐射角度来看，也应将建筑物布置在偏南方向。

(2) 窗的可开启面积比例。对于窗的可开启面积对室内通风状况的影响，首先要了解建筑物的开口大小对房间自然通风的影响。

建筑物的开口面积是指对外敞开部分而言。对一个房间来说，只有门窗是开口部分。从表 3-14 可以看出，如果进出风口的面积相等，开口越大，流场分布的范围就越大、越均匀，通风状况也越好；开口越小，虽然风速相对加大了，但流场分布的范围却缩小了。根据《农村居住建筑节能设计标准》（GB/T 50824—2013）当开口跨度为开间宽度的 1/3~2/3，开口的大小为地板面积的 15%~25%时，室内通风效果最佳；比值超过 25%时，空气流动基本上不受进出风口面积的影响。

表 3-14　进出风口比例不同对室内通风状况的影响

| 进风口面积/外墙面积 | 出风口面积/外墙面积 | 室外风速/m·s$^{-1}$ | 室内平均风速/m·s$^{-1}$ | | 室外最大风速/m·s$^{-1}$ | |
| --- | --- | --- | --- | --- | --- | --- |
| | | | 风向垂直 | 风向偏斜 | 风向垂直 | 风向偏斜 |
| 1/3 | 3/3 | 1 | 0.44 | 0.44 | 1.37 | 1.52 |
| 3/3 | 1/3 | 1 | 0.32 | 0.42 | 0.49 | 0.67 |

注：建筑的开口面积也不宜过大，否则会增大夏季进入室内的太阳辐射量，增加冬季的热损失。

在实际建筑中，建筑的开口面积应该为建筑窗户的可开启面积，因而需要对窗户的可开启面积比例加以严格控制，使其既能满足房间的自然通风的需要，又不至于造成建筑能耗的增加。对于夏热冬冷地区和夏热冬暖地区，尤其要注意控制窗户的可开启面积，否则过小的窗户可开启比例会严重影响房间的自然通风效果。近年来，为了片面追求建筑立面的简约设计风格，外窗的可开启比例呈现逐渐下降的趋势，有的甚至不足 25%，导致房间自然通风量不足，室内热量无法散出，居住者被迫选择开启空调降温，从而增加了建筑物的能耗。在设计过程中，可以参照国家标准《夏热冬暖地区居住建筑节能设计标准》（JGJ 75—2012）和《公共建筑节能设计标准》（GB 50189—2015）中对于窗户可开启面积比例的相关规定，来控制外窗的可开启面积，以真正实现自然通风的节能效果。

根据《公共建筑节能设计标准》（GB 50189—2015），严寒地区甲类公共建筑各单一立面窗墙面积比（包括透光幕墙）均不宜大于 0.60；其他地区甲类公共建筑各单一立面窗墙面积比（包括透光幕墙）均不宜大于 0.70。

#### 3.2.4.4　自然通风的使用条件

（1）室内得热量的限制。应用自然通风的前提是室外空气温度比室内低，通过室内空气的通风换气，将室外风引入室内，降低室内空气的温度。很显然，室内外空气温差越大，通风降温的效果越好。对于一般的依靠空调系统降温的建筑而言，应用自然通风系统可以在适当时间降低空调运行负荷，典型的如空调系统在过渡季节的全新风运行。对于完全依靠自然通风系统进行降温的建筑，其使用效果取决于很多因素，建筑的得热量是其中的一个重要因素，得热量越大，通过降温达到室内舒适性要求的可能性越小。现在的研究结果表明，完全依靠自然通风降温的建筑，其室内的得热量最好不要超过 $40W/m^2$。

（2）建筑环境的要求。采取自然通风降温措施后，建筑室内环境在很大程度上依靠室外环境进行调节，除了空气的温湿度参数外，室内的噪声控制也将被室外环境影响。根据目前的一些标准要求，采用自然通风的建筑，其建筑外的噪声不应超过 70dB；尤其在窗户开启的时候，应保证室内周边地带的噪声不超过 55dB。同时，自然通风进风口的空气质量应满足有关卫生要求。

（3）建筑条件的限制。应用自然通风的建筑，在建筑设计上应参考以上两点要求，充分发挥自然通风的优势。具体的建议见表 3-15。

表 3-15　使用自然通风时的建筑条件

| 建筑条件 | | 说　明 |
|---|---|---|
| 建筑位置 | 周围是否有交通干道、铁路等 | 一般认为，建筑的立面应距离交通干道 20m，以避免进风空气的污染或噪声干扰；或者，在设计通风系统时，将靠近交通干道的地方作为通风的排风侧 |
| | 地区的主导风向与风速 | 根据当地的主导风向与风速确定自然通风系统的设计，应特别注意建筑是否处于周围污染空气的下游 |
| | 周围环境 | 由于城市环境与乡村环境不同，对建筑通风系统的影响也不同，特别是建筑周围的其他建筑或障碍物将影响建筑周围的风向和风速、采光和噪声等 |
| 建筑形状 | 形状 | 建筑的宽度直接影响自然通风的形式和效果，建筑宽度不超过 10m 的建筑可以使用单侧通风方法；宽度不超过 15m 的建筑可以使用双侧通风方法；否则，将需要采取其他辅助措施，如烟囱结构或机械通风与自然通风的混合模式等 |
| | 建筑朝向 | 为了充分利用风压作用，系统的进风口应针对建筑周围的主导风向，同时，建筑的朝向还涉及减少得热措施的选择 |

| 建 筑 条 件 | | 说　　明 |
|---|---|---|
| 建筑形状 | 开窗面积 | 系统进风侧外墙的窗墙比应兼顾自然采光和日射得热的控制，一般为 30%～50% |
| | 建筑结构形式 | 建筑结构可以是轻型、中型或重型结构。对于中型或重型结构，由于其热惰性比较大，可以结合晚间通风等技术措施改善自然通风系统的运行效果 |
| 建筑内部设计 | 层高 | 比较大的层高有助于利用室内热负荷形成的热压，加强自然通风 |
| | 室内分隔 | 室内分隔的形式直接影响通风气流的组织和通风量 |
| | 建筑内竖直通道或风管 | 可以利用竖直通道产生的烟囱效应有效组织自然通风 |
| 建筑室内人员 | 室内人员密度和设备、照明得热的影响 | 对于得热量超过 40W/m² 的建筑，可以根据建筑内热源的种类和分布情况，在适当的区域分别设置自然通风系统和机械制冷系统 |
| | 工作时间 | 工作时间将影响其他辅助技术的选择（如晚间通风系统） |

（4）室外空气湿度的影响。应用自然通风可以对室内空气进行降温，却不能调节或控制室内空气的湿度，因此自然通风一般不能在非常潮湿的地区采用。

### 3.2.4.5　全面通风量的确定

建筑通风的目的，是为了防止大量热、蒸汽或有害物质向人员活动区散发，防止有害物质对环境及建筑物的污染和破坏。大量余热、余湿及有害物质的控制，应以预防为主，需要各专业协调配合综合治理才能实现。当采用通风处理余热余湿可以满足要求时，应优先使用通风措施，可以极大降低空气处理的能耗。

一般的建筑进行通风的目的是消除余热、余湿和污染物，所以要选取其中的最大值，并且要对使用人员的卫生标准是否满足进行校核。国家现行相关标准《工业企业设计卫生标准》GBZ-1 对多种有害物质同时放散于建筑物内时的全面通风量确定已有规定，可参照执行。

消除余热所需要的全面通风量：

$$G_1 = 3600 \frac{Q}{c(t_p - t_j)} \tag{3-18}$$

消除余湿所需要的全面通风量：

$$G_2 = 3600 \frac{G_{sh}}{d_p - d_j} \tag{3-19}$$

稀释有害物质所需要的全面通风量：

$$G_3 = 3600 \frac{\rho M}{c_y - c_j} \tag{3-20}$$

式中　$G_1$——消除余热所需要的全面通风量，kg/h；

$t_p$——排除空气的温度，℃；

$t_j$——进入空气的温度，℃；

$Q$——总余热量，kW；

$c$——空气的比热，1.01kJ/(kg·K)；

$G_2$——消除余湿所需要的全面通风量，kg/h；

$G_{sh}$——余湿量，g/h；

$d_p$——排除空气的含湿量，g/kg；

$d_j$——进入空气的含湿量，g/kg；

$G_3$——稀释有害污染物所需的全面通风量，kg/h；

$\rho$——空气密度，kg/m³；

$M$——室内有害物质的散发强度，mg/h；

$c_y$——室内空气有害物质的最高允许浓度，mg/m³；

$c_j$——进入的空气中有害物质的浓度，mg/m³。

### 3.2.4.6 室内通风评价指标

在一定的送回风形式下，建筑内部空间会形成某种具体的风速分布、温度分布、湿度分布、污染物浓度分布；有时又称为风速场（或流场）、温度场、湿度场、污染物浓度场，根据通风（空调）的目的，可从三个方面来描述和评价气流组织：一是描述送风有效性的参数、主要反映送风能否有效到达考察区域以及到达该区域的空气新鲜程度；二是描述污染物排除有效性的参数、主要反映污染物到达考察区域的程度以及到达该区域所需要的时间；三是与热舒适关系密切的有关参数。当然，如果室内空气充分混合，那么就可以用一个集总的参数对房间的通风效果进行总体评价。虽然这仅是一种特例，但对气流组织的评价具有一定的参考价值。

气流组织的描述参数可以作为气流组织好坏的评价指标。这些指标对气流组织的设计有着重要的指导意义。设计者可以通过评价指标的好坏，来调整送风位置、送风量等条件，使室内的气流分布满足要求。

**A 理想稀释时的描述参数**

（1）换气次数

被稀释空间内广义污染物浓度按照指数规律变化，其变化速率取决于 $Q/V$，该值的大小反映了房间通风变化规律，可将其定义为换气次数：

$$n = Q/V \tag{3-21}$$

式中　$n$——空间的换气次数，次/h；

　　　$Q$——通风量，m³/h；

　　　$V$——房间容积，m³。

换气次数是衡量空间稀释情况好坏，也就是通过稀释达到的混合程度的重要参数，同时也是估算空间通风量的依据。对于确定功能的空间，比如建筑房间，可以通过查阅相应的数据手册找到换气次数的经验值，根据换气次数和体积估算房间的通风换气量。

（2）名义时间常数

名义时间常数定义为房间容积 $V$ 与通风量 $Q$ 的比值：

$$\tau_n = -V/Q \tag{3-22}$$

式中　$\tau_n$——空间的名义时间常数，s；

　　　　$Q$——通风量，$m^3/s$。

名义时间常数在表达式上是换气次数的倒数（注意二者的单位不同），同样能用于证明空间稀释情况的好坏。

　　B　理想活塞流时的描述参数

理想活塞流的示意图如图 3-10 所示，在理想活塞流情况下，送入的空气将完全占有原来位置上的空气，二者之间不发生质量和能量交换。此时，与理想稀释情况相比，污染物在空间的分布规律和气流组织的描述参数将具有不同的特点。

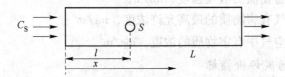

图 3-10　理想活塞流通风示意图

　　（1）理想活塞流时的污染物分布规律。如图所示，活塞通风量为 $Q$，对应的断面风速为 $v$。假设空间初始浓度为 $C_0$。送风污染物浓度为 $C$，距离入口为 $l$ 处存在强度为 $S$ 的污染源，断面污染物分布均匀此时空间中污染物分布只沿 $x$ 方向变化，根据理想活塞流通风的原理，可得空间任意点 $P$ 处污染物浓度 $C_p(x,t)$ 分布的表达式如下：

当 $0 \leqslant x < l$ 时：

$$C_p(x,t) \begin{cases} C_0 & 0 \leqslant t \leqslant \dfrac{x}{v} \\ C_S & t > \dfrac{x}{v} \end{cases} \tag{3-23}$$

当 $1 \leqslant x \leqslant L$ 时：

$$C_p(x,t) \begin{cases} C_0 & 0 \leqslant t \leqslant \dfrac{x-l}{v} \\ C_0 + \dfrac{S}{Q} & \dfrac{x-l}{v} < t \leqslant \dfrac{x}{v} \\ C_S + \dfrac{S}{Q} & t > \dfrac{x}{v} \end{cases} \tag{3-24}$$

　　简言之，在活塞流下，当无污染源时，下游的浓度等于上游浓度；当有污染源时，污染源仅影响下游浓度，而不影响上游浓度。

　　（2）换气次数和名义时间常数。由于理想活塞流时，各断面空气流通面积相等，气流通过流道的时间等于流道长度除以气流速度。因此换气次数和名义时间常数可分别表示为：

$$n = Q/V = 3600v/L \tag{3-25}$$

$$\tau_n = V/Q = L/v \tag{3-26}$$

式中　$v$——理想活塞流时的空气流速，m/s；

　　　　$L$——理想活塞流通道长度，m。

### 3.2.4.7 送风有效性的描述参数

**A 空气龄**

空气龄概念最早于 20 世纪 80 年代由 Sanadberg 提出。根据定义，空气龄是指空气进入房间的时间。如图 3-11 所示，在房间内污染源分布均匀且送风为全新风时，某点的空气龄越小，说明该点的空气越新鲜，空气质量就越好。它还反映了房间排除污染物的能力，平均空气龄小的房间，去除污染物的能力就强。由于空气龄的物理意义明显，因此作为衡量空调房间空气新鲜程度与换气能力的重要指标而得到广泛的应用。

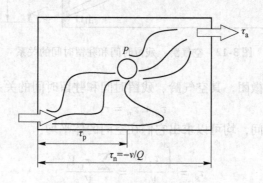

图 3-11　室内某点空气龄示意图

从统计角度来看，房间中某一点的空气由不同的空气微团组成，这些微团的年龄各不相同，因此该点所有微团的空气龄存在一个概率分布函数 $(r)$ 和累计分布函数 $F(r)$：

$$\int_0^\infty f(\tau)\mathrm{d}\tau = 1 \tag{3-27}$$

累计分布函数与概率分布函数之间的关系为

$$\int_0^t f(\tau)\mathrm{d}\tau = F(\tau) \tag{3-28}$$

某一点的空气龄 $\tau$，是指该点所有微团的空气龄的平均值：

$$\tau_p = \int_0^\infty \tau f(\tau)\mathrm{d}\tau = \int_0^\infty \tau F'(\tau)\mathrm{d}\tau = \int_0^\infty \tau \mathrm{d}F(\tau) = -\int_0^\infty \tau \mathrm{d}[1 - F(\tau)]$$

$$= -\tau[1 - F(\tau)]\Big|_0^\infty + \int_0^\infty [1 - F(\tau)]\mathrm{d}\tau$$

$$= \int_0^\infty [1 - F(\tau)]\mathrm{d}\tau \tag{3-29}$$

所谓空气龄的概率分布 $f(z)$，是指年龄为 $x$ 的空气微团在某点空气中所占的比例。累计分布函数 $F(z)$ 是指年龄比 $z$ 短的空气微团所占的比例。

传统上空气龄概念仅仅考虑房间内部，即房间进风口处的空气龄被认为是 0(100% 的新鲜空气)。为综合考虑包含回风、混风和管道内流动过程的整个通风系统的效果，清华大学提出了全程空气龄的概念，即指空气微团自进入通风系统起经历的时间；将房间入口处空气龄取为 0 而得到的空气龄称为房间空气龄。较之房间空气龄，全程空气龄可看成绝对参数，不同房间的全程空气龄可进行比较。

与空气龄类似的时间概念还有空气从当前位置到离开出口的残留时间 $\tau_{rl}$( residual life time)、反映空气离开房间时的驻留时间 $\tau_r$( residence time) 等，见图 3-12。

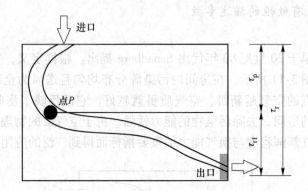

图 3-12　空气龄、残留时间和驻留时间的关系

对某一位置的空气微团，其空气龄、残留时间和驻留时间的关系为：

$$\tau_p + \tau_{rl} = \tau_r \tag{3-30}$$

对空气龄、残留时间，均可以求出它们在空间的体平均：

$$\bar{\tau}_p = \frac{\int_0^V \tau_p \mathrm{d}v}{V} = \frac{\sum \tau_{pi} V_i}{V} \tag{3-31}$$

$$\bar{\tau}_{rl} = \frac{\int_0^V \tau_{rl} \mathrm{d}v}{V} = \frac{\sum \tau_{rli} V_i}{V} \tag{3-32}$$

式中　　$\tau_{pi}$，$\tau_{rli}$——分别为空间第 $i$ 部分的空气龄和残留时间，s；

　　　　$V_i$——空间第 $i$ 部分的体积，$m^3$。

理想活塞流通风条件下，驻留时间就等于房间的名义时间常数：$\tau_r = \tau_n = V/Q$。

B　换气效率

对于理想"活塞流"的通风条件，房间的换气效率最高。此时，房间的平均空气龄小，它和出口处的空气龄、房间的名义时间常数存在以下的关系：

$$\tau_p = \frac{1}{2}\tau_c = \frac{1}{2}\tau_n \tag{3-33}$$

因此，可以定义新鲜空气置换原有空气的快慢与活塞通风下置换快慢的比值为换气效率：

$$\eta_a = \frac{\tau_n}{2\bar{\tau}_p} \times 100\% \tag{3-34}$$

式中　　$\bar{\tau}_p$——房间空气龄的平均值，s。

根据换气效率的定义式可知，$\eta_a \leqslant 100\%$。换气效率越大，说明房间的通风效果越好。典型通风形式（图 3-13）的换气效率如下：活塞流，$\eta_a = 100\%$；全面孔板送风 $\eta_a \approx 100\%$；单风口下送上回，$\eta_a = 50\% \sim 100\%$。

与房间总体换气效率相对应，房间各点的换气效率可用下式定义：

$$\eta_t = \frac{\tau_n}{\tau_p} \times 100\% \tag{3-35}$$

式中　　$\tau_p$——房间某一点的空气龄，s。

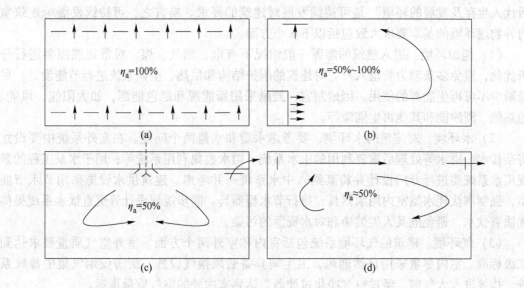

图 3-13　不同通风方式下的换气效率
（a）近似活塞流；（b）下送上回；（c）顶送上回；（d）上送上回

## 3.3　建筑环境控制与改善策略

### 3.3.1　既有建筑室外物理环境控制与改善

近年来，我国城镇化快速的进程有力地推动了房地产事业的发展，在促进国民经济发展的同时，也必然导致诸多城市环境问题的出现。首先，由于新建和既有建筑的密集，建筑高度和各种布局必然增加了自然风阻；更严重的是由于规划设计不当，导致城市中的风速偏小，甚至形成无风区或涡旋区，使得城区内的污染空气不能正常排除，危害居民的身体健康。其次，城市建设又增加了大量人工热源，混凝土不透水下垫层越来越多，加上城市通风不畅，热岛效应加剧。第三，随着道路网扩展与密度加大，交通噪声的声级和影响范围都在不断扩大，同时城市建设中产生超标的施工噪声，人口密度增加和人们社会活动的频繁，也导致了生活和商业性的噪声日渐严重。

由于城市物理环境与人的生理、心理健康休戚相关，是最能体现舒适度、人性化等感官特点的环境要素，而城市规划与物理环境又有极为密切的关系，良好的规划设计能通过对城市形态的控制和空间资源的优化配置，在设计之初即可以最小的代价实现物理环境质量的改善，不仅提高城市环境的舒适与健康程度，而且还为微观建设单元的节能减排提供有利条件。

### 3.3.2　既有建筑室外环境的基本要求

按照可持续发展的定义，1987 年联合国环境与开发世界委员会报告《人类共同的未来》中指出"所谓可持续性的开发，是指在不损害将来人类社会经济利益的基础上，能够满足现在需求的开发。""强调发展的长期性，而创造既满足当代人的需求，又不危及后代人生存及发展的环境"是可持续发展对建筑的要求。换言之，可持续发展对建筑室内外物理环境的基本要求大致包括以下 6 个方面。

（1）能源环境。进入建筑的能源一般情况下有电、燃气、煤。对常规能源要进行分析优化，避免多条动力管道入户。对建筑的围护结构和供热、空调系统进行节能设计，尽量减少不可再生能源的使用，因地制宜，鼓励采用新能源和绿色能源，如太阳能、风能、地热能、潮汐能和其他再生能源等。

（2）水环境。对建筑的水环境，要考虑水质和水量两个问题。在室外系统中要设立将杂排水、雨水等处理后重复利用的中水系统、雨水收集利用系统等；用于水景工程的景观用水系统要进行专门设计并将其纳入中水系统一并考虑。建筑供水设施采用节水节能型，强制淘汰耗水型室内用水器具，推行节水型器具。同步规划设计管道直饮水系统提供优质直饮水，避免危及人类健康和对水资源的污染。

（3）气环境。建筑的气环境系统包括室内和室外两个方面。室外空气质量要求达到二级标准。室内尽量采用自然通风，卫生间具备通风换气设施，厨房设烟气集中排放系统，排放进入大气前，经过空气净化过滤器，达到室内外的空气质量指标。

（4）声环境。声环境包括室内、室外和对建筑以外噪声的阻隔措施。室外声环境系统应满足：日间噪声小于 50dB；夜间噪声小于 40dB。采用隔声降噪措施使室内声环境系统满足：日间噪声小于 35dB；夜间噪声小于 30dB。对建筑周边的噪声源，如果影响了建筑的声环境应采取隔声降噪措施。

（5）光环境。着重强调满足日照要求，室内尽量采用自然光。除此之外，还应注意防止光污染，如强光广告、玻璃幕墙等。在室外公共场地采用节能灯具，提倡由新能源提供的绿色照明。

（6）热环境。热环境系统要满足热舒适度要求、建筑节能要求和环保要求等。对建筑围护结构的热工性能和保温隔热提出要求，以保证室内热环境满足人体舒适度，冬季供暖室内适宜温度 20～24℃；夏季空调室内适宜温度 22～27℃。建筑的供暖、空调采用清洁能源、新能源和绿色能源。鼓励采用不破坏大气环境的循环工质。

### 3.3.3  建筑风环境的控制与改善

在住宅区的各种环境中，与人们的生活最紧密的就是住宅小区的风环境和热环境，然而良好的室外风环境对小区室外的热环境有非常直接的影响，同时良好的室外风环境也为室内自然通风提供了基础。室外环境中风的状况直接影响着人们的生活，而风环境的状况不仅与当地气候和既有建筑密度有关，还与建筑物的地形、建筑形态、建筑物布局、建筑朝向、植被及相邻建筑形态等因素有关。如果在既有建筑改造设计的初期就对建筑物周围风环境进行分析，并对规划设计方案进行优化，将有效地改善建筑物周围的风环境，创造舒适的室外活动空间。

对于既有建筑物来说，其地形、建筑物布局、建筑朝向、建筑间距、建筑形态及相邻的建筑形态等均已固定，一般都很难加以改变，主要可以通过种植灌木、乔木、人造地势或设置构筑物等设置风障，可分散风力或按照期望的方向分流风力、降低风速，合适的树木高度和排列可以疏导地面通风气流，如在不是很高的既有建筑单体和既有建筑群的北侧栽植高大的常绿树木，可以阻挡控制冬季强风。

风环境优化设计方法很多，常用的有风洞模型实验或计算机数值模拟。风洞模型实验指在风洞中安置飞行器或其他物体模型，研究气体流动及其与模型的相互作用，以了解实际飞行器或其他物体的空气动力学特性的一种空气动力实验方法。这种方法周期较长，价格昂贵，结果比较可靠，但难以直接应用于室外空气环境的改善设计和分析。

对既有建筑进行风环境优先改善，采用计算机数值模拟是较好的方法，一般采用CFD软件。CFD软件是计算流体力学简称，这是20世纪60年代起伴随计算机技术迅速崛起的学科。经过半个世纪的迅猛发展，这门学科已相当成熟，成熟的一个重要标志是近十几年来，各种CFD通用性软件包陆续出现，成为商品化软件，为工业界广泛接受，性能日趋完善，应用范围不断扩大。至今，CFD技术的应用早已超越传统的流体力学和流体工程的范畴，如航空、航天、船舶、动力、水利等领域，并迅速扩展到化工、核能、冶金、建筑、环境等许多相关领域中。

在既有建筑风环境优先设计中，利用CFD软件（如Fluent、Phoenics等）可进行整体风场的评估，包括气流场、温度场与浓度场的模拟，通过构建3D数值解析模型，在模型中布置树木、构筑物等。通过模拟分析及方案的调整优化，确定合理的种植植物及布置。设计出合理的建筑风环境。计算机数值模拟相比于模型实验的方法，具有周期较短、价格低廉的优势，同时还可用形象、直接的方式展示结果，便于非专业人士通过形象的流场图和动画，来了解小区内气流流动的情况。此外，通过模拟建筑外环境的风流动情况，还可进一步指导建筑内部的自然通风设计等。

### 3.3.4　建筑热环境的控制与改善

热环境是由太阳辐射、气温、周围物体表面温度、相对湿度与气流速度等物理因素组成，影响人的冷热感和身体健康。室外热环境是指作用在外围护结构上的一切热物理量的总称，是由太阳辐射、大气温度、空气湿度、风、降水等因素综合组成的一种热环境。建筑物所在地的室外热环境通过外围护结构将直接影响室内环境，为使所设计的建筑能创造良好的室内热环境，必须了解当地室外热环境的变化规律及特征，以此作为建筑热工设计的依据。

室外热环境除受建筑物本身布局、建筑朝向等方面的影响外，还受所处地形、坡度、建筑群的布局、绿地植被状况、土壤类别、材料表面性质、环境景观等影响。各种影响因素下的温度、湿度、风向、风速、蒸发量、太阳辐射量等形成建筑周围微气候状况，微气候状况影响室外人的活动及人体舒适性，也影响居住区的热岛强度。

微气候的调节和室外热环境的改善有助于提高室外人体的舒适性，对于居住区域，也有助于降低热岛效应，改善室外环境。建筑周围绿地植被、地面材料、环境景观等对室外热环境有较大的影响。既有建筑和既有居住区一般人口密度较大，人均占有绿地率比较低。对于既有建筑，可因地制宜，通过增加绿地植被、设置景观水体、更换地面材料等措施，来改善建筑物的室外环境。设计时也可采用CFD软件等进行温度场等模拟，结合既有建筑的实际情况设计绿地和景观等。

#### 3.3.4.1　增加绿地植被

城市绿化是城市建设的一个重要组成部分，作为改善城市热环境最经济、最有效的手段之一，绿化对室外热环境的作用，表现在改善区域微气候、缓解城市热岛效应、平衡城市生态系统和提高城市居民生活环境质量等多个方面。

绿化植物是调节室外热环境，提供健康居家环境的重要因素。测试结果表明：植物在夏季能够把约20%的太阳辐射反射到天空，并通过光合作用吸收约35%的辐射热；植物的蒸腾作用也能吸收掉部分热量。合适的绿化植物可以提供较好的遮阳效果，如落叶乔木、茂盛的枝叶可以阻挡夏季阳光，降低微环境的温度，并且冬季阳光又会透过稀疏的枝条射入室内。墙壁的垂直绿化和屋顶绿化可以有效阻隔室外的热辐射，增加室外的绿化面积，可以有效改善室外热环境。

### 3.3.4.2　设置景观水体

景观水体是指天然形成或人工建造的，给人以美感的城市、乡村及旅游景点的水体，如大小湖泊、人工湖、城市河道等。景观水体的蒸发也能吸收掉一部分热量，在炎热的夏季可以降低微环境温度，改善室外热环境。水体也具有一定的热稳定性，会造成昼夜间水体和周边区域空气温差的波动，从而导致两者之间产生热风压，形成空气的流动，夏季可降温及缓解热岛效应；冬季还可以利用水面反射，适当增加建筑立面日照得热。在有条件的情况下，既有建筑改造时可增加室外景观水体。在降雨充沛的地区，进行区域水景改善的同时，还可以结合绿地和雨水回收利用，在建筑（特别是大型公共建筑）的南侧设置喷泉、水池、水面、露天游泳池等，这样有利于在夏季降低室外环境温度，调节空气的湿度，形成良好的局部微气候环境，并且对室内环境的改善起着重要作用。

城市中的景观水体，是城市景观的重要组成部分，不仅可以增加城市景观的异质性，而且还可以起到改善城市微环境的作用。在进行景观水体设计时，可借鉴景观生态规划与设计原则，从以下几方面考虑。

（1）整体优化原则。景观水体是由一系列生态系统组成的，具有一定结构与功能的整体，在景观水体设计时，应把景观和植物种植作为一个整体来思考和管理。除了水面种植水生植物外，还要注重水池、湖塘岸边耐湿乔灌木的配置。尤其要注意落叶树种的栽植，尽量减少水边植物的代谢产物，以达到整体最佳状态，实现优化利用。

（2）多样性原则。景观多样性是描述生态镶嵌式结构的拼块的复杂性、多样性。自然环境的差异会促成植物种类的多样性而实现景观的多样性。景观的多样性还包括垂直空间环境差异而形成的景观镶嵌的复杂程度。这种多样性，往往通过不同生物学特性的植物配置来实现。还可通过多种风格的水景园、专类园的营造来实现。

（3）景观个性原则。每个景观都具有与其他景观不同的个性特征，即不同的景观具有不同的结构与功能，这是地域分异客观规律的要求。根据不同的立地条件、不同的周边环境，选用适宜的水生植物，结合瀑布、叠水、喷泉以及游鱼、水鸟、涉禽等动态景观，将会呈现各具特色又丰富多彩的水体景观。

（4）遗留地保护原则。即保护自然遗留地内的有价值的水体和景观植物，尤其是富有地方特色或具有特定意义的水体和植物，应当充分加以利用和保护。

（5）综合性原则。景观是自然与文化生活系统的载体，景观生态规划需要运用多学科知识，综合多种因素，满足人类各方面的需求。水生植物景观不仅要具有观赏和美化环境的功能，其丰富的种类和用途还可作为科学普及、增长知识的活教材。

### 3.3.4.3　更换地面材料

室外地面材料的应用对室外热环境有很大的影响。不同的材料热容性相差很多，在吸收同样的热量下升高的温度也不相同。例如木质地面和石质地面相比，在接受同等时间强度的日光辐射条件下，木质地面升高的温度明显低于石材地面。工程实践证明，在既有建筑和既有居住区中，有选择地更换原来不合理的地面材料，或增加合适的涂面材料，会在一定程度上调节室外热环境。

2004 年，日本国土交通省下属的土木研究所和民间建筑公司合作，共同开发出了使沥青路面温度下降的建筑材料，这有助于控制城市"热岛效应"。由于这种特殊材料反射太阳光的能力强，因此将这种材料涂在路面上后，路面积蓄的热量较少。在炎热的夏天，一般路面温度会高达 60℃ 左右。试验结果表明，涂过这种材料的路面温度比普通路面大约低 15℃。据土木研究所科研人员介绍，这种建筑材料可直接涂在路面上，不仅不会出现与路面剥离的现象，而且施工时间短，造价也不高。

增加透水地面能够使雨水迅速渗入地表，有效地补充地下水，缓解城市热岛效应，保护城市自然水系不受破坏，具有很强的环保价值。同时，它解决了普通路面容易积水的问题，提高行走的安全性和舒适性，对于改善人居环境也具有重要意义。透水地面具有比传统混凝土更高的强度和耐久性，能满足结构力学性能、使用功能以及使用年限的要求；具有与自然环境的协调性，减轻对地球和生态环境的负荷，实现非再生型资源可循环性使用；具有良好的使用功能，能为人类构筑温和、舒适、便捷的生活环境。透水地面包括自然裸露地面、公共绿地、绿化地面和镂空面积不小于 40% 的镂空铺地等。可采用室外铺设绿化、透水地砖等透水性铺装，用于改造既有传统不透水地面铺装。对于人行道、自行车道等受压不大的地方，可采用透水性地砖；对于自行车和汽车停车场，可选用有孔的植草土砖；在不适合直接采用透水地面的地方，如硬质路面（混凝土）等处，可以结合雨水回收利用系统，将雨水回收后进行回渗。

### 3.3.5　室内光环境的控制与改善

光环境是物理环境中一个组成部分，它和湿环境、热环境、视觉环境等并列。对建筑物来说，光环境是由光照射与其内外空间所形成的环境，因此光环境形成一个系统，包括室外光环境和室内光环境。室外光环境是在室外空间由光照射而形成的环境，其功能是要满足物理、生理（视觉）、心理、美学、社会（指建筑节能、绿色照明）等方面的要求。室内光环境是室内空间由光照射而形成的环境，其功能是要满足物理、生理、心理、人体功效学及美学等方面的要求。

在正常情况下，人的眼睛由于瞳孔的调节作用，对一定范围内的光辐射都能适应。但当光辐射增加至一定量时，将会对人的生活和生产环境以及身体健康产生不良影响，这种不良影响称为光污染。建筑室外光环境污染主要来自建筑物外墙，最典型的就是玻璃幕墙。玻璃幕墙的光污染是指高层建筑的幕墙上采用了涂膜玻璃或镀膜玻璃，当直射日光和天空光照射到玻璃表面时由于玻璃的镜面反射而产生的反射眩光。光污染不仅影响人们正常的休息，还会影响街道上行驶的车辆及行人安全。

有关研究资料表明，玻璃幕墙在阳光下，具有聚光和反光的特性，一般镜面玻璃的反光率在 82% ~92%，镜面不锈钢板的反光率可达 96%，是毛面石材、面砖等外墙装饰材料反光率的 10 倍以上。反射下来的光束足以破坏人眼视网膜上的感光细胞，影响人的视力，使人感到不适、眩晕，甚至引起短时间失明等症状。据来自我国某些大中城市的信息显示，因为光污染引发的道路交通事故呈上升趋势，各地涉及光污染的投诉事件也在不断增多。而建筑物镜面玻璃的反射光比阳光照射更强烈，大大超过了人体所能承受的范围。夏日将阳光反射到居室中，强烈的刺目光线最易破坏室内原有的良好气氛，也使室温平均升高 5℃ 左右。长时间在白色光亮污染环境下工作和生活的人，容易导致视力下降，引起头晕恶心、食欲减退、情绪低落等类似神经衰弱的症状，使人的正常生理及心理发生变化，长期下去会诱发某些慢性病。

在既有建筑改造中，应根据建筑的实际情况，采取合理的技术措施，选择合适的外墙饰面材料，避免出现眩光污染，改善建筑室外的光环境，营造良好的室外光环境。尽管玻璃幕墙建筑可能会出现光污染等危害。许多产生光污染的玻璃幕墙是由不科学的设计和施工造成的。目前有关幕墙的工程技术规范已经发行，设计、施工皆有法可依。根据工程实践经验，既有建筑光环境控制与改善可采取如下措施：

（1）合理限制玻璃幕墙的使用。玻璃幕墙过于集中是玻璃幕墙产生光污染的主要原因之一，因此，应从环境、气候、功能和规划要求出发，合理限制玻璃幕墙的使用，避免玻璃幕墙的无序分布和高度集中。欧美一些国家早在 20 世纪 80 年代末，就开始限制在建筑物外部装修使用玻璃幕墙，不少发达国家或地区甚至明文限制使用釉面砖和马赛克装饰外墙。在发现玻璃幕墙存在的诸多安全隐患和不够环保之后，美国出台《节约能源法》对玻璃使用提出限制；德国禁止使用大面积玻璃幕墙。根据国内外的经验，对玻璃幕墙的使用应采取如下限制和技术措施：1）城市干道两侧和居住区及居民集中活动区，学校周围不应采用玻璃幕墙，防止反射光进入室内；2）限制玻璃幕墙安装位置，沿街首层外墙不宜采用玻璃幕墙；大片玻璃幕墙可采用隔断、直条、中间加分隔的方式，对玻璃幕墙进行水平或垂直分隔；避免采用曲面幕墙，减少外凸式幕墙对临街道路的光反射现象和内凹式幕墙由于反射光聚焦引起的火灾。

（2）开发新型玻璃材料。玻璃幕墙作为建筑围护结构是由金属框和玻璃组成的。因此，要根据玻璃的一些参数慎重地选择玻璃幕墙所使用的玻璃类型，选用具有减少眩光性能的玻璃。这些参数包括建造地点的光气候参数，对可见光的透射系数、反射系数，对日光的透射系数、反射系数和吸收系数、热透射系数、热膨胀系数，以及厚度、最大尺寸、重量、抗风力等。众所周知，玻璃对于光具有透射、吸收和反射特性。玻璃幕墙就根据这些特性采用了不同类型的玻璃。用于玻璃幕墙的玻璃一般有透明玻璃、着色玻璃、吸热玻璃、涂膜玻璃、镀膜玻璃、夹层玻璃和光化学玻璃等。

通过新型玻璃材料的研究、开发和使用，或对现有玻璃加以处理能够减少定向反射光，同时又不增加室内的热效应，这是一种最为简洁有效的解决光反射问题的方法。现在玻璃幕墙提倡采用低辐射玻璃（即 Low-E 玻璃）。

（3）加强规划控制管理。城市规划管理部门要从宏观上对使用玻璃幕墙进行控制，要从环境、气候、功能和规划要求出发，实施总量控制和管理。

具体来说，在制订城市主要干道规划时，首先应当制订临街的光环境规划，限制玻璃幕墙的广泛分布和过于集中，尤其注意避免在并列和相对的建筑物上全部采用玻璃幕墙。在周围环境开阔而且景观优美的地段，对于商业、贸易、旅游、娱乐建筑可以全部建造玻璃幕墙，但也要考虑适当的建筑间距，并且要控制这一地段玻璃幕墙分布的总量。绝大多数的大型建筑物包括宾馆、酒店、餐厅、文娱场所等可以采用局部玻璃幕墙。例如在建筑底层采用不反射光的石材墙或铝塑墙。

上海市建设委员会关于建设工程中使用玻璃幕墙有如下规定：建筑物使用玻璃幕墙面积不得超过外墙建筑面积的40%（其中包括窗玻璃）。这个规定不仅考虑了城市功能、环境和经济效益等因素，而且还可相应地减少光污染。对于住宅、公寓、宿舍、医院等建筑，根据它们的功能要求和节能政策，不宜采用玻璃幕墙。至于办公建筑，由于采用了大面积玻璃窗，已经能够满足室内光环境的要求，建议不再采用玻璃幕墙。

（4）合理选择幕墙的材质。幕墙材料选择是幕墙工程中极为重要的一环，它不仅决定整个工程的总造价，而且关系到整个工程的档次、使用寿命、外观效果。合理地使用材料至关重要，好的材料堆砌在一起并不一定能产生好的效果，只有巧妙地、合理地发挥各种材料的特性，才能产生极佳的效益。

采用玻璃幕墙的建筑，外观效果非常重要。玻璃幕墙的选型是建筑设计的重要内容，设计者不仅要考虑立面的新颖、美观，而且要考虑建筑的使用功能、造价、环境、能耗、施工条件等诸多因素。

幕墙的材质从单一的玻璃发展到钢板、铝板、合金板、大理石板、陶瓷烧结板等。工程实践证明，将玻璃幕墙和钢、铝、合金等材质的幕墙组合在一起，经过合理的设计，不但可使高层建筑更加美观，还可有效地减少幕墙反光带来的光污染。

（5）加强绿化。对玻璃幕墙光环境的控制与改善，可采用在路边或玻璃幕墙周围种植高大树冠的树木，将平面绿化改为立体绿化，以种植的树木遮挡反射光照射，可有效防止玻璃幕墙引起的有害反射，从而改善和调节采光环境。同时，尽量减少地面的硬质覆盖（如混凝土路面、砖石路面等），加大绿化的面积。

### 3.3.6 室内声环境的控制与改善

由于人口的迅猛增长，城市用地严重不足，导致现代城市不可避免地走建筑密集发展的道路，高层建筑更是构成现代大、中城市整体形象的主要元素。城市环境噪声污染已经成为干扰人们正常生活的主要环境问题之一。噪声污染、空气污染、水污染和垃圾污染被称为城市环境四大污染，被世界卫生组织列入环境杀手的黑名单。噪声污染不但会引起神经系统功能的紊乱、精神障碍，对心血管、视力等均会造成损伤，给人们工作和生活造成干扰。噪声对临街建筑的影响最大。

在城市各种噪声干扰中，交通噪声居于首位，其危害最大，数量最多。城市化高速发展中城市干道与车流量大幅度增长，有很大一部分是临街甚至邻近城市干道的建筑，外部的车流量大，噪声污染严重，噪声级常常在70dB以上，在这种环境中会干扰人们的谈话，造成心烦意乱，精神不集中，影响工作效率，甚至发生事故。

城市噪声对高层建筑的影响，绝大多数人普遍认为：楼层越高，噪声值会越低，噪声污染越轻。在城市的实际环境中，尤其在市中心高层建筑密集区，城市环境噪声由于密集布局建筑物的阻挡，同时各高层建筑之间硬质外装饰材料对声音的来回反射，难以衰减。城市平面形成一个较为稳定的面声源，严重影响和污染了城市较高空间区域的声环境质量。高层建筑在各个城市蓬勃发展的同时，随着科学技术的飞跃发展和人们对提高生活质量的不断追求，人们越来越重视建筑声环境的设计和建设。对于既有建筑，可以根据实际情况，采取绿化隔声带和声屏障等阻挡措施来减小环境噪声，改善室外声环境。

（1）绿化隔声带。在既有建筑的适宜位置，采用种植灌木丛或者多层森林带构成茂密的绿化带，能起到有效的隔声效果，在主要声频段内能达到平均降噪量 0.15 ~ 0.18dB（A）/m。一般第一个 30m 宽稠密风景林衰减 5dB（A），第二个 30m 也可衰减 5dB（A），取值的大小与树种、林带结构和密度等因素有关。不过最大衰减量一般不超过 10dB（A）。虽然绿化隔声带的隔声有限，但结合城市干道的绿化设置对邻近城市干道的建筑降噪还是有一定的帮助。

（2）设置声屏障。在声源和接收者之间插入一个设施，使声波传播有一个显著的附加衰减，从而减弱接收者所在的一定区域内的噪声影响，这样的设施就称为声屏障。声波在传播过程中，遇到声屏障时，就会发生反射、透射和绕射三种现象。通常认为屏障能够阻止直达声的传播，并使透射声有足够的衰减，而透射声的影响可以忽略不计。因此，声屏障的隔声效果一般可用减噪量表示，它反映了声屏障上述两种屏蔽透声的本领。

根据声屏障的应用环境不同，声屏障可分为交通隔声屏障、设备噪声衰减隔声屏障、工业厂房隔声屏障、城市景观声屏障、居民区降噪声屏障等。按照声屏障所用材料不同，声屏障可分为金属声屏障（如金属百叶、金属筛网孔）、混凝土声屏障（如轻质混凝土、高强混凝土）、PC 声屏障、玻璃钢声屏障等。

声屏障的减噪量与噪声的高度，以及声源与接收点之间的距离等因素有关。声屏障的减噪效果与噪声的频率成分关系很大，对大于 2000Hz 的高频声要比 800 ~ 1000Hz 的中频声的减噪效果好，但对于 25Hz 左右的低频声，则由于声波波长比较长而很容易从屏障的上方绕射过去，因此低频声的减噪效果较差。声屏障的高度一般在 1 ~ 5m 之间，覆盖有效区域的平均降噪达 10 ~ 15dB（A），最高可达 20dB（A）。一般来讲，声屏障越高，或离声屏障越远，降噪的效果就越好。声屏障的高度，可根据声源与接收点之间的距离设计。为了使声屏障的减噪效果更好，应尽量使声屏障靠近声源或接收点。

# 3.4　建筑节能设计实例

建筑能耗过程涉及内容较多，建筑节能优化设计需从系统全局优化角度考虑。在建筑节能设计中，不能只将围护结构的热工性能、空调系统等作为其设计对象。应全面考虑各个子系统，如空调及自控系统、建筑采光系统、建筑内外空气流动状况等。各个子系统相互结合、充分互补，可构成完善的建筑节能优化设计体系，最大限度降低建筑能耗。

## 3.4.1　夏热冬暖地区深圳的某公寓建筑

以位于中国夏热冬暖地区深圳的某公寓建筑为例，对建筑节能优化设计方法进行了实例研究。其建筑的节能优化设计主要具有以下几个方面的特点：第一，改进了传统建筑设计的工作模式；第二，设计过程每一阶段的决策都基于计算机辅助建筑能耗分析的结果；第三，整个大系统实行全局优化设计。整个优化设计的过程可以用图 3-14 表示。优化方案与基准方案的技术经济评价与比较分析结果如表 3-16 所示。

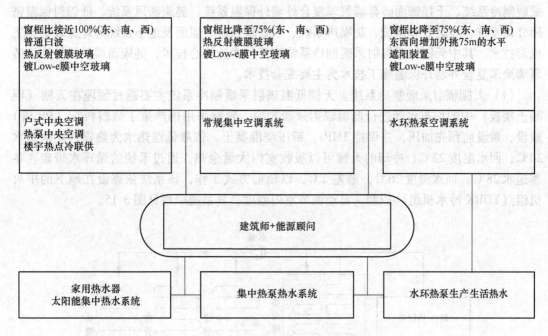

图 3-14 实例建筑节能优化设计过程

**表 3-16 基准方案与优化方案的比较**

| 项　目 | 基　准　方　案 | 优　化　方　案 |
|---|---|---|
| 窗户玻璃 | 普通白波 | 镀 Low-e 膜中空玻璃 |
| 遮阳措施 | 无特别设计的遮阳措施 | 东西向增加 0.75m 水平遮阳板 |
| 空调系统 | 户式中央空调 | 水环热泵空调系统 |
| 热水系统 | 家用热水器 | 由水环热泵空调系统提供 |
| 初投资/万元 | 283.7 | 668.4 |
| 年运行费用/万元 | 150.1 | 58.1 |
| 简单投资回收期/年 | — | 4.2 |

### 3.4.2 北京锋尚国际公寓

北京锋尚国际公寓是中国第一个"告别空调暖气时代"的高舒适、低能耗项目。这种没有传统空调的暖气片的高舒适度环保住宅，一年四季保持在 20～26℃ 的人体舒适温度和湿度，置换式新风对人体健康极为有利。该项目首次在中国实现了欧洲发达国家节能标准，引起社会的极大关注。

该项目是奥运村配套托幼，建筑位于奥运村场地内，总建筑面积 3000m²，建筑地上 2～3 层，地下局部 1 层。建筑西侧为社区管理办公用房，建筑面积 930m²，东侧为托幼用房，建筑面积为 2070m²。作为低能耗示范项目，该工程施工中开发应用了天棚低温辐射采暖制冷系统、干挂饰面砖幕墙聚苯复合外墙外保温系统、健康新风系统、低辐射保温密闭外窗系统、垃圾处理系统、防噪声系统、水处理系统、屋面及地下系统等环保装饰施工成套技术。其中天棚低温辐射采暖制冷系统施工技术为核心技术，健康新风及干挂饰面砖幕墙聚苯复合外墙外保温施工技术为主要配套技术。

（1）天棚辐射采暖制冷系统。天棚低温辐射采暖制冷系统主要通过预埋在天棚（混凝土楼板）中的均布水管进行低温辐射采暖制冷，管路采用国产聚丁烯塑料管（PB 管）敷设，敷设前预先加压，并保持 3MPa，带压浇混凝土。依靠低温热水为热媒，夏季送水20℃，回水温度 22℃，冷却的天棚可以吸收室内大量余热，通过系统的循环水带走。冬季送水 28℃，回水温度 26℃，温差 2℃，以辐射方式工作，该系统依靠设在地下的中央机组（YORK 冷水机组）控制，自动调节室内温度。其系统原理见图 3-15。

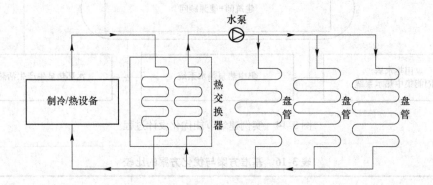

图 3-15　天棚辐射采暖制冷系统原理图

因为采用低温辐射方式传热，它的制冷和采暖效率高，高于空气对流方式，且无气流感和噪声，实际上就是用一套系统装置将整体建筑变成一个恒温体，即夏季 27℃左右，冬季 21℃左右，与传统的全空调系统（分别制冷和制热）和独立采暖辅助空调制冷相比，更能使室内自然温度接近或保持在人体合适温度范围内，由于管路封闭在天棚（混凝土楼板）中，又避免了交叉感染的可能。

该系统与传统空调系统的比较如下：1）传统空调是根据不同的制冷负荷循环使用定量的室内空气（即回风）进行制冷，同时为了满足卫生（这里主要指人的健康）要求，需引入一定比例的室外新鲜空气（即新风），新风与回风混合后经空调机处理再送入室内，见图 3-16。2）天棚辐射采暖制冷系统，因采用低温辐射的方式，送入室内的空气量仅须考虑人体需要的新鲜空气，空气量小，管线简单。3）两者的主要特点对照如表 3-17所示。

图 3-16　全空气空调系统简图

表 3-17 两种系统的主要特点

| 项目 | 全空气空调系统 | 天棚辐射采暖制冷系统 |
|---|---|---|
| 1 | 通过循环室内空气采用对流方式传热来调节室内温度 | 通过敷设方式调节室内温度 |
| 2 | 送风量较大，容易产生噪声和气流感 | 送风量小，噪声和气流感不明显 |
| 3 | 送回风管径大，空间占用大 | 管径小（支管 DN50）占空间小（可走垫层） |
| 4 | 新鲜空气和污浊空气混合，新鲜空气利用率低 | 新鲜空气和浑浊空气分离，新鲜空气利用率高 |
| 5 | 制冷和制热快，适合人流量大的场所 | 制冷制热慢，适应长时间人数变化不大的空间和居所 |
| 6 | 运营成本高 | 运营成本低，管网内的水循环使用，仅需补偿式制冷或加热 |
| 7 | 对建筑围护结构的保温气密性没有特殊要求 | 对建筑围护结构的保温气密性要求很高 |

（2）辅助新风系统。新风系统是天棚低温采暖制冷系统的一个配套辅助系统，解决了制冷对天棚或地面产生结露现象，弥补温度差异，即提供新鲜空气，无须空气再循环。这套系统主要采用热交换，即排出的污浊空气和引入的新鲜空气经过冷热回收进行热量交换，夏天排的废热空气大约在 28℃，而引进的新风温度在 38℃左右，经过非接触式的新、废空气热交换，然后再制冷后输入室内，冬季同理。锋尚国际公寓采用置换式新风系统，将新鲜空气由墙边的地面送入，将污浊空气由厨房和卫生间的屋顶排出，其优点首先是新鲜空气能够直接送到人体的口、鼻处。其次是因人体呼出的空气是室内最热的气体，所以没有机会与新鲜空气交叉混合而被直接排出室外，使空气流动更加健康、安全。

（3）外墙外保温系统。干挂饰面砖幕聚苯复合外墙外保温系统施工技术采用在结构外墙外表面粘贴 100mm 厚的聚苯板作为保温层，而面层为干挂砖幕墙。砖幕墙可防止外界风霜雨雪等直接作用在保温层上，同时砖幕墙与保温层之间还留有 90mm 的空气层，砖幕墙和空气可有效降低噪声。本系统综合保温效果是普通外墙外保温做法的 2 倍。该项技术为实现高舒适度低能耗、冬季采暖不用暖气和夏季制冷不用空调提供了可靠保证。

保温室闭外窗系统施工技术。锋尚国际公寓的外窗在国内住宅领域首次选用德国 SCHUCO 断桥铝合金窗框，其安全性、密闭性和保温性均属世界先进水平，玻璃选用国内住宅尚属空白的低温辐射保温玻璃，具有可通过可见光而阻挡远红外线的特性，冬季能将遮阳卷帘，夏季能够将 80% 的烈日辐射挡在窗外，不仅可以遮挡直射辐射，还可以遮挡漫射辐射，降低制冷负荷。

（4）防噪声系统。防噪声施工技术系统中楼板总厚度为 250mm，地板下设置隔声垫，能有效隔绝楼层间噪声的传递；采用瑞士博力同层后排水系统，能有效清除水流装机管壁声。

另外，外墙外保温的空气层和外窗的中央玻璃均可有效降低噪声。

（5）垃圾处理系统。中央吸尘与垃圾处理系统由中央吸尘系统和户内食物垃圾处理器和可回收分类垃圾周转箱组成。户内微小的灰尘通过各户墙上的中央吸尘器直接统一收集到小区地下室的垃圾桶内。每天大量产生的厨余食物垃圾通过各户厨房洗菜池排水口下安装的食物垃圾处理器，排入小区化粪池。

经计算，采用基于溶液调湿技术的温湿度独立控制空调系统后，配合各种可再生能源利用技术，该项目能耗仅为目前新建节能建筑的1/3，节能效果显著。

### 3.4.3　南京老街

民居建筑的凉爽程度与通风效果会因建筑物整体布局的变化而随之变化。假如能够在建造民居之前，对其进行科学合理的布局，其中包括建筑群的布局与建筑物内部的功能组织布局，这样解决的不仅仅是畅通的空气流动，也为人们的每一次呼吸带来一份新鲜与活力。当然，建筑物本身的高度、进深、长度和迎风方位，建筑群体的间距、排列组合方式和建筑群体的迎风方位以及建筑群的合理选址、道路、绿地、水面布局等都对自然通风有着不可忽视的影响。

以南京的高淳老街为例，南京的高淳属于北亚热带和中亚热带过渡季风气候区，四季分明，雨量充沛，光照充足。而南京高淳老街始建于明初，历经明、清两代500多年的不断建设，形成了一条长800余米，宽3.5m左右的"一"字形街道，是南京地区保存较好的一处传统民居建筑。从平面的角度来看，建筑群的布局属于行列式布局，这种密集的布局不仅与民居建筑的商业性质有关，更与气候的适应性有关系。在炎热的夏天，建筑物与建筑物之间的这种相互错差、叠加，大大减少了建筑表面在太阳光暴晒下的面积，因此房屋在白天所吸收的太阳热量也会相应减少，从而有利于屋内温度的控制。同时，这种紧凑的设计在强烈的日照环境中能够给购物的人一个宜人的阴凉处，使得人们能够长久地待在街上，享受他们的片刻凉爽。在现代的建筑语言中，行列式布局也是最普遍最基本的一种布局形式，其中并列式布局又是行列式布局的基本形式，当并列式布局发生错动，就会形成错列式和斜列式以及周边式的布局带。高淳老街上的建筑群便是在并列式的布局中发生变化，使整个街区路网直中有曲，其有意无意的迂回形态分散了线性空间的透视深度，各家各户有变化的人口空间以及巷道把整个街道分割成许多的段落，并呈现出不是简单的转化，风从斜向导入街道，并导入民居内部，使风场分布更为合理，达到了良好通风的作用，体现了古人充分利用大自然的精巧智慧。

此外，考虑到南京传统民居的门窗多为木结构，窗格的纹样也很丰富。门窗的开合自由，人们一般会根据天气的变化以及采光的需要灵活开合。门窗按照惯例基本上会设置于通风比较好的地方，有些民居的房屋前后都有门窗，当炎热的夏季来临，建筑前后门窗呈对位或错位的关系，从而形成贯通室内的穿堂风。为了能够在人的活动范围中有一个舒适的通风环境，窗户在高度上一般会设置得低一些，与人的上身基本平行。南京传统民居的开窗多为格子窗，为了适应当地潮湿闷热的气候，有的窗子更是采用镂空的形式，以便于形成积极的应对方法，取得良好的通风效果。南京传统民居常用一种亮窗的开窗形式。亮窗不仅具有内部的装饰效果，更重要的是能最大限度地打开窗洞口，从而获得更大的通风截面，不仅可以增强室内自然通风的效果，于建筑空间的上层空间更是有着显著的散热效果，对平衡整个室内的空气流通有着很好的帮助。

在南方的民居中还有一种窗户同样有着良好的通风效果即所说的天窗，天窗还有一个称呼为气窗。之所以称之为气窗，是由于它就像人们的鼻子一样，占有着整个身体平面最高的位置呼吸以获取氧气。因此，这被称为气窗或天窗，在位置上，通常设置在高屋面上，往往接近屋脊。在高淳老街的建筑中，有些民居中就有天窗的设置，在二楼屋面上，可以灵活开合。随着气候区的不同，房屋用途的不同，其天窗的大小也有所区别。天窗有很多形式，如拉开式气窗、撑开式气窗、风兜式气窗等。当民居大门紧闭时，由于天井很小，风便从屋顶气窗处导入，进而导向楼梯口，形成良好的通风效果。由于天窗的位置关系，设于斜屋面之上，靠近屋脊，整体倾斜与外界风一般会成一定的角度，这样就比较容易为室内增加通风的机会。另一方面，假如天窗处于背风面时，那么天窗所处的风区便在负压区内，此时，室内的空气便会流向天窗，从而流出屋面，同样达到良好的通风效果。

综上分析可知，在规划建筑群的整体布局中，首先，要考虑到建筑群所处的地理位置，即地域地表对当地小气候的影响。在很早以前人们对此就有一定的认识。其次，还应考虑到建筑群的平面布局对自然风的引入，建筑布局因其建筑排列组合方式的不同对风场的分布会有很大影响，从而影响通风的效果；第三，通过调整建筑群布局所形成的路网、绿化的分布使得建筑布局合理，它们互动，形成组团，自然风从主干道流出，进而流向各组团，又通过组团间的绿色空间流向建筑。

## 思考与练习题

3-1　如何结合热工气候制定建筑节能设计策略？

3-2　夏热冬冷地区建筑热工设计有什么要求？

3-3　气候要素对冷热耗量产生什么影响？可以采取哪些措施？

3-4　从气候要素角度如何提升暖通空调能效？

3-5　空气湿度在环境中产生哪些影响，如何控制空气湿度？

3-6　建筑规划设计要考虑哪些气候要素？

3-7　什么是气候建筑？举例说明。

3-8　气候建筑设计策略包括哪些内容？

3-9　建筑节能规划设计考虑哪些因素，结合实例进行说明。

3-10　建筑选址的原则有哪些？

3-11　什么是体形系数，如何控制建筑体形系数？

3-12　如何通过围护结构节能技术减少建筑能耗？

3-13　什么是自然通风，在建筑设计中如何利用自然通风？

3-14　室内通风的评价指标有哪些，如何评价室内通风效果？

3-15　节能设计措施有哪些？通过建筑节能设计实例说明。

## 参 考 文 献

[1] 姜子刚. 节能技术（上）[M]. 北京：中国标准出版社，2010.

[2] 孙晓飞. 我国节能技术在建筑中的应用 [J]. 应用能源技术，2019（8）：41-45.

[3] 白英山. 节能设计对建筑能耗的影响及分析 [J]. 建筑节能，2016，44（6）：65-68.

[4] 侯立强. 商业、办公综合体节能设计参数对能耗的影响分析 [D]. 西安建筑科技大学，2016.

[5] 房志勇. 建筑节能技术教程 [M]. 北京：中国建材工业出版社，1997.

[6] 王瑞. 建筑节能设计 [M]. 武汉：华中科技大学出版社，2010.

[7] 林涛，冒亚龙. 基于气候要素的建筑节能设计 [J]. 城市发展研究，2014，21（2）：54-59.

[8] 符祥钊. 建筑节能原理与技术 [M]. 重庆：重庆大学出版社，2008.

[9] 刘靖. 建筑节能 [M]. 长沙：中南大学出版社，2015.

[10] 郑博伦. 居住建筑自然通风实验方法研究 [D]. 北京：清华大学，2014.

[11] 李严，李晓锋. 北京地区居住建筑夏季自然通风实测研究 [J]. 暖通空调，2013，42（12）：46-50.

[12] 朱颖心. 建筑环境学 [M]. 4版. 北京：中国建筑工业出版社，2016.

[13] 段双平，敬成君. 太阳能强化自然通风风量的计算模型 [J]. 兰州理工大学学报，2014，40（6）：140-144.

[14] 华常春. 建筑节能技术 [M]. 北京：北京理工大学出版社，2013.

[15] 胡朋瑞. 建筑节能及优化方法研究 [J]. 居舍，2017（9）：134-135.

[16] 叶国栋，华贲，胡文斌，等. 建筑节能优化设计方法概述 [J]. 华北电力大学学报，2005，32（2）：93-95.

[17] 周敏. 我国传统民居建筑的通风设计研究——以南京老街为例 [J]. 城市发展研究，2015，22（12）：13-18.

[18] 胡文斌. 建筑物复合能量系统集成建模的策略研究及在设计层面的实现 [D]. 广州：华南理工大学，2002.

[19] 李继业. 绿色建筑节能设计 [M]. 北京：化学工业出版社，2016.

[20] 冷超群，李长城，曲梦露. 建筑节能设计 [M]. 北京：航空工业出版社，2016.

[21] 中华人民共和国住房和城乡建设部. GB 50176—2016 民用建筑热工设计规范 [S]. 北京：中国建筑工业出版社，2016.

[22] 中华人民共和国住房和城乡建设部. GB 50189—2015 公共建筑技能设计标准 [S]. 北京：中国建筑工业出版社，2015.

[23] 中华人民共和国住房和城乡建设部. JRJ 75—2012 夏热冬暖地区居住建筑节能设计标准 [S]. 北京：中国建筑工业出版社，2012.

[24] 中华人民共和国住房和城乡建设部. JGJ 134—2010 夏热冬冷地区居住建筑节能设计标准 [S]. 北京：中国建筑工业出版社，2010.

[25] 中华人民共和国住房和城乡建设部. JGJ 36—2018 严寒和寒冷地区居住建筑节能设计标准 [S]. 北京：中国建筑工业出版社，2018.

[26] 中华人民共和国住房和城乡建设部. GB/T 50353—2013 建筑工程建筑面积计算规范 [S]. 北京：中国计划出版社，2013.

[27] 中华人民共和国住房和城乡建设部. GB 50386—2005 住宅建筑规范 [S]. 北京：中国建筑工业出版社，2005.

# 4 围护结构节能设计

建筑围护结构通常被称为建筑的"皮肤"，它的作用是与室外环境进行热量交换，或者阻止室外环境进行热量交换。《建筑工程建筑面积计算规范》（GB/T 50353—2005）中规定：围护结构是指围合建筑空间四周的墙体、门、窗等，构成建筑空间，抵御环境不利影响的构件（也包括某些配件）。根据在建筑物中的位置，围护结构分为外围护结构和内围护结构。外围护结构包括外墙、屋顶、外窗、外门等，用以抵御风雨、温度变化、太阳辐射等，应具有保温、隔热、隔声、防水、防潮、耐火、耐久等性能。内围护结构如隔墙、楼板和内门窗等，起分隔室内空间作用，应具有隔声、隔视线以及某些特殊要求的功能。外围护结构的材料有砖、石、土、混凝土、纤维水泥板、钢板、铝合金板、玻璃、玻璃钢和塑料等。外围护结构按构造可分为单层构造和多层复合构造两类。单层构造如各种厚度的砖墙、混凝土墙、金属压型板墙、石棉水泥板墙和玻璃板墙等。多层复合构造围护结构可根据不同要求，结合材料特性分层设置。通常外层为防护层，中间为保温或隔热层（必要时还可设隔蒸汽层），内层为内表面层。各层或以骨架作为支承结构，或以增强的内防护层作为支承结构。

围护结构节能技术指通过改善建筑围护结构热工性能，达到夏季隔绝室外热量进入室内，冬季防止室内热量泄出室外，使建筑物室内空气温度尽可能接近舒适温度，以减少通过辅助设备如采暖、制冷设备来达到合理舒适室温的负荷，最终达到节能的目的。如在夏热冬冷地区，夏季节能设计要尽量减低东、西晒和顶晒的面积，以及阻止太阳热及辐射热进入室内，并有效组织室内的自然通风，隔热、通风与降温是主题；而冬季则相反，建筑节能设计要充分利用日照、太阳能采暖，避免凛冽冬季风入侵室内，纳阳、日照与保温是其主题。尽管二者是相矛盾的，但是还是有共通之处，如建筑南向的利用、建筑体型的选择、空间开阖的变化、遮光纳阳板的调节，以及各种遮阳措施和太阳能采暖策略等。

由于我国建筑节能是从采暖居住建筑起步的，人们首先想到的是加强围护结构保温。但是在不同城市的不同气象条件下，不同类型的建筑能耗构成是完全不同的。寒冷地区采暖能耗占主导地位，南方炎热地区空调能耗占较大份额，长江流域广大地区采暖、空调能耗的比例差别不是太大。而同一措施对采暖与空调的节能效果是不同的，对于间歇运行的空调建筑，在空调关机后，室温升高，当室外气温低于室温时，通过围护结构的逆向传热可以降低第二天空调的启动负荷。因此，围护结构保温越好，蓄热量越大，空调负荷也越大。一般不特别指明的情况下，围护结构即为外围护结构。增大围护结构的费用仅为总投资的3%～6%，而节能却可达20%～40%。

## 4.1 墙体节能设计

建筑物耗热量主要由通过围护结构的传热耗量构成，其数值占总耗热量的73%～77%。在传热耗热量中，外墙约占25%，楼梯间隔墙的传热耗热量约占15%，减少墙体的传热损失将明显提高建筑的节能效果。墙体节能设计又分为复合墙体节能与单一墙体节能。复合墙体节能是指在墙体主体结构基础上增加一层或几层复合的绝热保温材料来改善整体墙体的热工性能。根据复合材料与主体结构位置的不同，又分为内保温技术，外保温技术及夹心保温技术。单一墙体节能指通过改善主体结构材料本身的热工性能来达到墙体节能效果，目前常用的墙材中加气混凝土、孔隙率高的多孔砖或空心砌块可用作单一节能墙体。

### 4.1.1　绝热材料分类

建筑围护结构节能材料作为节能建筑的重要物质基础，是建筑节能的根本途径。在建筑中使用各种节能建材，一方面可提高建筑物的隔热保温效果，降低采暖空调能源损耗；另一方面可以极大地改善建筑使用者的生活、工作环境。

在建筑上，将主要作为保温、隔热使用的材料统称为绝热材料。绝热材料按其化学组成可以分为无机、有机、复合3大类型。无机绝热材料是用无机矿物质原材料制成的材料，常呈纤维状、松散粒状或多孔状，可制成板、片、卷材或有套管形制品。有机绝热材料是用有机原材料（各种树脂、软木、木丝、刨花）制成。常用保温隔热材料为石棉及其制品、矿棉及其制品、玻璃棉及其制品、膨胀珍珠岩及其制品、泡沫塑料等，其中主要绝热材料的分类可见表4-1。

**表4-1　主要绝热材料的分类**

| 形态 | 材质 | | 材料 |
|---|---|---|---|
| 纤维状 | 无机质 | 天然 | 石棉纤维 |
| | | 人造 | 矿物纤维（矿渣棉、岩棉、玻璃棉、硅酸铝棉） |
| | 有机质 | 天然 | 软质纤维板（木纤维板、草纤维板） |
| 微孔状 | 无机质 | 天然 | 硅藻土、海泡石 |
| | | 人造 | 硅酸钙、碳酸镁 |
| 气泡状 | 有机质 | 天然 | 软木 |
| | | 人造 | 泡沫聚苯乙烯塑料、泡沫聚氨酯塑料、泡沫酚醛树脂、泡沫尿素树脂、泡沫橡胶、钙塑绝热板 |
| | 无机质 | 人造 | 膨胀珍珠岩、膨胀蛭石、加气混凝土、泡沫混凝土、泡沫玻璃、陶瓷、泡沫硅玻璃、火山岩微珠、泡沫黏土等 |
| 层状 | 金属 | 人造 | 铝箔 |

目前建筑外墙常用的保温材料包括：有机类的 EPS、XPS、PU 和 PF 等；无机类的岩棉、泡沫玻璃（陶瓷）、泡沫混凝土以及最新研制的无机空心球泡沫。有机保温材料具有热导率低、节能效果明显和施工工艺成熟等优点，但其防火性能较差，一般为 B2 级；无机保温材料虽然防火等级为 A 级，但其保温性能稍差。

由于保温材料的化学性质不同，可以将保温材料分为无机非金属材料、有机高分子材料与金属材料。保温材料在状态上也存在一定差异，一般表现为纤维状、微孔状、气泡状和层状。纤维状的保温材料有无机和有机之分，石棉是天然无机的纤维状保温材料，碳纤维、硅酸铝纤维等是比较典型的人造无机纤维状保温材料。木纤维与草纤维是天然有机的纤维状材料。在微孔状保温材料中，硅藻土、海泡石属于天然无机材料，微孔硅酸钙属于人造无机材料。在气泡状保温材料中，泡沫水泥、膨胀珍珠岩等属于人造无机材料，泡沫塑料、泡沫橡胶等属于人造有机材料。而就层状保温材料来看，铝箔是典型的人造金属材料。有机保温材料因其具备良好的保温效果，导热系数、密度与吸水率均比较低，因而在建筑节能施工中具有良好的应用价值。

无机多孔状绝热保温材料是指具有绝热保温性能的低密度颗粒状、粉末或短纤维状材料为基料制成的硬质或柔性绝热保温材料。该类保温材料的原料资源丰富、生产工艺相对容易掌握，产品价格低廉，加之近年来成型工艺的改进，使其产品质量、性能大大提高，不仅用于管道保温，也用于建筑领域的砌块、喷涂等节能保温工程，该类材料是我国目前建筑绝热保温主体材料之一。

### 4.1.2 节能墙体的类型

在使用中为满足建筑对热工环境舒适性的要求会带来一定的能耗，从节能的角度出发，也为了降低建筑长期的运营费用，作为围护结构的外墙要具有良好的热稳定性，使室内温度环境在外界环境气温变化的情况下保持相对的稳定，减少对空调和采暖设备的依赖。而墙体由于其自身构造、材料不同也有着不同的分类。具体分类如下所述。

（1）墙体按其主体结构所用的材料分类。主要有加气混凝土墙体、黏土空心砖墙体、黏土（实心）砖墙体、混凝土空心砌块墙体、钢筋混凝土墙体、其他非黏土砖墙体等。

（2）墙体按其保温材料分类。可分为单一材料节能墙体、复合节能墙体。根据保温材料在墙体中的位置，这类墙体又可分为内保温墙体、外保温墙体和夹心保温墙体。目前常用的保温节能墙体的 4 种类型如图 4-1 所示。

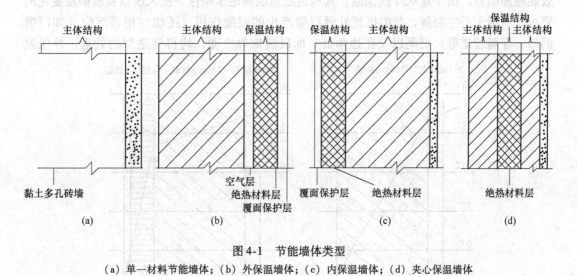

图 4-1　节能墙体类型

（a）单一材料节能墙体；（b）外保温墙体；（c）内保温墙体；（d）夹心保温墙体

所谓单一材料墙体即利用自身良好的热工性能及其他力学性能来完成结构和保温功能，它构造简单、施工方便。最常见的单一材料围护结构是砖墙，为了提高节能效果，同时减少实心黏砖的使用可节省建筑面积，目前多采用空心砌体。包括：1）黏土多孔砖，多层住宅一般以砖混建筑为主导建筑体系，以黏土多孔砖为主导墙材。2）混凝土空心块，外墙采用混凝土空心砌块作为承重材料，孔内填充保温材料，外墙粉刷保温砂浆作保温处理。3）加气混凝土砌块。加气混凝土制品墙体轻质高强、热工性好，可使墙体大幅度减薄。4）框架填充外墙。主要用于高层建筑，由于墙体仅作填充作用，可以选择轻质、保温隔热性能好的水泥炉渣轻质砌块、加气混凝土砌块、大孔空心砖、各种轻质条板等。

随着对外墙体保温要求的提高，单一材料墙体无论在保温材料技术性能、结构及技术经济指标上都难以满足要求，需要采用复合墙体。复合墙体是由基层和保温系统组合而成的。基层是保温系统依附的围护结构。外墙外保温系统由保温层、保护层和固定材料（胶黏剂、锚固件等）构成，适用于安装在外墙外表面，为非承重保温构造。复合墙体保温材料的设置有外保温、内保温和夹芯保温等3种方式，即在围护结构的内、外两面墙中夹某种高效保温材料，通过钢筋件使之拉成一体，或在某些墙体（黏土空心砖、混凝、小型空心砌块、钢筋混凝土剪力墙等）表面粘贴（挂）某种保温材料。与单一材料节能墙体相比，复合节能墙体由于采用了高效绝热材料，具有更好的热工性能，但其造价比较高。

任何一种保温墙体都不是几种材料的简单组合，其中涉及材料性能、设计、施工技术、配套材料等。由于我国各地墙体材料的生产技术水平和地方墙体技术政策的差别，对于民用建筑，主要保温墙体为外保温墙体和内保温墙体。

#### 4.1.2.1  外墙外保温

外墙外保温，是指在垂直外墙的外表面上建造保温层（见图4-2）。因此，将高效保温材料置于墙体的外侧并覆以保护层墙体就是外保温墙体。此种外保温，对于外墙的保温效能增加明显。由于是从外侧保温，其构造必须能满足水密性、抗风压以及温湿度变化的要求，不至于产生裂缝，并能抵抗外界可能产生的碰撞作用，还能与相邻部位（如门窗洞口、穿墙管道等）之间以及在边角处、面层装饰等方面，均得到适当的处理。外保温

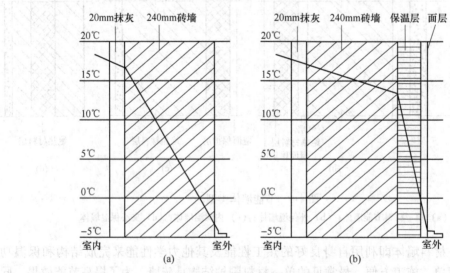

图4-2  有无保温层时外墙内部温度变化情况
(a) 无保温层；(b) 有保温层

技术，其保温方式最为直接，效果也最好，是住房和城乡建设部倡导推广的主要保温形式，是我国目前应用最多的一项建筑保温技术。它既可用于建筑外墙的改造，也可用于新建建筑墙体。

目前使用较成熟的几种外墙外保温方案有：外贴聚苯板保温、外贴硬质聚氨酯泡沫保温、胶粉聚苯颗粒保温浆料、夹心聚苯板外墙保温、钢丝网架岩棉夹心板外复合保温等。

A　构造

外保温技术也分很多种，国内目前应用比较多的外保温方式主要有以下几种：一种是在施工完的墙面上粘贴聚苯乙烯泡沫塑料板，然后再做保护和装饰面层；另一种是将聚苯乙烯泡沫塑料板支在模板中，浇筑完混凝土拆模后再做保护和装饰面层；还有一种是将聚苯乙烯泡沫塑料颗粒混在特殊的砂浆中，抹在外墙面上。(1) 保温隔热层。采用导热系数小、质轻的高效保温材料，其导热系数一般小于 $0.05W/(m \cdot K)$。此外保温材料的吸湿率高、黏结性好、抗冲击、抗老化。可采用的保温材料有：膨胀型聚苯乙烯板（EPS）、挤塑型聚苯乙烯板（XPS）、岩面板、玻璃棉毡以及超轻保温浆料等。其中以阻燃膨胀型聚苯乙烯板应用最为广泛。同时应注意，在实际应用中保温层的厚度应通过计算确定，以满足相关节能标准及规范要求。(2) 保温固定系统。不同的外保温体系，采用的保温固定系统各有不同。有的将保温板黏结或钉固在基底上，有的为两者结合，以黏结为主，或以钉固为主。超轻保温浆料可直接涂抹在外墙外表面上。(3) 保温板的表面覆盖层有不同的做法，薄面层一般为聚合物水泥胶浆抹面，后面层则仍采用普通水泥砂浆抹面，有的则用在龙骨上吊挂薄板覆面。(4) 零配件与辅助材料。在外墙外保温体系中，在接缝处、边角部，还要使用一些零配件与辅助材料，如墙角、端头、角部使用的边角配件和螺栓、销钉等及密封膏，如丁基橡胶、硅膏等，根据各个体系的不同做法选用。

B　应用特点

与其他保温技术相比，外墙外保温技术的优势：

(1) 基本消除热桥的影响。热桥是指在内外墙交界处、构造柱、框架梁、门窗洞等部位形成散热的主要渠道。上述热桥对内保温和夹心保温而言，几乎难以避免，外保温既可防止热桥部位产生结露，又可消除热桥造成的热损失。在同样厚度下，外保温比内保温减少 15% ~20% 的热损失，节约了能源。

(2) 改善墙体热工性能。外保温墙体由于蓄热能力较大的结构层在墙体内侧，当室内受到不稳定热作用时，室内的空气温度上升或下降，墙体结构层能吸引或释放热量，故有利于室温保持稳定。同时，由于蒸汽渗透性高的主体结构材料处于保温层内侧，只要保温材料选材适当，在墙体内部一般不会发生冷凝现象，故无须设置隔气层。

(3) 提高主体结构的使用寿命，减少长期的维修费用。采用外保温技术，由于保温层置于建筑物围护结构外侧，缓冲了因温度变化导致结构变形产生的应力，避免了雨、雪、冻、融、干、湿循环造成的结构破坏，减少了空气中有害气体和紫外线对围护结构的侵蚀。事实证明，只要墙体和屋面保温隔热材料选材适当，厚度合理，外保温可以有效防止和减少墙体和屋面的温度变形，有效地消除常见的斜裂缝或"八"字裂缝。因此外保温有效地提高了主体结构的使用寿命，减少长期维修费用。

(4) 可减少保温材料用量，增加房屋使用面积。在达到同样的保温效果的前提下，采用外保温墙体可以节约保温材料的用量。据统计，与内保温相比，北京、沈阳、哈尔滨、兰州四地外保温建筑所使用的保温材料分别省44%、48%、58%、45%。由于保温材料贴在墙体的外侧，其保温、隔热效果优于内保温和夹心保温，可使主体结构墙体减薄，从而增加使用面积。仍以北京、沈阳、哈尔滨、兰州四地为例，当主体结构为实心砖墙时，每户使用面积分别增加 $1.2m^2$、$2.4m^2$、$4.2m^2$、$1.3m^2$，当主体墙为混凝土空心砌块时，每户使用面积分别可增加 $1.6m^2$、$2.5m^2$、$4.6m^2$、$1.7m^2$，使用面积增加明显。

（5）便于对建筑物进行装修改造，可以避免装修对保温层的破坏。在室内装修中，内保温层易遭破坏，外保温则可避免发生这种问题。在对旧建筑物进行节能改造时，采用外保温方式最大的优点是无须临时搬迁，基本不影响用户正常生活。

（6）采用内保温的墙面上难以吊挂物件，甚至安装窗帘盒、散热器都相当困难。外保温则可以避免这些问题发生。当外墙必须进行装修加固时，外墙外保温最经济、最有利。

（7）相对于外墙内保温，外保温的综合经济效益很高。首先外墙外保温减少了保温材料的使用厚度，北京地区至少可以节省40%的保温材料用量；在进入装修阶段，内外墙可同时进行，工期短，施工速度快，节约人工费；保温效果好，可减少暖气散热器面积，减少锅炉房建筑面积，减少总投资预算；延长建筑物的使用寿命，减少维修费用，特别是由于外保温比内保温增加了使用面积近2%，综合效益十分显著。

（8）使用范围广，技术含量高。外保温不仅适用于寒冷地区的民用建筑及工业采暖建筑，也适用于温暖地区的制冷空调建筑，既可用于新建工程，更适合旧建筑物的节能改造工程。

外墙外保温技术的不足之处：

（1）墙体外保温处理，在构造上比内保温复杂。保温层不能裸露在室外，需加保护层，外饰面比较难处理。

（2）外保温比较适合住宅，对于规模较大的建筑如办公大楼，外保温效果不明显。住宅能判断外保温是否能提高房间的热稳定性，而办公楼因内部有热容量较大的隔墙、柱、各种设备参与蓄热调节，外保温隔热作用就不太显著。

#### 4.1.2.2　外墙内保温

##### A　构造

外墙内保温是将保温材料置于外墙体的内侧（图4-3）。其优点主要是对饰面和保温材料的防水、耐候性等技术指标的要求不太高，纸面石膏板、石膏抹面砂浆等均可满足使用要求，取材方便；其次内保温材料被楼板分隔，仅在一个层高范围内施工，不需搭设脚手架。但是，在多年的实践中外墙内保温也显露出一些缺陷，例如许多种类的内保温做法，由于材料、构造、施工等原因，饰面层出现开裂；不便于用户二次装修和吊挂饰物；占用室内使用空间；由于圈梁、楼板、构造柱等会引起热桥；热损失较大；对既有建筑进行节能改造时，对居民的日

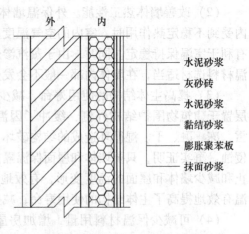

外　内

　　　　　　水泥砂浆
　　　　　　灰砂砖
　　　　　　水泥砂浆
　　　　　　黏结砂浆
　　　　　　膨胀聚苯板
　　　　　　抹面砂浆

图4-3　外墙内保温构造示意图

常生活干扰较大等。外墙内保温有饰面聚苯板内保温复合外墙和纸面石膏板内保温复合外墙等。

B 应用特点

外墙内保温工程是将保温隔热系统置于外墙内侧，从而使建筑物结构分别处于两个温度场，建筑结构受热应力影响而始终处于不稳定的状态，使结构寿命缩短。在相同气候条件下，做内保温不仅比做外保温甚至比不做保温时外墙与内部结构墙体的温差更大。内保温节能墙体的应用特点如下：

（1）施工方便，室内连续作业面不大，作业施工，有利于提高施工效率、减轻劳动强度，同时保温层的施工不受室外气候（如雨季、冬季）的影响。但施工中应注意避免保温材料受潮，同时要待外墙结构层达到正常干燥时再安装保温隔热层，还应保证结构层内侧吊挂件预留位置的准确和牢固。

（2）保温隔热效果差。钢筋混凝土门、窗过梁、圈梁、柱、构造柱、支承在墙上的楼板等部位的冷（热）桥部位难以进行良好的保温处理。在温差大的地区或潮湿的房间内保温的保温层易受潮、结露而降低保温性能。

（3）墙体或保温层易出现裂缝。外墙主体结构直接暴露在温差变化大、干湿变化大的大气环境中，由于外墙受到的温差大，墙体内表面应力变化大，易引起墙体或内保温层开裂，特别是保温板之间的裂缝尤为明显。实践证明，外墙内保温容易在下列部位引起开裂或产生"热桥"，如采用保温板的板缝部位、顶层建筑外墙沿屋面板的底部位置、两种不同材料在外墙同一表面的接缝部位、内外墙之间丁字墙部位以及外墙外侧的悬挑构件部位等。

（4）不利于室内装修，包括重物钉挂困难；在安装空调及其他装饰物等设备时尤其不便，而且对保温层的破坏也较大。

（5）不利于既有建筑的节能改造。在对旧建筑物进行节能改造时，需要进行搬迁作业，影响用户的正常生活。外保温与内保温的区别如表4-2所示。

**表4-2 外保温与内保温的区别**

| 项　　目 | 外　保　温 | 内　保　温 |
|---|---|---|
| 热桥 | 易处理 | 易产生局部结露 |
| 内部结露 | （1）一般不结露；<br>（2）由于外部装修材料不同可能会在外装修材料与保温材料交界面结露，需加设防潮层或加强换气 | 易结露，需设高质量防潮层 |
| 供冷负荷 | 基本无影响 | 影响小 |
| 供暖负荷 | 影响小 | 利于使用时间较少的公共建筑 |
| 室温的变化 | 变化小 | 变化大 |
| 对墙壁保护 | 无损害 | 易损害 |

夏热冬暖地区、夏热冬冷地区外墙内保温的热桥及结露问题没有严寒地区和寒冷地区严重，因此，内保温常使用于夏热冬暖地区、夏热冬冷地区。

墙体保温是一个系统工程，而绝不是一道工序，不仅仅看技术可行性，下面介绍几种常见的保温系统。

1）AB 无机复合纤维保温板（图 4-4）。

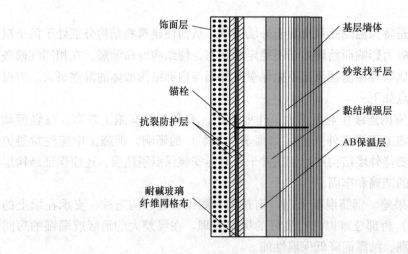

图 4-4　AB 无机复合纤维保温板外墙外保温构造示意图

2）发泡水泥保温板。发泡水泥保温板是采用物理或化学方法将发泡剂、水泥基胶凝材料、骨料、掺合料、外加剂和水，经混合、搅拌、发泡和切割等工艺制成的轻质气泡状绝热材料。其优点是：热导率低保温效果好，不燃烧与墙体黏结力强，强度高，无毒害放射物质环保。其体积密度大多在 $180 \sim 200 \mathrm{kg/m^3}$，热导率不大于 $0.06 \mathrm{W/(m \cdot K)}$，有的不大于 $0.045 \mathrm{W/(m \cdot K)}$，防火等级达到 A 级。发泡水泥保温板属于水泥基材料，与水泥基及砖、砌体等建筑基层墙体及抗裂抹面砂浆相容性好黏结可靠，施工时采取黏结砂浆满粘，并铺以膨胀锚栓锚固，有效保证了保温板应用的安全性及耐久性。发泡水泥保温板外墙外保温体系由界面砂浆、发泡水泥保温板、抹面层、玻璃网格布和锚固件等构成。

3）STP 超薄绝热板。STP 超薄绝热板是由无机纤维芯材与高阻气复合薄膜通过抽真空封装技术制成的（图 4-5）。其中，芯材的主要作用一是作为支撑骨架，二是芯材本身具有一定的热阻，可起到一定的保温效果。高阻气薄膜是由铝箔和其他材料复合而成的，它的好坏对成品板的影响最为明显。吸气剂的主要作用是保证 STP 板与建筑物同寿命，为防止在使用过程中有小部分空气渗漏到 STP 板的内部，通过在板内部放置吸气剂，可将这部分气体吸收掉，进一步保证 STP 板的使用寿命。

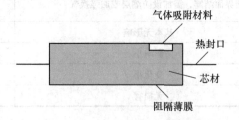

图 4-5　STP 超薄绝热板构造示意图

4）带空气层构造的复合保温墙体。外墙保温装饰复合体系安装结构形式：在外墙体安装锚固件、连接件及横纵方钢龙骨，并通过连接件的椭圆孔调节龙骨与墙的距离，通过龙骨对整个墙面的垂直和平整度进行调整，龙骨之间及龙骨与墙面之间钉岩棉板，外干挂金特纤维水泥板，金特纤维水泥板与岩棉板之间留有 10mm 缝隙（空气层），可提高保温性能，金特纤维水泥板外侧为涂料饰面。

该体系完全采用燃烧等级为 A 级的不燃性材料，杜绝了火灾隐患。保温层和面层先后完成，面层施工时，对保温层几乎没有破坏。外墙龙骨既固定了岩棉板，又固定了金特纤维水泥板，能抵抗较大的风压。金特板面层采用金属漆涂刷，具有很强的美观效果，能达到幕墙的效果，投入却比幕墙施工要节省。本做法完成后有较长的耐久性，减少了后期维修费用。

### 4.1.2.3 内侧与外侧绝热的基本区别

现将内侧绝热与外侧绝热的基本不同点列于表4-3，以便比较。

表4-3 外侧绝热与内侧绝热的比较

| 项　　目 | 外　侧　绝　热 | 内　侧　绝　热 |
|---|---|---|
| (1) 对整体的保护 | 由于受太阳辐射而产生的热应力很小，对壁体无损害 | 由于受太阳辐射会产生热应力，混凝土壁体易遭损害 |
| (2) 热桥 | 因产生温热桥，不会带来危害，多数热桥部分的保护处理比较容易 | 因有冷热桥，可产生局部结露，多数热桥部分由于施工及美观等方面的原因，保护处理较为困难 |
| (3) 表面结露 | 对于反复供暖的房间，当供暖停止时壁体内表面温度高，且最低室温也较高，故不易产生内部结露 | 供暖停止时，室温低且壁体内表面温度更低，故易产生结露，当换气不充分时，就更容易结露 |
| (4) 内部结露 | 由于混凝土及绝缘材料布置得正确，室内侧不设防潮层，也不会产生结露。但因外部装修材料的种类不同，可能在外装修材料与绝缘材料之间的交界面上发生结露，这种情况，要设防潮层或加强换气 | 由于混凝土及绝缘材料布置得不正确，除非在绝缘材料内侧设高质量的防潮层，否则难以防止内部结露 |
| (5) 供暖负荷 | 基本上与绝缘材料置于内、外侧无关，其大小取决于供暖运行方式。考虑到一般建筑结构上的热桥以及供暖停止时混凝土的蓄热大多可使供暖负荷变小，但其变小值不大 | 对使用时间较少的会场等公共建筑较为有利；适用于礼堂、俱乐部等短期使用的房间 |
| (6) 供冷负荷 | 与绝缘材料置于内、外侧基本无关，若供冷时夜里引入室外冷空气，则对蓄热有利。另外，可以利用通风空气层以预先减少太阳辐射热对冷负荷的影响 | 与绝缘材料置于内、外侧基本无关。在夜里不引入室外冷空气时，蓄热负荷往往比外侧绝热时要小 |
| (7) 室温的变化 | 温度变化小，尤其在供暖停止时，温降小，由于室内侧混凝土的热容量作用，阻止了室温的变化。此外夏季可防止"烘烤" | 室温的波动比外侧绝热时大，尤其在停止供暖时，温降较大，夏天由于混凝土的蓄热，往往使室内的人们有"烘烤"的感觉 |

## 4.1.3 绝热与供暖

对外侧绝热最容易被人误解的是，认为供暖时，室内空气温度上升缓慢，会给人带来不适。当开始预热时，墙体温度几乎与室温相同，在这种情况下，外侧绝热的房间室温上升速度比内侧绝热时慢得多，难以迅速地把房间变暖。然而，不能仅从这个现象就得出外侧绝热不好的结论。因为每天的供暖都是按一定标准反复进行的，当供暖停止时，外侧绝热壁体的内侧将向室内放出其本身的蓄热量，该热量则相当于供暖的热量。

　　为此，若考虑到前一天以至前两天的蓄热量，则当外侧绝热时，开始预热的室温值，反倒比内侧绝热时高得多。将二者相比，从一开始供热时的室温升至所要求的室温，所需的时间相差并不多。不仅如此，外侧绝热的房间，在开始预热时，室温能很快达到10～15℃，那么，人们在早晨就不会感到寒冷，说明其温度环境较好。

　　外侧绝热的优越性是以反复供暖并以能充分蓄热为前提的。因此，对于住宅或医院等建筑物是有利的。而对于礼堂、会议厅或单身宿舍等类建筑，由于它们的供暖系统运行时间较短，在一定的时间内，如果室温升得过慢则是不合适的（应该指出，就热应力、热桥等方面而论，不论对哪一类建筑物，外侧绝热都是有利的）。

　　当采用外侧绝热时，因为室内侧有热容量很大的混凝土，能起阻止室温波动的作用，另外，对应于室外温度的变化，室温即便有少量的变化，其变化幅度也比内侧绝热时要小。所以，就室温的变化情况而论，外侧绝热也是有利的。

　　外侧绝热时，房屋的混凝土墙体不仅蓄积了供暖的热量，还蓄积了太阳辐射热以及炊事、照明等内部发热量，所以，蓄热量很大。从而可使混凝土保持着相当高的温度。

　　当建筑物停止供暖（例如夜间就寝时），若是内侧绝热，室内气温会突然下降。而若是外侧绝热，则室内气温的下降会因混凝土的迟滞而变缓。如果混凝土的蓄热量为$q$，那么，在停止供暖时，该热量$q$就恰似室内一个热源。其中一部分热量$q_1$经由外侧的绝热材料传向室外，另一部分则通过门窗、换气等由室内传向室外，其值为$q_3$，$q_3$将使室内气温下降。由混凝土向室内放出热量为$q_2$。此关系可如图4-6所示。

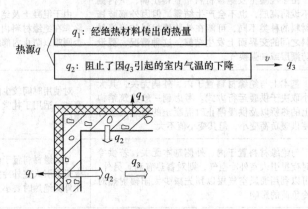

图4-6　停止供暖时热量的补充

　　室温的下降是由$q_3$引起的。当室温低于混凝土温度的瞬间，混凝土则开始由$q$中放出热量，而当它们之间的温差一消失，则混凝土与室内空气的传热热流也将处于平衡。

　　正因为室内气温随着$q_3$不断下降，混凝土便不断放出$q_2$。因此，混凝土温度随着$q_1 + q_2$的不断放出而下降。也正因为有这个平衡热流的作用，使得室内温度下降很慢。

　　因此，外侧绝热的供暖房间，只有具备以下三个条件才有意义：

（1）在绝热材料的室内侧，具有像混凝土之类热容量很大的材料（开口部分越小越好）。

（2）外侧的绝热层要有相当大的传热热阻。

（3）比较长时间的反复地间歇供暖或连续供暖。

也就是说，如果室内侧的热容量 $q$ 很小，就无法向室内补给热量。再者，当外侧绝热做得不够充分时，一旦向室外传出的热量大于向室内补给的热量时，那么，室温的下降速度必然加快，外侧绝热的优越性也就减少。

内侧绝热和外侧绝热的供暖室温的变化情形如图 4-7 所示。

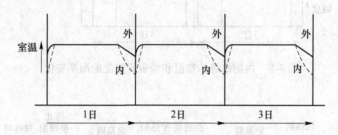

图 4-7　内侧绝热和外侧绝热的供暖室温的变化曲线

实际上，房屋在使用过程中还有家具，太阳辐射，以及门窗的开启和关闭等蓄热及放热因素的影响，情况是非常复杂的。

因此，不能单纯根据内、外侧绝热的不同，就得出二者节能相差多少的简单结论。根据外侧绝热可以节能这一特性，合理地选择供冷与供暖的设备并确定其运行方式，则是非常必要的。

像住宅之类的小型建筑物，由于外围护结构的热容量对它的影响很大，所以内侧与外侧绝热的差别，就容易显示出来。而像办公楼之类大型建筑物，由于其内部围护结构，如隔墙、地板、柱子等部分的热容量也同样对建筑物有很大影响，所以对其采用外侧或者内侧绝热所造成的差别就不那么明显，实际上可以近似地认为二者没有差别。

在连续供暖或间接供暖的条件下，供暖房数量越多，外侧绝热就越有利。若对单个房间供暖，且房间内发热量较少或采用脚炉等简单的供暖设施时，外侧绝热的意义就不大了。换句话说，对于供暖设施较差的房间，很难发挥出外侧绝热的长处。

从现实来看，外侧绝热对于防止表面和内部结露以及减少绝热材料的缝隙等，意义还是很大的。另外，它为绝热的改修工程的施工，提供了方便条件。

### 4.1.4　绝热与结露

#### 4.1.4.1　绝热与内表面结露

当间歇供暖时，若采用内侧绝热，因对流换热，则壁体内表面温度一般低于室内温度（图 4-8）。但若采用外侧绝热时，在预热期内，室温虽比壁体内表面的温度高得多，但进入定温期后，壁体将处于相对稳定的换热状态。这时，内表面与室内空气的温差将逐渐减少（图 4-9）。当到供暖停止期时，室温便逐渐下降，而这时壁体内表面温度反倒会有超过室温的趋势。采用外侧绝热必须注意的是，由于在预热期和定温期内，室内表面温度都比室温低得多，如果壁体的混凝土裸露在内表面，则在室温接近自然温度的范围内，壁体就可能以辐射方式吸收人体的热量，使人感到寒冷。为此，房间内表面的饰面最好选择热容量小的材料，以缓和人们对冷辐射造成的寒冷感。

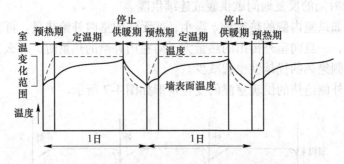

图 4-8    内侧绝热的室温和墙表面温度的周期变化

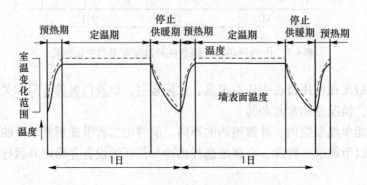

图 4-9    外侧绝热的室温和墙表面温度的周期变化

由于一般房屋围护结构的混凝土不会裸露于内表面，故对此也不必过分的担心。而为了防止结露和增强对室内水蒸气的呼吸性，则希望选用吸湿性能好的材料作饰面。

在停止供暖的阶段，内侧绝热最易发生表面结露；而外侧绝热由于墙表面温度与室内空气温度相接近，或者壁体表面温度比室温还高一些，可以可靠地防止表面结露。不过，外侧绝热时，在预热期和定温期内，壁表面温度上升得比较缓慢。

对一般的居住建筑，若采用间歇供暖的方式，则就结露而言，预热期即为干燥阶段（室内空气的相对湿度降低），因此，即使墙表面温度上升得缓慢些，也不会出现结露。然而，若在预热的同时，还进行急剧加湿，那么，就可能在内表面产生结露。如果从水蒸气发生的曲线图，以及墙角，热桥等处的温度分布状况来看，为防止结露，最好是采用外侧绝热。

当外侧绝热时，因为室温的变化，以及室温与墙表面温度差的变大需要一段时间，故在储藏室等处，往往会产生夏季结露。理论上是由于外侧绝热的原因，实际上是由于混凝土壁体的特性所引起的。

#### 4.1.4.2    绝热与内部结露

人们往往容易将内部结露与内表面结露相混淆，实际上它们产生的原因及影响因素是完全不同的。内部结露应该说是阻塞结露，它是由于壁体内部的温度下降和低温侧水蒸气被阻塞而产生的。为了防止内部结露，在布置墙体的材料时，可将透湿阻力大的材料放在高温高湿的一侧，而将透湿阻力小的材料放在低温低湿的一侧。

若把绝热材料插入中间，因在该处温度梯度发生突变，故必须对其两侧材料的透湿性认真对待，一旦疏忽，绝热材料便有可能被水润湿，从而丧失其绝热作用。另外，内部结露不仅是因为室外气温低才发生的，即使室外气温相当高时，还会由于室内外水蒸气压差以及壁体的透湿状态而造成内部结露。一般认为外侧绝热不会产生内部结露，是指混凝土及绝热材料本身而言的。而在外装修材料与绝热材料的交界面处还是容易结露的。特别是在气候特点为强风多雨的地区，就要求外装修的防水性能好，从而材料的蒸汽渗透系数必然较大。而外装修的蒸汽渗透阻越大，则其与绝热层的交界面处便越容易发生结露。

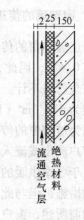

图 4-10　流通空气层的外侧绝热

为防止上述结露现象的发生，可采取下列两项措施：

（1）在绝热材料的高温侧，即在室内侧设防潮层。

（2）在绝热材料的低温侧，即在室外侧设置与室外相通的空气层（图4-10）。

# 4.2　门窗节能设计

门窗是建筑外围护结构中热工性能最薄弱的构件，通过建筑门窗的能耗在整个建筑物能耗中占有相当可观的比例。北方一些地区的采暖建筑当采用普通钢门窗，冬季通过外窗的传热与空气渗透耗热量之和，可达全部建筑能耗的 50% 以上；夏季通过向阳面门窗进入室内的太阳辐射所得的热量，成为空调负荷的主体。窗户节能设计主要从减少渗透量，减少传热量，减少太阳辐射热三方面进行。减少渗透量可以减少因室内外冷热气流的直接交换产生的冷热负荷，可通过采用密封材料增加窗户的气密性；减少传热量是防止室内外温差的存在而引起的热量传递，建筑物的窗户可以通过采用节能玻璃（如中空玻璃、热反射玻璃等）、节能型窗框（如塑性窗框、隔热铝型框等）来增大窗户的整体传热系数以减少传热量。在南方地区太阳辐射夏季非常强烈，通过窗户传递的辐射热占主要地位，因此可通过遮阳设施（外遮阳，内遮阳等）及高遮蔽系数的镶嵌材料（如 Low-E 玻璃）来减少太阳辐射热量。

合理控制窗墙面积比，《民用建筑节能设计标准》（JGJ 26—2010）对不同朝向的住宅窗墙比做了严格的规定，指出北向、东西向、南向的窗墙面积比分别不应超过 0.25/0.3/0.35，因此，从地区、朝向和房间功能出发，应选择适宜的窗面积，同时应强调东西南北开窗有别，通过减少北侧窗的面积来减少热量的损失。

提高外门窗的气密性，是减少室外冷热空气渗入室内的一个重要措施。如采用平开门窗和大块玻璃窗扇，以减少扇与框、扇与扇、扇与玻璃间的缝隙，并在缝隙中嵌入密封胶条；在门窗框与墙间的缝隙，用保温砂浆或泡沫塑料等材料来填充密封，使从门窗渗入的冷空气减少，提高气密性。

使用新型材料改善门窗的保温性能。采用热阻大、能耗低的节能材料制造的新型保温节能门窗如塑钢门窗可大大提高其热工性能。同时还要特别注意玻璃的选材，单层玻璃本身的热阻很小，在寒冷地区可采用双层或三层玻璃。随着科技的发展，目前已开发出一些新型的节能玻璃，如中空玻璃、吸热玻璃等，在造价允许的条件下应积极采用。

### 4.2.1　窗玻璃的传热

单层玻璃窗的传热阻与两表面的换热阻之和几乎相同。同时，单层玻璃窗两表面的温差只有 0.4℃，因此，在实用上可以认为两表面温度是相等的，即单层玻璃窗的导热热阻可以完全忽略不计。一般单层玻璃窗的传热系数按不同厚度取值，当厚度为 3mm 时，传热系数为 $6W/(m^2 \cdot K)$；当厚度为 5～8mm 时，传热系数为 $5.5W/(m^2 \cdot K)$。

因为玻璃窗的传热系数较大，所以，即使进一步减小一般墙壁部分的传热系数，但由于从窗户流出或流入的热量太多，使整个墙面的绝热效果相对减弱。特别是在寒冷地区，窗户对于冬季供暖的热损耗，亦即对于节能的影响相当大。故应尽量采取使窗户传热系数减小的措施，但与此同时，切勿忘记窗户的采光作用。

如前所述，窗户的热阻大体等于两侧换热阻之和。因此，它与一般墙体不同，只要从减少表面换热阻方面多采取措施，就可减少热流量。另外，因为空气对于光是透明体，所以，窗上利用空气间层也能取得良好的效果。

实际中，常采取以下三种方法：

(1) 利用双层窗或双层玻璃，在寒冷地区可以设置三层窗。

(2) 利用能反射红外线的玻璃或利用贴有能反射红外线的合成树脂薄膜的玻璃。

(3) 利用方法（1）与方法（2）的复合形式。

#### 4.2.1.1　利用双层窗或双层玻璃

对于双层玻璃的中间层，如图 4-11 所示可采用完全密闭或半密闭的空气间层。由于二者密闭程度不同，传热系数也略有差异。全密闭是由工厂预制而成的，空气完全被密闭在中间，而半密闭是在现场施工的。从气密、水密的角度看，预制的双层窗玻璃比现场施工的玻璃双层窗的绝热效果要好。

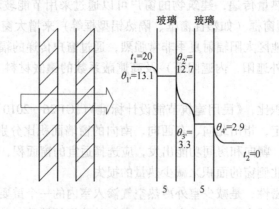

图 4-11　双层玻璃的传热（单位：mm）

一般，具有空气间层的双层玻璃窗，内外表面间的温度差近于 10℃。玻璃窗内表面温度的升高，会使室内人体的辐射放热量减少，从而提高了人体的舒适感。特别是在寒冷地区，采用双层玻璃窗，不仅可以减少供暖房间的热损失，以谋求节能，而且对于防止人体遭受冷辐射，提高人体的舒适感也是十分重要的。

### 4.2.1.2　利用反射膜（层）

方法（2）是利用反射红外线，减少由高温侧空气向低温侧空气的传热量。也就是利用反射红外线使高温侧表面的换热系数减小的方法。

关于普通玻璃与反射膜的复合形式的传热情况，如图4-12所示。此图为玻璃窗冬季的传热，由于辐射和对流，热量通过玻璃窗由室内传向室外，因室内通常处于常温状态，所以全部是红外线辐射。在这些由室内传向室外的热量中，一部分因反射膜的作用反射回室内，另一部分则透过反射膜进入玻璃，射向室外。射向室外的这部分又在玻璃内部，经过反复的吸收反射再分成两部分，分别向玻璃的两侧透过。

因此，流向室外的全部热量应为三部分热量之和，即直接透过的辐射热量，经玻璃反复吸收反射后，由玻璃表面辐射出的热量，还有表面的对流换热量。

显然，窗内侧的反射率越高，流向室外的热量就越少。然而，薄膜的反射率越高，反射可见光的数量也就越多，从而窗的透明度就会降低。

图4-13是夏季窗玻璃受日射时的传热情况。此时，从室外向室内主要也是以辐射方式进行传热的。它和图4-12的传热情况一样。

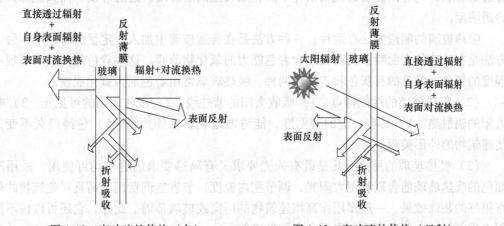

图4-12　窗玻璃的传热（冬）　　　　图4-13　窗玻璃的传热（日射）

值得注意的是，人们往往把反射膜贴在玻璃的内侧，这样，阳光在玻璃内部的吸收、反射经多次反复便转换成热量，致使玻璃自身温度会有所提高。

因此，当玻璃上贴有反射性能高的薄膜时，常因玻璃的某些局部的温度升高，同时窗框又安装得比较结实而产生热应力，并引起玻璃的碎裂。如果薄膜的耐气候变化的性能比较好，还是将薄膜设在室外侧为宜。

对于能吸收红外线的玻璃，由于红外线在其内部被吸收并转换成热，故比普通玻璃的温度有所提高，且自身的辐射热也将变大。

在使用可吸收红外线或反射红外线的玻璃时，一定要有针对性，如果无目的乱用，就有可能抵消其热工效果。例如，在冬季，尽管它对减少供暖房间的室内辐射热损失是有效的，然而，若是把反射膜装在南侧窗户上，就会阻碍可用为辅助供暖的太阳辐射热进入室内，这样，反倒会使房间变得更冷。

### 4.2.2　窗用材料与建筑节能

#### 4.2.2.1　平板玻璃

（1）平板玻璃的概念。平板玻璃是指未经其他加工的平板状玻璃制品，也称为白片玻璃或净片玻璃。按生产方法不同，可分为普通平板玻璃和浮法玻璃。

（2）平板玻璃的特点。它具有透光、透明、保温、隔声、耐磨、耐气候变化等性能。平板玻璃主要物理性能指标：折射率约1.52；透光度85%以上（厚2mm的玻璃，有色和带涂层者除外）；软化温度650~700℃；热导率0.81~0.93W/(m·K)；抗弯强度16~60MPa。

（3）平板玻璃的用途。主要用于门窗，起采光（可见光透射比85%~90%）、围护、保温、隔声等作用，也是进一步加工成其他技术玻璃的原片。为了提高保温效果，一般平板玻璃不单独使用，常采用普通玻璃组成双层玻璃、中空玻璃及与其他节能玻璃联合组成复合中空玻璃。

#### 4.2.2.2　吸热玻璃

（1）吸热玻璃的概念。吸热玻璃（heat absorbing glazing）是一种能控制阳光中热能透过的玻璃，它可以显著的吸收阳光中热作用较强的红外线、近红外线，而又能保持良好的透明度。

吸热玻璃的制造方法有两种：一种方法是在普通玻璃中加入一定量的着色剂；另一种方法是在玻璃的表面喷涂具有吸热和着色能力的氧化物薄膜。这些着色剂使玻璃呈现一定程度的颜色，常见的有灰色和青铜色两种。吸热玻璃常用着色剂为氧化亚铁。

（2）吸热玻璃的性能特点。1）吸收太阳的紫外线。2）吸收太阳的可见光。3）吸收太阳的辐射热。4）具有一定的透明度，能清晰地观察室外景物。5）色泽经久不变，能使建筑物的外形美观。

（3）吸热玻璃的用途。凡是既有采光要求又有隔热要求的场所均可使用。采用不同颜色的吸热玻璃能合理利用太阳光，调节室内温度，节省空调费用，而且对建筑物的外表有很好的装饰效果。一般多用作高档建筑物的门窗或玻璃幕墙。此外，它还可以按不同的用途进行加工，制成磨光、夹层、中空玻璃等。

吸热玻璃的特性效率全靠外侧空气的速度，否则其性能将显著降低。因此，安装时应注意将离子留在玻璃的外侧，离子在玻璃最外表层吸收太阳热，使其最外层热起来，并使其贴近的空气运动加快，以对流方式将吸收热移走，使玻璃冷却。吸热玻璃不利的一面是自身可能变得很热，而且在夜间延留着一个长波辐射源，如将吸热玻璃作为双层玻璃的外侧，这种影响会有所减小。

吸热玻璃与同厚度的浮法玻璃吸收太阳辐射热性能比较见图4-14。

#### 4.2.2.3　热反射玻璃

（1）热反射玻璃的概念。热反射玻璃（heat reflecting glazing）是由无色透明的平板玻璃镀覆金属膜或金属氧化物膜制得，又称镀膜玻璃或阳光控制膜玻璃。

热反射玻璃的制造方法有两种：一种方法是真空镀膜法，一层很薄的金属（常用的是铅）镀到玻璃上，另一种方法是将做好的一侧有反射层的薄片贴在玻璃上。热反射玻

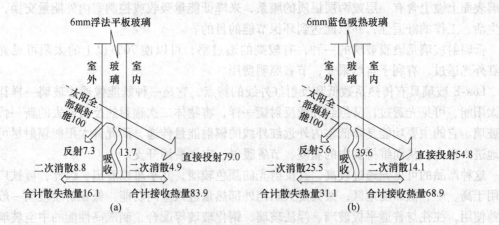

图 4-14　吸热玻璃与同厚度浮法玻璃吸收太阳辐射热性能比较
（a）浮法玻璃；（b）吸热玻璃

璃也常带有颜色，常见的有灰色、青铜色、茶色、金色、浅蓝色和古铜色等。

（2）热反射玻璃的特点。1）单向透视性。2）镜面效应。3）对光线的反射和遮蔽作用，亦称为阳光控制能力，见图 4-15。

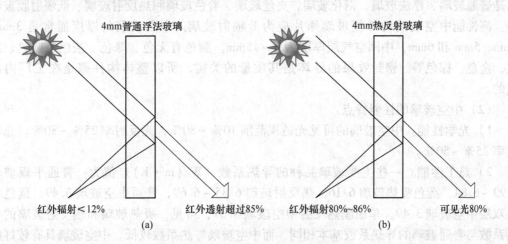

图 4-15　热反射玻璃的热工性能
（a）浮法玻璃；（b）热反射玻璃

（3）热反射玻璃的应用。热反射玻璃可用作建筑门窗玻璃、幕墙玻璃，还可以用于制作高性能中空玻璃、夹层玻璃等复合玻璃制品。然而，热反射玻璃尽管可以反射大量辐射热，但同时可见光的透过率也相对较低，室内光线暗，它是以牺牲透光率为代价的。反射玻璃能反射掉一些热量，但达不到吸热玻璃的程度，它最大的问题就是对邻近建筑的光污染和热辐射，如果热反射玻璃幕墙使用不恰当或使用面积过大会造成光污染和建筑物周围温度升高，影响环境的和谐。

### 4.2.2.4　低辐射玻璃

低辐射玻璃（low-emissivity glazing，也称 Low-E 玻璃），是采用真空磁控溅射方法在玻璃表面上镀上含有一层或两层银质的膜系，来降低能量吸收或控制室内外能量交换，保障生活、工作的舒适性，并以此达到环保节能的目的。

低辐射玻璃是镀膜玻璃的一种，有较高的透过率，可以使70%以上的太阳可见光和近红外光透过，有利于自然采光，节省照明费用。

Low-E玻璃具有传热系数低和反射红外线的特点。它是一种既能像浮法玻璃一样让室外太阳能、可见光透过，又像红外线反射镜一样，将物体二次辐射热反射回去的新一代镀膜玻璃。它的主要功能是降低室内外远红外线的辐射能量传递，而允许太阳能辐射尽可能多地进入室内，从而维持室内的温度，节省暖气、空调费用开支。

这种产品的可见光透过较高，其反射光的颜色较淡，几乎难以看出。因此，可被广泛地用于高、中、低纬度地区，兼具夏天阻挡外部热量进入室内功能。低辐射膜玻璃一般不单独使用，往往与普通平板玻璃、浮法玻璃、钢化玻璃等配合，制成高性能的中空玻璃。

#### 4.2.2.5　中空玻璃

（1）中空玻璃的结构。中空玻璃（insulating glass）是由两片或多片平板玻璃用边框隔开，中间充以干燥的空气或惰性气体，四周边缘部分用胶结或焊接方法密封而成的，其中以胶结方法应用最为普遍。

中空玻璃按玻璃层数，有双层和多层之分，一般是双层结构。制作中空玻璃的原片可以是普通玻璃、浮法玻璃、钢化玻璃、夹丝玻璃、着色玻璃和热反射玻璃、低辐射膜玻璃等。高性能中空玻璃的外侧玻璃原片应为低辐射玻璃。中空玻璃的厚度通常是3mm、4mm、5mm和6mm，中间空气层厚度为6～15mm。颜色有无色、绿色、茶色、蓝色、灰色、金色、棕色等。密封效果的好坏是其质量的关键，所以整体构件都是在工厂内制成的。

（2）中空玻璃的性能特点。

1）光学性能。中空玻璃的可见光透视范围10%～80%，光反射率25%～80%，总透过率25%～50%。

2）热工性能。一些主要玻璃品种的导热系数（W/(m·K)）值为：普通平板玻璃5.99～6.84，蓝色吸热玻璃6.16，热反射玻璃6.35～6.69，普通中空玻璃3.49，蓝色吸热双层中空玻璃3.49，单面膜热反射中空玻璃3.37，可见，吸热玻璃和热反射玻璃的导热系数与普通玻璃的导热系数基本相同，而中空玻璃导热系数较低。中空玻璃具有较好的保温效果。用吸热玻璃或热反射玻璃制成的中空玻璃与普通玻璃相比，导热系数基本相同，但通过改变和配置各种玻璃透过率，可获得既保温又隔热的效果。由双层热反射玻璃或低辐射玻璃制成的高性能中空玻璃，隔热保温性能更好。

3）隔声性能。中空玻璃具有较好的隔声性能，一般可使噪声下降30～40dB（A），即能将街道汽车噪声降低到学校教室的安静程度。

4）装饰性能。中空玻璃的装饰性主要取决于所采用的原片，不同的原片玻璃制得的中空玻璃具有不同的装饰效果。

5）防结露功能。

（3）中空玻璃的应用。这种玻璃不仅能减少室外噪声传入室内，防止玻璃结霜，而且具有很好的保温作用。它可以使寒冷地区冬季的采暖能耗降低25%～30%。应该指出的是中空玻璃的保温功能是双向的，它既可以保证使寒冷地区室内的热量减缓向室外传递，也可以保证使炎热地区室外的热量减缓向室内传递，特别是当采用中空吸热玻璃或中空热反射玻璃时，节省炎热地区夏季空调费用效果更为明显。

中空玻璃主要用于需要采暖、空调、防止噪声或结露以及需要无直射阳光和特殊光的建筑物上。广泛应用于住宅、饭店、宾馆、办公楼、学校、医院、商店等需要室内空调的场合，也可用于火车、汽车、轮船、冷冻柜的门窗等处。

总之，随着玻璃加工技术的不断发展，可供选择的范围越来越大，但不管选择哪种玻璃，都应把玻璃是否能有效控制太阳能和隔热保温（即节省能源）放在重要位置来考虑，要使玻璃在使用中尽量减少能量损失。玻璃应根据建筑所处气候条件及所在位置选用，在寒冷地区或背阳面，以控制热传导为主，不宜使用吸热玻璃和热反射玻璃，尽量选择中空玻璃或真空玻璃。在夏热冬冷地区及日照时间长且处于向阳面，应尽量控制太阳能进入室内，宜选用以吸热玻璃、热反射玻璃及由热反射玻璃组成的中空玻璃。此外通过中悬窗等方式，使热反射玻璃在不同季节换面使用，可收到一定效果。

### 4.2.2.6 窗用玻璃的节能作用

当窗的其他条件（如大小、方位等）相同时，窗玻璃的选择对于建筑物的室内微气候的影响甚大。因此，要求根据空调设备的价格和制冷、采暖费用的相对份额大小来确定最适宜的玻璃品种。在具体选用玻璃时，应从各种玻璃的太阳能阻隔特性和导热性两个方面来比较其节能效果。

（1）主要玻璃品种的光谱特性。由于太阳的热辐射波长范围横跨了紫外、可见和红外三个光区，因此，玻璃对太阳能的吸收、反射和透射等性能，就可用玻璃对太阳光的分光透射曲线来表示。

吸热玻璃与热反射玻璃的分光透射率曲线在红外光区均有一个较大的波谷，即这两种玻璃都具有隔断太阳辐射能的作用。因此，这两种玻璃均可以用来降低进入房间的日照热量，以减轻冷气负载。此外，吸热玻璃的这种隔热作用较热反射玻璃要强一些。而在吸热玻璃表面再覆盖反射膜后，这种作用还可进一步强化。

（2）不同玻璃表面的太阳热入射模式。仅从玻璃的光谱特性不足以判断吸热玻璃和热反射玻璃节能作用的优劣，因为这两种玻璃的隔热机制是不一样的。热反射玻璃的作用机理是将一部分太阳辐射热反射出去，而吸热玻璃的隔热机制却是吸收一部分辐射热量。为此，有必要对在不同玻璃表面上的太阳能入射机理和入射历程加以研究，以便确认其隔热效能。

虽然热反射玻璃对光线的直接阻隔能力较吸热玻璃差，但由于吸热玻璃在二次辐射过程中向室内放出的热量较多，故两者的实际隔热能力基本相同。此外，由于双面镀膜的蓝色吸热玻璃具有双重作用，即从光谱选择性吸收和表面反射两个方面来限制太阳辐射热的进入，因此能够更为有效地减轻冷气负载。

（3）主要玻璃品种的热工特性。上面的讨论是围绕隔断太阳辐射能，以减轻"热墙"效应而进行的。当欲减轻玻璃表面的冷墙效应，以便提高室内的采暖效果时，玻璃的透热率就成了主要问题。由于玻璃的透热率取决于导热系数和厚度，而各种玻璃的透热率随其厚度的增加总是减少的，因此，导热系数 $\lambda$ 就成了影响不同品种玻璃透热率大小的因素，表4-4所示为部分窗用玻璃的 $\lambda$ 值。

**表 4-4　主要玻璃品种的导热系数**

| 玻璃品种 | 普通平板玻璃 | 蓝色吸热玻璃 | 热反射玻璃 | 中 空 玻 璃 | | |
|---|---|---|---|---|---|---|
| | | | | 普通双层中空玻璃 | 蓝色吸热双层中空玻璃 | 单面膜热反射中空玻璃 |
| 导热系数 /W·(m·K)$^{-1}$ | 5.99~6.84 | 6.16 | 6.35~6.69 | 3.49 | 3.49 | 3.37 |
| | 中空玻璃的产品结构 | | | 5+6A+5 | 5+6A+5 | 5+6A+5 |

由表 4-4 中可以看出,吸热玻璃和热反射玻璃的透热率与普通玻璃的透热率是基本相同的(表中所示导热系数的差异是由被测玻璃试样的厚度规格不同而引起的)。因此,它们在减少热损失方面的作用,与普通玻璃并无差异,同属效果比较差的玻璃。从表中也可看出,中空玻璃的导热系数比较低。因此,中空玻璃的使用与使用吸热玻璃和热反射玻璃的目的相反。它是以限制室内热量因玻璃两侧的温度差而向室外传导为目的,即其可用以减轻建筑物中的采暖负荷。此外,由表还可看出,用吸热玻璃或热反射玻璃制成的中空玻璃与普通中空玻璃相比,其导热系数基本上也是相同的。因此,这类中空玻璃的开发目的并不在于强化中空玻璃的保温作用,而是为了同时获得既减轻冷气负荷,又减轻暖气负荷的效果。这种双重作用的产生,中空玻璃的分光透射特性是由构成中空玻璃的原板玻璃的太阳能阻隔特性所决定的。

#### 4.2.2.7　窗用薄膜的节能作用

##### A　隔热薄膜特性及其使用效果

窗用隔热薄膜是将金属材料附着在高聚物薄膜上制成的。因此,从本质上说,它不过是热反射玻璃中金属反射膜层的一种商品化的形式。从这点即可看出,隔热薄膜虽然也像普通彩色窗用胶膜一样具有改善窗的色彩、建筑物的舒适感等作用,但其在节能方面的作用更为重要。据资料介绍,在 3mm 的普通窗用玻璃上粘贴隔热薄膜后,能使太阳辐射热的透射量减少 70% 以上。而当隔热薄膜贴于玻璃窗的内侧时,则可使散热量降低约 17%,略优于双层窗的隔热效果。表 4-5 是太阳辐射热透射率的实测数值。

**表 4-5　隔热薄膜的太阳辐射热透射率**

| 材料与构造 | 测试条件 | 紫外光透射率/% | 可见光透射率/% | 红外光透射率/% | 太阳辐射热透射率/% | 平均透射率/% |
|---|---|---|---|---|---|---|
| 3mm 玻璃外贴隔热薄膜 | 入射角 0° | 0 | 8.4 | 10.8 | 19.2 | 21.65 |
| | 入射角 60° | 0.3 | 13.2 | 7.95 | 21.45 | |
| | 入射角 90° | 0.4 | 13.8 | 7.5 | 21.70 | |
| | 无阳光 | 1 | 19.5 | 3.75 | 24.25 | |

由表 4-5 可以看出,隔热薄膜对太阳辐射热的反射率很高。隔热薄膜较之吸热玻璃在分光透射率曲线上有着更大的波谷,这种现象是高聚物薄膜的附加吸热特性造成的。据此可以推断,在普通窗用玻璃上贴用隔热薄膜后的阻隔太阳辐射能效果,将等效于(或略优于)用吸热玻璃经镀膜处理而制成的热反射玻璃的效果。

表 4-6 是在基本相同的条件下,对两个空调房间的耗电量所作的对比测试结果。由表中可以看出,在建筑窗玻璃上贴用隔热薄膜后的节能效果是十分显著的。

**表4-6 耗电量对比测试**

| 被测房间特征 | 窗户面积/m² | 建筑面积/m² | 30d 总耗电量/kW·h |
|---|---|---|---|
| 贴膜 | 9 | 13.76 | 563.35 |
| 对照组 | 9 | 14.78 | 649.35 |

**B 镀膜使用部位及其效果**

为了确定隔热薄膜粘贴部位对建筑物能量消耗的影响，国内许多研究者在各种条件下进行了大量的研究，现将这些结果整理汇集于表4-7，以供参考。

**表4-7 窗用薄膜贴用部位对传热性能的影响**

| 窗的形式及薄膜粘贴部位 | 传热系数/W·(m²·K)⁻¹ |
|---|---|
| 单层窗、普通透明平板玻璃 | 5.24 |
| 双层窗、普通透明平板玻璃 | 2.76 |
| 单层窗、普通玻璃、内表面贴隔热薄膜 | 3.93 |
| 双层窗、普通玻璃、内层内侧贴隔热薄膜 | 2.32 |
| 双层窗、普通玻璃、外层内侧贴隔热薄膜 | 2.13 |
| 双层窗、普通玻璃、内层外贴隔热薄膜 | 2.04 |
| 单层窗、窗框上贴隔热薄膜 | 2.15 |

由表4-7看出，在普通窗玻璃内侧粘贴隔热薄膜后，窗的实际传热能力有所降低，这与隔热膜可以反射一部分室内光线等因素有关。此外，在窗框上贴用隔热膜也有减少热量散失的效果。而在采用双层窗结构时，薄膜的粘贴部位以内层玻璃外表面为最佳。

**4.2.2.8 窗框料对节能的影响**

从窗框料的角度来讲，可能对窗的节能效果产生影响的因素有两个，一是窗框材料的导热系数；二是窗框材料中的隔热腔室的体积与数量。在表4-8中木材与PVC塑料的导热系数相近，但其成窗后的传热性能相差甚远，是因PVC窗的窗框为中空型材而引起的。基于同样的原因，彩色涂层钢板门窗的隔热效果也要优于普通的实腹钢窗。而对PVC窗框异型材来说，三腔型材的隔热效果又要略优于单腔型材。

**表4-8 几种主要门窗材料的隔热性能比较**

| 材料的导热系数/W·(m·K)⁻¹ | | | | 窗的实际传热性能/W·(m²·K)⁻¹ | | |
|---|---|---|---|---|---|---|
| 铝 | 松、杉木 | PVC | 空气 | 铝窗 | 木窗 | PVC |
| 174.45 | 0.17~0.35 | 0.13~0.29 | 0.04 | 5.95 | 1.72 | 0.44 |

**4.2.2.9 密封方法的影响**

（1）应予密封的部位。完善的密封措施是保证窗的气密性（$d$ 值）、水密性以及隔音性能和隔热性能（$K$ 值）达到一定水平的关键。目前国内在窗的密封方面，多只注意扇和框与扇和玻璃间的密封处理。但是，室内外冷热空气之间对流实际上是通过三条通道进行的。因此，为了使窗达到更高水平的 $a$ 值（$a$ 值越小，$K$ 值也越小，且水密性和隔音性能也越好），显然宜对框－墙、框－扇、扇－玻璃之间的间隙均进行密封处理。至于框－

扇和扇－玻璃间的间隙处理，目前国内均采用双级密封的方法。但是，国外在框－扇之间却已普遍采用三级密封的做法。通过这一措施，使窗的空气泄漏量降到 $1m^3/(m \cdot h)$ 以下，而国内同类窗的空气泄漏量却为 $1.6m^3/(m \cdot h)$ 左右，这应引起注意。

（2）密封方法。在密封材料使用方面所存在的问题，主要是应注意各种密封材料和方法的互相配合。近年来的许多研究表明，在封闭效果上，密封料要优于密封件。这与密封料和玻璃、窗框等材料之间处于黏合状态有关。但是，框扇材料和玻璃等在干湿温变作用下发生的变形，会影响静力状态的保持，从而导致密封失效。密封件虽对变形的适应能力较强，且使用方便，但其密封作用却不完全可靠。因此，笔者认为，目前国内只简单地以密封材料注于窗缝，或仅仅使用密封条的方法是不妥的。应予推荐的典型密封方法是：1）在玻璃下安设密封的衬垫材料；2）在玻璃两侧以密封条加以密封（可兼具固定作用）；3）在密封条上方再加注密封料。

### 4.2.3　可动式隔热层

窗帘、窗盖板。目前多种形式的窗帘均有商品出售，但都很难满足太阳能建筑的要求，由于窗户虽然可设计成有阳光时的直接得热构件，但就全天日夜24h来看，通常都是失热的时间比得热的时间长得多，故采暖房间的窗户历来都是失热构件，要使这种失热减到最少，窗帘或窗盖板的隔热性能（保温性能）必需足够。多层铝箔－密闭空气层－铝箔构成的活动窗帘有很好的隔热性能，但价格昂贵。采用平开或推拉式窗盖板，内填沥青珍珠岩、沥青蛭石，或沥青麦草；沥青谷壳等可获得较高隔热值及较经济的效果。有人已经进行研究将这种窗盖板采用相变贮热材料白天贮存太阳能，夜间关窗同时关紧盖板，该盖板不仅有高隔热值阻止失热，同时还将向室内放热，这才真正将窗户这个历来的失热构件变成得热构件了（按全天24h算），虽然实验取得较好效果，但要商品化则仍有许多问题，如窗四周的耐久性密封问题，相变材料的选择提供以及造价问题等均有待解决。

# 4.3　屋面节能设计

屋顶耗热量约占整个住宅建筑耗热量的 7%～8%，有数据表明，夏季顶层室内的温度要比其他层高约3℃，因此，屋面的保温隔热也不容忽视。屋面节能设计的思路与墙体节能一样，通过改善屋面层的热工性能阻止热量的传递。主要措施有保温屋面（外保温、内保温）、架空通风屋面、坡屋面、绿化屋面等。

### 4.3.1　节能屋面的类型

屋面节能设计一般要求屋面具有容重小、传热系数小、吸水率低或不吸水、性能稳定等特点，其中屋面构造示意图如图4-16所示。

常见的节能屋面类型如下：

（1）高效保温材料保温屋面。这种屋面保温层选用高效轻质的保温材料，保温层

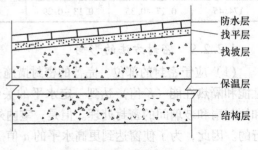

防水层
找平层
找坡层
保温层
结构层

图4-16　屋面构造示意图

为实铺。目前我国主要采用的保温隔热材料有加气混凝土条板、乳化沥青珍珠岩板、憎水型珍珠岩板、聚苯板等，均有利于提高屋面的保温隔热性能，从而取得良好的节能和改善顶层房间的热环境效果，保温屋面的热工指标如表 4-9 所示。

表 4-9　保温屋面的热工指标

| 屋面构造做法 | | 厚度 /mm | $\lambda$ /W·(m·K)$^{-1}$ | $\alpha$ | $R$ /m²·K·W$^{-1}$ | $R_0$ /m²·K·W$^{-1}$ | $K_0$ /W·(m²·K)$^{-1}$ |
|---|---|---|---|---|---|---|---|
| （1）防水层 | | 10 | 0.17 | 1.0 | 0.06 | — | — |
| （2）水泥砂浆找平 | | 20 | 0.93 | 1.0 | 0.02 | | |
| （3）1:6 石灰焦砟找坡（平均） | | 70 | 0.29 | 1.50 | 0.16 | | |
| （4）保温层 | 聚苯板 | 50 | 0.04 | 1.20 | 1.04 | 1.51 | 0.66 |
| | 挤塑型聚苯板 | 50 | 0.03 | 1.39 | 1.39 | 1.86 | 0.54 |
| | 水泥聚苯板 | 150 | 0.09 | 1.50 | 1.11 | 1.58 | 0.63 |
| | 水泥蛭石 | 180 | 0.14 | 1.50 | 0.86 | 1.33 | 0.75 |
| | 乳化沥青珍珠岩板（$\rho_0 = 400\text{kg/m}^3$） | 180 | 0.14 | 1.0 | 1.29 | 1.76 | 0.57 |
| | 憎水型珍珠岩板（$\rho_0 = 250\text{kg/m}^3$） | 120 | 0.10 | 1.0 | 1.20 | 1.67 | 0.60 |
| | 黏土珍珠岩 | 180 | 0.12 | 1.50 | 1.00 | 1.47 | 0.68 |
| （5）现浇钢筋混凝土板 | | 100 | 1.74 | 1.0 | 0.06 | — | — |
| （6）石灰砂浆内抹灰 | | 20 | 0.81 | 1.0 | 0.02 | | |

（2）倒置式屋面。将传统屋面中保温隔热层与防水层颠倒，属于外保温。倒置式屋面可有效延长防水层免受外界损伤，防止水或水蒸气在防水层冻结或凝聚在屋面内部，节能屋面比较表如表 4-10 所示。

表 4-10　节能屋面比较表

| 性能/工法 | 将绝缘层放在防水层上方 | 将绝缘层放在防水层下方 | 水泥珍珠岩屋面 |
|---|---|---|---|
| 保温隔热性 | 极佳 | 视选用材料 | 高厚度才能达到 XPS 的标准 |
| 施工方便性 | 施工简易、质轻好搬、易切割、施工期短、成本无形中降低 | 需配合绝热层，考虑防水层的施工与防水材料的选用，增加施工难度 | 施工困难、搬运慢且需要做隔气层与排气孔，施工期长，成本无形中增加 |
| 屋顶结构负荷 | 极小（40kg/m³） | 视选用材料 | 极大（400kg/m³） |
| 老化性 | 几乎不老化，可以说与建筑物同寿，无翻修问题 | 防水层一旦破裂，绝热层可能也会老化分解 | 一旦受潮就开始有老化分解现象，时候一到就要翻修 |
| 排气孔隔气层 | 不需要 | 某些情况需要，如室内是潮湿环境 | 一旦受潮就开始有老化分解现象，时候一到就要翻修 |
| 屋顶使用性 | 屋顶可再利用，如花园 | 高 | 因有隔气层再利用性低，使用不便 |

| 性能/工法 | 将绝缘层放在防水层上方 | 将绝缘层放在防水层下方 | 水泥珍珠岩屋面 |
|---|---|---|---|
| 施工气候性 | 无特别要求甚至雨天也可施工 | 需晴天 | 需好天气 |
| 施工队专业性 | 不需专业训练施工,极为简易,人人都会 | 因在防水层下方,选用材料决定施工难易 | 施工人员需训练过 |
| 防水层日后维修性 | 方便,只要移开XPS即可 | 一旦修补,可能连绝热层都能一起损伤 | 不易 |

（3）架空型保温屋面。图4-17在屋面内增加空气层有利于屋面的保温效果,同时也有利于屋面夏季的隔热效果。架空层的常见规格做法为:以2～3块实心黏土砖砌的砖墩为肋,上铺钢筋混凝土板,架空层内铺轻质保温材料,架空型保温屋面热工指标如表4-11所示。

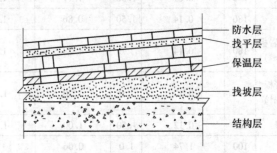

图4-17 架空型屋面示意图

**表4-11 架空型保温屋面热工指标**

| 屋面构造做法 | | 厚度/mm | $\lambda$ /W·(m·K)$^{-1}$ | $\alpha$ | $R$ /m$^2$·K·W$^{-1}$ | 上方空气间厚度/mm | $R_0$ /m$^2$·K·W$^{-1}$ | $K_0$ /W·(m$^2$·K)$^{-1}$ |
|---|---|---|---|---|---|---|---|---|
| （1）防水层 | | 10 | 0.17 | 1.0 | 0.06 | | | |
| （2）水泥砂浆找平 | | 20 | 0.93 | 1.0 | 0.02 | — | — | — |
| （3）钢筋混凝土板 | | 35 | 1.74 | 1.0 | 0.02 | | | |
| （4）保温层 | 聚苯板 | 40 | 0.04 | 1.20 | 0.83 | 80 | 1.49 | 0.67 |
| | 岩棉板或玻璃棉板 | 45 | 0.05 | 1.0 | 0.9 | 75 | 1.56 | 0.64 |
| | 珍珠膨胀岩（塑料封装 $\rho_0$ = 120kg/m$^3$） | 40 | 0.07 | 1.20 | 0.48 | 80 | 1.14 | 0.88 |
| | 矿棉、岩棉、玻璃棉毡 | 40 | 0.05 | 1.20 | 0.67 | 80 | 1.33 | 0.75 |
| （5）1:6石灰焦砟找坡(平均) | | 70 | 0.29 | 1.50 | 0.16 | — | — | — |
| （6）现浇钢筋混凝土板 | | 100 | 1.74 | 1.0 | 0.06 | — | — | — |
| （7）石灰砂浆内抹灰 | | 20 | 0.81 | 1.0 | 0.02 | | | |

此外，还有反射屋面、通风屋面、种植屋面、蓄水屋面等多种节能屋面形式。

### 4.3.2 日照条件下屋顶的温度变化

太阳辐射及室外气温影响着屋面板各层温度的变化。但是将绝热材料置于屋顶的内侧或外侧，其影响却不是一样的。据了解发现内侧绝热且屋顶受强烈日射时，一天温度的变化情况。在一天中，混凝土板的温度变化很大，其表面层和混凝土板下部（与绝热材料的交界面）的温度变化情况并不相同。由于混凝土的热容量较大，致使板下部的温度变化出现了时间上的滞后。如表面温度在 14 点钟左右达到了最高值，而板下部（与绝热材料的交界面）的温度在 17 点钟左右才达到最高值。

当采用外侧绝热时，屋顶上各层温度的变化情况。这时，混凝土的温度变化很小。盛夏时，若是采用内侧绝热，混凝土板的温度变化值在一天之内可高达 30℃ 左右，而采用外侧绝热，温度的变化值仅为 4℃ 左右。此外，使用外侧绝热时，绝热材料的表面温度与室外综合温度的变化几乎完全相同。

从一年里的温度变化情况来看，在温暖地区，采用内侧绝热的混凝土板温度，夏天可达 60℃ 左右，冬天为 10℃ 左右。在寒冷地区的严冬季节，可达 20℃ 左右。可见，混凝土板的温度在一年里约有 70℃ 的变化，因此，混凝土板势必会出现热胀冷缩的现象。

### 4.3.3 屋顶外侧绝热

由于混凝土的热容量非常大，在夏天，接受太阳辐射热后，便将热蓄积于内部，到了夜里，又把热释放出来。若是采用内侧绝热，虽然绝热材料可以阻止混凝土向室内传热，但是，当绝热材料下侧的室内空气的温度很高时，绝热材料本身也会具有很高的温度。

夏天，室内空气温度容易高于室外气温，这主要是由于太阳辐射等影响，使空气被加热，温度升高而上浮，热空气停留于房间的上部的缘故。一到夜里，再加上混凝土板向室内的传热，则绝热材料表面或顶棚的内表面温度就会比人体的表面温度高得多，从而对人体进行热辐射，使人感到如"烘烤"一般。

为了防止这种"烘烤"现象，可以设法通风换气，使顶棚底部的空气温度下降至低于人体的体温，而最主要的还是设法力求减少混凝土受太阳辐射后的蓄热量。如果采用外侧绝热，便可减少混凝土的蓄热量，此时，混凝土板温度只有 30℃ 左右，人体自然就不会感受到热辐射甚至"烘烤"了。

当外侧绝热时，由于靠内侧的混凝土热容量大，当室内温度较高的空气与混凝土相接触时，温度不会有明显的上升。这种现象不仅表现在屋顶处，而且在西墙上也是如此，所以，为了防止热应力，最好将绝热材料布置在外侧。

在寒冷地区，往往由于顶棚上设有金属吊钩引起局部结露，而使得顶棚表面出现一些斑污。这不单纯是绝热材料的问题，而且是因为混凝土的水分很难放散出去的问题。若在外侧进行绝热，由于混凝土下部是敞开的，使得混凝土的水分能顺利放散，因此不会产生结露。

### 4.3.4 绝热材料与防水层的位置

外裸型绝热防水层是以防水层为外表面。其优点是重量轻，造价比设计覆盖层便宜。

因此，它适用于大跨度的轻型屋顶。以薄钢板作衬底的屋顶型式。

如果在绝热材料下侧不设防潮层，到了冬天，在绝热材料的内部就会结露。因为室内会有少量水蒸气透过混凝土板进入绝热层，而外表面的防水层又完全阻止这一湿气流向外扩散，因此，尽管其结露量并不大，但是由于绝热材料被夹于混凝土板和防水层之间，其呼吸性变差，凝结水就会慢慢地蓄积起来，导致绝热材料变湿。

当以薄钢板作衬底时，因其自身的蒸汽渗透系数非常大，这时，即使不设防潮层，实际应用中也没有问题。而当以混凝土作衬底时，为防止绝热材料的内部结露，一般应该设置防潮层。

当然，当在绝热材料上面设计外裸型防水层时，该层的耐候性是很大的问题，故应尽量采用下述有混凝土覆盖层的施工方法，并且在绝热材料下侧设置防水层为好。

绝热防水基本上可分为绝热材料上面设防水层和防水层上面设绝热材料这两种类型。前者主要用于外裸型防水，后者便构成了有覆盖层的屋顶。习惯上，将后者称为倒铺型绝热防水层。一般来讲，这种做法是比较保险的。

在防水层上侧设置绝热层的方法，即所谓倒铺型，除了应注意绝热材料直接吸水的问题外，更应该注意内部结露而造成的湿润问题。在防水层上侧铺设的绝热材料必须符合下述条件：

（1）导热系数小，而蒸汽渗透系数大；

（2）在50~70℃的热水中，几乎完全不吸水；

（3）即使处于反复的冻结及溶解的条件下，其性质不变；

（4）材料内部无毛细管；

（5）承压强度在 $2\mathrm{kg/cm^2}$ 以上；

（6）对长期的蠕变在实用上可以忽略不计；

（7）在 $-30\sim70℃$ 的温度范围内，均能安全使用。

### 4.3.5  坡屋顶的绝热

对于斜屋顶的阁楼，因其内部的空气容积即气体的体积比较大，故可以把它看成是一个小房间。

首先，热流由顶棚向阁楼换气口的内部传递，再通过阁楼经屋顶或山墙传向室外。若在阁楼上设有换气口，则将同时通过换气口向外传出热量。

如只概略计算阁楼内气温 $t_a$ 时，对不换气的阁楼可取

$$t_a = \frac{t_i - t_e}{2}(℃)$$

对换气的阁楼可取

$$t_a = t_e(℃)$$

由此可知，从保证斜屋顶下部房间的使用条件来看，将绝热材料置于顶棚处或是屋顶处，作用近乎相同。

但是，把绝热材料置于顶棚处，还是置于屋顶处，对阁楼里的温度 $t_a$ 影响却甚大。在无换气的情况下，若在顶棚处绝热，阁楼内气温接近于室外温度；而若在屋顶部分绝热，阁楼内的气温却接近于室内的空气温度。因此，若打算利用阁楼内部的空间，最好是

在屋顶处进行绝热。

上述这种观点，极易被误解为是仅从减少热损失这一点考虑的。事实上，为了抵抗夏季的酷热，从防止过热而适当地降低阁楼内温度的角度考虑，也应该在屋顶处进行必要的绝热。

但这样一来，又极容易使人觉得不进行换气才更为有利。实际上，如果不进行换气，室内水蒸气可能会充满阁楼，造成大量的结露。相比之下，如对阁楼内进行充分换气，将水蒸气尽可能地排放出去，以达到不结露的要求是很必要的。但是，在有积雪的寒冷地区，可能由换气口吹进雪片；即便在温暖地区，也可能有雨水淋入室内。所以，当换气口较大时，对此应当采取适当的措施。

## 4.4　地面热工节能设计

地面节能设计的角度与屋面节能设计的方法相似，通过改善地面层的热工性能，如增加地面保温以减少热量损失，或对地面进行防湿处理以提升地面的整体热工性能。

地面是底层房间与地基土层相接的构件，起到承受底层房间荷载的作用。在保温隔热上由于热量通过地面的传热并不属于一维传热，地面以下接触的是土壤层，同时周边的土壤层薄，热阻小，热量损失多，尤其是在沿外墙内侧周边约1m的范围内，地面流失热量最大，因此，需要对地面进行热工节能设计。

当地面的温度高于地下土壤温度时，热流便由室内传入土壤中去。可是，房间下部土壤温度的变化并不太大，其温度变化范围，一般从冬到春仅有10℃左右，从夏末至秋天也只有20℃左右，且变化得十分缓慢。

不过，在房屋与室外空气相邻的四周边缘部分的地下土壤温度的变化还是相当大的。冬天，它受室外空气以及房屋周围低温土壤的影响，将有较多的热量由该部分被传递出去。室外低温的影响范围及地面周边的温度分布如图4-18所示。

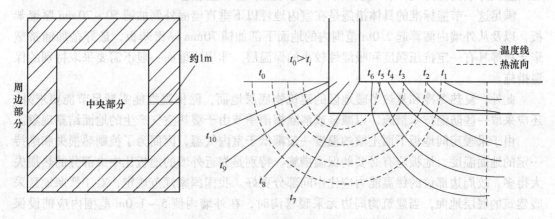

图4-18　室外低温的影响范围及地面周边的温度分布

因此，若仅就减少冬季的热损失来考虑，只要对四周部分进行绝热就够了。可是，对于江南的许多地方，还必须考虑到高温高湿气候的特点，因为高温高湿的天气容易引起夏季地面的结露。一般土壤的最高、最低温度，与室外空气的最高与最低温度出现的时间相比，约延迟2~3个月（延迟时间因土壤深度而异）。所以，在夏天，即使是混凝土地面，温度也几乎不上升。

当这类低温地面与高温高湿的空气相接触时，地表面就要产生结露。在一些换气不好和仓库、住宅等建筑物里，每逢梅雨天气或者空气比较潮湿的天气时，地面上就易湿润，急剧的结露会使人觉得似如洒了水一样。

地面与普通地板相比，冬季的热损失较少，这从节能的角度来看是有利的。但是考虑到南方又湿又热的气候因素，对地面进行全面绝热还是必要的。

在这种情况下，可如图 4-19 那样，进行内侧绝热。或者如图 4-20 所示那样，进行外侧绝热。或者，在室内侧布置随温度变化快的材料（没有热容量的材料）作装饰都可以。另外，为了防止土中湿气侵入室内，可加设防潮层。

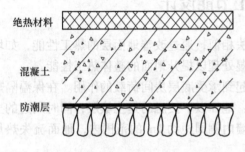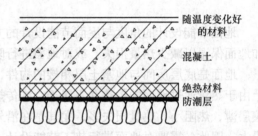

图 4-19　在室内侧进行地面绝热　　　　图 4-20　在土壤侧进行地面绝热

此外，鉴于卫生和节能的需要，我国采暖居住建筑相关节能标准规定：采暖期室外平均温度低于 −5℃ 的地区，建筑物外墙在室内地坪以下的垂直墙面，以及周边直接接触土壤的地面应采取保温措施；在室内地坪以下的垂直墙面，其传热系数不应超过《严寒和寒冷地区居住建筑节能设计标准》(JGJ 26—2010) 中规定的周边地面传热系数限值。在外墙周边从外墙内侧算起 2.0m 范围内，地面传热系数不应超过 $0.3W/(m^2 \cdot K)$。

满足这一节能标准的具体措施是在室内地坪以下垂直墙面外侧加铺 50～70mm 厚聚苯板，以及从外墙内侧算起 2.0m 范围内的地面下部加铺 70mm 厚聚苯板，最好是加铺挤塑聚苯板等具有一定抗压强度和吸湿性较小的保温层。非周边地面一般不需要采取特别的保温措施。

此外，夏热冬冷和夏热冬暖地区的建筑物底层地面，除保温性能需满足节能要求外，还应采取一些防潮技术措施，以减轻或消除梅雨季节由于湿热空气产生的地面结露现象。

由于采暖房间地板下面土壤的温度一般都低于室内气温，因而为了控制热损失和维持一定的地面温度，地板应有必要的保温措施。特别是靠近外墙的地板比中央部分的热损失大得多，故周边部位的保温能力应比中间部分更好。我国国家规范规定，对于严寒地区采暖建筑的底层地面，当建筑物周边无采暖管沟时，在外墙内侧 5～1.0m 范围内应铺设保温层，其热阻不应小于外墙热阻。

采暖或空调居住建筑直接接触室外空气的地板（如过街楼地板）、不采暖地下室上部的地板及存在空间传热的层间楼板等，应采取保温措施，并使地板的传热系数满足相关节能标准的限值要求。保温层设计厚度应满足相关节能标准对该地区地板的节能要求。由于采暖（空调）房间与非采暖（空调）房间存在温差，所以，必然存在分隔两种房间楼板的采暖（制冷）能耗。因此，对这类层间楼板也应采取保温隔热措施，以提高建筑物的能源利用效率。保温隔热层的设计厚度应满足相关节能标准对该地区层间楼板的节能要求。层间楼板保温隔热构造做法及热工性能也应满足有关规范要求。

在严寒和寒冷地区的采暖建筑中，接触室外空气的地板，以及不采暖地下室上面的地板如不加保温，则不仅增加采暖能耗，而且会因地面温度过低严重影响使用者的健康。实践证明，地板和地面的保温不容忽视，应加强地板和地面保温措施。

# 4.5 围护结构节能改造策略

湖南大学早期建筑群位于湖南省省会长沙市岳麓区，地处长江中下游和长江盆地西部，地势为第三梯级，较为平坦。气候方面，按自然区位划分，长沙位于亚热带季风性气候区域，降水充沛，冬季寒冷潮湿，夏季炎热湿润，季节变化明显。根据我国《民用建筑热工设计规范》（GB/T 50176—2016），长沙被列为夏热冬冷地区，在设计时需要考虑夏季隔热要求，同时还需适当兼顾冬季保温需求。

根据国际古迹遗址保护协会（ICOMOS）规定，建筑遗产现状问题主要可以分为五个大类，分别是：开裂和失稳、材质分离、污染与沉积物、人为干预、生物侵蚀五个大类，其中各大类又可细分为十八个小类。

开裂和失稳：开裂、失稳；

材质分离：磨损、空鼓、腐蚀、撞击痕迹、缺失；

污染和沉积物：结壳、沉积物、酥碱、薄膜脱落、水渍；

人为干预：涂鸦、不当维修、不协调物；

生物侵蚀：真菌、青苔、高等植物等。

湖南大学整体节能改造策略如图4-21所示。

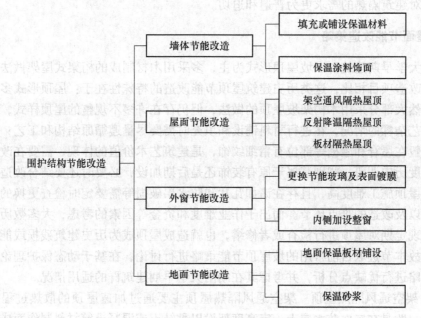

图4-21 湖南大学整体节能改造策略

#### 4.5.1　墙体节能改造策略

历史建筑的墙体部分通常展示了丰富的历史信息，为了尽可能完整的保持建筑的原有建筑风格和细部构造，在选择节能改造策略时，要充分考虑原建筑材料的特性。湖南大学早期建筑群墙体可分为砖石类和木构类两种，其中对于砖石类建筑需重点关注其结构性损害，即避免风蚀、盐析等现象对材料和结构的损害，而对于木构类建筑则更多地考虑其可能受到的病理性伤害，着重从防腐、防潮、防火和除虫等方面进行思考。

（1）填充或铺设保温材料。从构造做法来看，目前常用的建筑保温隔热体系有三种，分别为填充保温隔热体系、铺设保温隔热体系和填充与铺设结合的保温隔热体系，一般可按照保温材料位置分为内保温体系和外保温体系。为了避免外立面的多次施工对建筑的历史风貌造成永久性不可逆的破坏，在针对湖南大学早期建筑的节能改造过程中应优先考虑采用墙体内保温系统。采用墙体内保温体系不仅能增加外墙的热阻，达到良好的保温隔热效果，且由于其具有较好的经济性和操作性，更适用于实际应用。

（2）保温涂料饰面。另外，除了在外墙内侧加设保温材料，还可以考虑在外墙受太阳直射较强的部位局部饰以建筑隔热保温涂料的做法。根据作用机理的不同涂料类型主要可分为阻隔型、反射型和辐射型三种，阻隔型材料一般用于保温，而反射型和辐射型一般多用于隔热。其中，阻隔型隔热保温涂料应用最为广泛，材料上可以使用玻化微珠保温砂浆或是防火性能好的涂料，如全水阻燃聚氨酯喷涂等，其作用机制是通过涂料中热阻显著的成分和导热系数低的空气来阻碍热传导，但由于只能减缓而不能阻止热量的传导过程，这样的做法更适用于寒冷温度时间更长以及炎热时间较短的北方。其主要作用机制是将太阳热量辐射或反射回大气，所以两种类型的涂料主要是用于隔热。二者的适用范围几乎一致，而出于地理气候原因，相较于大多北方地区，我国南方地区建筑，尤其是民居这一建筑类型，对建筑隔热的需求更为普遍和迫切。

#### 4.5.2　屋面节能改造策略

湖南大学早期建筑群以坡屋顶形式为主，多采用木材制成的桁架式屋架做法。与普通建筑屋顶改造项目相比，这类历史建筑屋顶节能改造的特殊性在于：屋顶形式多样，结构复杂，虽然大部分采用木构架坡屋顶的做法，但仍存在许多不规整的屋顶样式，另外也存在施工工艺杂糅的情况，在进行材料铺设和填充时需要尽量遵循原结构和工艺；屋顶装饰精美，一般在屋脊和屋檐等部位有精细纹饰，是建筑艺术价值的体现，需要在改造之前对其进行深度历史调研，辨别其属于原有装饰还是后期加设，必要时还要结合改造进行细部保护；坡屋顶施工难度高，且存在诸如瓦片和防水层破损等需要定时检查更换的情况，往往是修缮以及改造的难点环节。而出于作业难度和资金等因素的考虑，大多数历史建筑通常难以实现定期对屋顶进行检查或者修缮，也就造成屋顶成为历史建筑残损或能耗浪费的重灾区。故本节选取目前常用的坡屋顶节能策略进行讨论，在基于动态保护理论的前提下对各项策略进行优缺点分析，并考虑其在湖南大学早期建筑群的适用情况。

（1）架空通风隔热屋顶。架空通风隔热屋顶主要通过加速屋顶的散热过程来提高隔热能力。一般是在屋面防水层上一定高度架设以黏结土或混凝土等材料制作而成的薄型制品，形成自然通风的间层，带走夹层中的热量。间层的设置使屋顶形成二次传热，有效避免了太阳辐射直接作用在建筑的外围护结构上，减少对室内热环境的影响，故架空通风隔热屋顶的降温效果比实体隔热屋顶好。这种做法操作简便且成本较低，主要材料为少量的砖垛和预制板，适宜在气候较温暖且通风良好的南方地区使用，不宜在寒冷地区使用。在施工时需要重点注意的是通风口的设置，进风口适宜设置在炎热季节最大频率方向的正压区，出风口设置在相应负压区。其缺点在于这种做法多用于平屋顶，鲜少在坡屋顶建筑中提及，因此在湖南大学早期建筑群中，可以考虑在使用平屋顶的工程馆楼面使用架空预制板、混凝土山形板或半圆拱。

（2）反射降温隔热屋顶。反射降温隔热屋顶主要利用的是屋面材料辐射热的反射作用。当太阳辐射作用在屋顶构造时，屋面材料将一部分受到的辐射吸收，并将另一部分辐射反射回周围环境。因此除了在后期有加建与扩建计划等需要进行修缮和材料更换的外墙部分，砖石类建筑也可以考虑在屋顶形式为平屋面的构造部分使用保温隔热涂料饰面的做法，比如工程馆的屋顶部分和二院的平屋面部分。由于被反射回大气的热量与屋面材料和构造层有关，一般情况下颜色较浅和表面较光滑的材料反射率更大，常用的有浅色砾石、混凝土和铝制银粉或白色涂料，甚至可以采用屋顶隔热漆，夏季在室内可以感受到明显的降温效果。对室内环境要求较高的历史建筑还可以采取更进一步的措施，例如在屋顶构造间层内铺铝箔，利用二次反射达到理想的隔热降温效果。

（3）板材隔热屋顶。除了在屋面材料面层使用反射隔热材料，还可以考虑在构造上使用板材隔热体系。结合湖南大学早期建筑群屋顶木构架的结构特性来看，在实际操作时尽量沿用其原始或常用的木檩条、木望板材料及体系和屋顶样式。施工时该隔热体系根据保温层位置主要可以分为两种：即吊顶保温体系和屋面夹层保温体系。吊顶保温体系是目前坡屋顶最常用的节能构造之一，其构造相较于夹层保温形式更为简单，保温层所使用的材料种类限制较少，常用的材料有聚苯乙烯保温板、发泡水泥保温板和硬泡聚氨酯（PU）等，其中以模塑聚苯板和挤塑聚苯板使用最为广泛。吊顶保温的保温层位置通常依据建筑构造进行规划，湖南大学早期建筑群的吊顶多使用石膏板吊顶，维修难度较高且不易清理，可以通过在石膏板吊顶内衬隔热板或隔热棉，也可以在石膏板的上侧或内侧固定保温材料，确保其满足保温隔热要求。另外还需要注意的是，在采用板材隔热时，热工薄弱部位需要用密封材料仔细嵌缝以形成连续的保温层边界，并加强连接处的局部强度，避免接缝处因气密性缺陷而造成水蒸气渗流，影响围护结构的节能效果。

### 4.5.3 外窗节能改造策略

建筑外窗以及门的透明部分是透光外围护结构的重要组成部分，通常也是围护结构热工性能的薄弱环节。门窗的气密性与导热性能不仅直接影响建筑室内的热环境，同时也是造成冬季室内热舒适度差，进而导致空调使用能耗过大的主要原因之一。湖南大学早期建筑群的外窗大多使用老旧的木质窗框，材料多为松木或杉木，当连接处气密性较好时，能够达到在白天吸收储能并在夜晚气温下降时释能的效果，有良好的保温性能。其外窗工艺一般是直接将单层普通玻璃嵌入窗框，也有少部分使用落后的玻璃胶直接贴在窗框上，甚至还出现自行钉入钉子或糊卡纸的做法。这样的行为不仅破坏了外窗的艺术价值，且并未从根本上缓解热损失过程。为了更灵活地解决外窗的能耗浪费问题，可以考虑使用更换节能玻璃及表面贴膜和内侧加设整窗两种技术策略。

（1）更换节能玻璃及表面镀膜。目前在历史建筑改造的实际项目中最常用的外窗节能措施是将原玻璃替换为节能玻璃或在玻璃表面进行镀膜，节能玻璃中应用最为广泛的为夹层玻璃、中空玻璃、真空玻璃、热反射玻璃和 Low-E 玻璃五种类型。其中热反射玻璃和 Low-E 玻璃的作用原理是通过玻璃的表面镀膜阻碍热辐射过程，而其他几种则主要通过提高玻璃的热阻来控制室内外热交换过程，以此达到隔热或保温的节能目的。

（2）内侧加设整窗。历史建筑的门窗采用木质构件较多，连接处缝隙多，热损失较大，不适合整窗拆除更换的做法。除了在少数项目中出现更换新窗的做法，其门窗节能改造措施往往是内侧再加一层新的窗户。内侧加设的窗扇多使用断桥铝窗，即在窗框部分使用断桥铝合金，另用硬塑或隔热条相连，使得导热速度减缓。例如在北京大学红楼的改造项目中，设计方在保留了原暗红色木质平开窗之余在内侧加设了一扇断桥铝整窗，这样既不影响建筑外立面风貌，也不对原始窗框造成破坏，最大程度上实现了历史信息的保护，并有效改善了外窗连接处的热工薄弱环节。

需要注意的是，在使用更换节能玻璃和加设整窗这两种方案的时候还需要重视窗扇密封材料的选择，除了需要考虑水密、气密和抗风压等基本性能，还需要关注窗框密封处的渗水处理，这对外窗的节能改造效果有极大影响。湖南大学早期建筑群多采用的是节能效果较差的密封条，也就是干法密封，而一般新建建筑玻璃与窗扇的密封选用高黏度聚氨酯双面胶带和硅胶黏结的方法，也就是湿法密封。为了改善窗扇的密封性能，可以选择采用耐久性较好的密封胶保证外窗的气密性，例如橡胶条或者硅酮密封胶来填补玻璃与窗框之间的缝隙，使二者成为一体。

### 4.5.4　地面节能策略

楼地面构造由下至上一般分为基层、中间层、面层三个部分，按照楼地面位置的不同又可分为底部架空层和普通楼层。部分建造时间较早的湖南大学早期建筑其楼地面结构层材料使用木楼板，但经过多次改造后，目前大部分建筑已经更换为混凝土楼板。在现阶段的研究中，楼地面保温的做法一般有两种：一种是在承重结构上覆盖保温材料，优点是地面保温材料种类繁多，使用广泛。另一种则是结构保温层一体化，最常见的做法是采用全轻混凝土，多适用于新建建筑。

（1）地面保温板材铺设。在铺设地面保温板材时，常见的构造做法有正置法和反置法。以湖南大学早期建筑群使用最广泛的混凝土楼板示例。正置法即将保温层置于楼板上，这样的做法使得保温面层承受上部荷载，需要选择承载力大的材料，如泡沫玻璃板和挤塑聚苯板，适合用于湖南大学早期建筑群室内以及直接接触大气的楼板，如外挑楼板和阳台等构造。而反置法则是将保温层置于楼板下方，通常与吊顶层同时施工，常用的材料为模塑聚苯板、聚氨酯板和泡沫混凝土板等。由于其施工的便利性和保温层材料选择的多样性，反置法多用于面向底层架空层地面层构造时和其他下部直接暴露在大气中的楼板。这种做法的缺点在于影响室内净高，保温材料可能因为照明、吊顶安装的承载力不够同样容易出现破损现象。并且通常在于外墙保温改造时容易在建筑的线脚处产生不可逆影响，破坏历史建筑的外立面。

除了室内楼地板，架空层也是建筑节能改造中值得关注的重点部分。在夏热冬冷地区，湖南大学早期建筑群首层经常由于梅雨季节带来的湿热空气产生地面凝结现象，使得底层地板因受潮而出现发霉、变形等情况，其热工性能也因此受到影响。笔者在调研中发现，据勘测现场的痕迹推测，湖南大学早期建筑群架空楼地面一般构造由上至下使用的材料依次为约20mm厚的单层木地板，约40mm高木龙骨，其下还有沿墙面方向布置的截面约为50mm×80mm的木梁由砖垛承载，工艺较为精致，砖垛按建筑进深方向布置，间隔约2000mm。木梁与地面间设架空通风层，并设置拱形通风口，内侧无保温或防水措施，外侧用麻石石块将其巩固。

（2）保温砂浆。保温砂浆是一种以各种轻质材料为骨料，并以水泥为胶凝料的复合建筑材料，由于其具有较好的阻燃性能，近年来被广泛应用于密集型住宅和多种类型的公共建筑。保温砂浆具有强度高、保温隔热性能好、防辐射等显著优点，能对建筑的保温性能产生积极影响，常用的无机保温砂浆有膨胀珍珠岩保温砂浆和玻化微珠保温砂浆。由于膨胀珍珠岩保温砂浆的吸水率高且强度较低，属于被逐渐弃用的材料。而玻化微珠保温砂浆因其自身结构的优异克服了膨胀珍珠岩吸水率高的缺点，体积不易受损，能更有效阻隔热量的传递从而对建筑结构具备更好的保温特性。目前丹麦建筑遗产保护中心已在多栋历史建筑修缮改造项目上使用这类保温砂浆，使用后其耐久性显著提高，且围护结构的保温性能有较明显的改善。

## 思考与练习题

4-1 围护结构的节能材料有哪些，在应用方面有哪些要求？

4-2 常用的无机矿物保温材料有哪些，有什么特点？

4-3 泡沫混凝土和加气混凝土有什么区别？

4-4 墙体节能设计有哪些要求？

4-5 节能墙体有哪些类型，如何选用？

4-6 墙体内侧、外侧绝热有什么区别？

4-7 门窗热工节能设计有哪些要求？

4-8 什么是窗墙面积比，如何控制该比值？

4-9 地面热工节能设计有哪些要求？

4-10 屋面热工节能设计有哪些要求？

4-11 平板玻璃、吸热玻璃、热反射玻璃各有什么优点，在夏季工况下如何选择？

4-12 如何预防墙体或屋顶内表面结露？

## 参 考 文 献

[1] 吴新国，胡海军，贺成龙. 建筑围护结构节能设计及其应用 [J]. 建筑经济，2011（6）：98-100.

[2] 朱彩霞，杨瑞梁. 建筑节能技术 [M]. 武汉：湖北科学技术出版社，2012.

[3] 胡验君，苏振国，杨金龙. 建筑外墙外保温材料的研究与应用 [J]. 材料导报，2012，26（20）：290-294.

[4] 刘青林. 建筑节能保温材料及其提高性能的技术研究 [J]. 建材与装饰，2018（8）：65-66.

[5] 卢明超，李博，李涛. 5种典型有机保温材料的耐火性能分析及研究 [J]. 化工新型材料，2019，47（7）：244-247.

[6] 许志中，李铁东. 有机建筑保温材料发展前景的思考 [J]. 新型建筑材料，2011（7）：89-91.

[7] 简洁，杨进朝. 建筑保温材料优劣浅析 [J]. 科技信息（科学教研），2007（19）：365.

［8］宋金鹏. 多孔粉煤灰保温材料的制备及性能研究［D］. 哈尔滨：哈尔滨工业大学，2018.

［9］张雄. 建筑节能技术与节能材料［M］. 2 版. 北京：化学工业出版社，2016.

［10］周法献，石荣珺. 建筑外墙保温材料及构造创新［J］. 建筑技术，2014，45（11）：1005-1009.

［11］仇影，丁蓓. 一种层状复合相变储能建筑材料［P］. 中国：CN104529321A，2015，4：22.

［12］冀志江. 相变调温砂浆［P］. 中国：CN102249602A，2011，11：23.

［13］王馨，张寅平，肖伟，等. 相变蓄能建筑围护结构热性能研究进展［J］. 科学通报，2008，53（24）：3006-3013.

［14］Evbuomwana N F O，Anumbab C J. Anintegrated frame work for concurrent life-cycle design and construction［J］. Advance in Engineering Software，1998，29（7/8/9）：587-597.

［15］胡文斌. 建筑物复合能量系统集成建模的策略研究及在设计层面的实现［D］. 广州：华南理工大学，2002.

［16］李继业. 绿色建筑节能设计［M］. 北京：化学工业出版社，2016.

［17］陈文珊. 湖南大学早期建筑围护结构节能改造策略与节能潜力分析［D］. 长沙：湖南大学，2020.

［18］中华人民共和国住房和城乡建设部. 民用建筑热工设计规范（GB 50176—2016）［S］. 北京：中国建筑工业出版社，2016.

［19］中华人民共和国住房和城乡建设部. 公共建筑节能设计标准（GB 50189—2015）［S］. 北京：中国建筑工业出版社，2015.

［20］中华人民共和国住房和城乡建设部. 建筑节能与可再生能源利用通用规范（GB 55015—2021）［S］. 北京：中国建筑工业出版社，2021.

# 5 采暖空调节能技术

暖通空调系统的广泛应用，已成为建筑能耗的主要组成部分。采暖、空调能耗在整个建筑能耗中的能耗占比约为 65%。在世界能源紧张的今天，降低暖通空调的能耗对建筑节能有着重要的意义。随着国家"双碳"战略实施，国务院"双碳"工作意见、《关于推动城乡建设绿色发展意见》《2030 年前碳达峰行动方案》等一系列国家政策的发布，也给暖通空调设计中的"双碳"带来了新的方向：（1）加快提升建筑能效水平，加强适用于不同气候区、不同建筑类型的节能低碳技术的研发和推广。（2）推动高质量绿色建筑规模化发展，大力推广超低能耗、近乎零能耗建筑，发展零碳建筑。（3）加快优化建筑用能结构。深化可再生能源建筑应用，加快推动建筑用能电气化和低碳化。同时采用一系列新的设计规范和标准，包括《建筑节能与可再生能源利用通用规范》（GB 55015—2021）、《近零能耗建筑技术标准》（GB/T 51350—2019）等，同时要求暖通设计师在系统设计过程中注重以能耗控制为目标，在设计阶段采用精细化设计，通过被动式建筑设计降低对暖通空调系统的需求，采用主动式技术措施最大幅度地提高能源设备与系统效率。

## 5.1 采暖空调能耗的影响因素

夏天室外空气的热量和太阳辐射热量从室外通过围护结构（墙、门、窗、屋顶、地板等）传入室内，从而形成冷负荷。冬天由于室内外存在较大的温差，室内的热量通过围护结构传到室外，从而形成热负荷。所以，采暖空调的节能工作应从这里着手：合理选择建筑物的位置、朝向、采暖空调室内设计计算参数，正确选取围护结构的形状和材料，以尽可能地减少采暖空调的能耗。

采暖空调能耗的影响因素是复杂的。为了居住者的舒适与健康，必须在各种室外气象条件下保持室内热环境处于舒适区以内。这将导致室内外热环境出现差异，室内外环境温差使建筑围护结构产生传热，造成室内得热或失热。为了将室温保持在舒适范围内，需要向室内提供冷热量抵消冷热损失。需要向建筑提供冷热量，称为建筑的冷热耗量。冷热耗量取决于以下因素：

（1）室内热环境质量。冬季室温越高，耗热量越大；夏季室温越低，耗冷量越大。

（2）室内外空气温差和太阳辐射。室内外空气温差越大，冷热耗量越大；夏季室外太阳辐射越强建筑耗冷量越多，冬季则相反。

（3）建筑围护结构面积。当室内热源处于次要地位时，建筑围护结构面积越大，建筑冷热耗量越大。当室内热源占主要地位，室外气象条件良好时，建筑围护结构面积越大，建筑冷热耗量越小。

（4）建筑围护结构热工性能。建筑围护结构热工性能越好，建筑冷热耗量越小。

（5）室内外空气交换状况。当夏季室外空气焓值高于室内时，冬季室外温度低于室内时，换气量越大，冷热耗量越大。

（6）室内热源状况。室内人体、灯具、家电、设备等都是室内热源。夏季室内热源散热量越大，耗冷量越大；冬季室内热源散热量可减少耗热量。

建筑的冷热耗量还不是建筑能耗。采暖空调系统在向建筑供应冷热量时所消耗的能源才是建筑的采暖空调能耗。以不同的方式向建筑提供相同的冷热量时，所消耗的能源量是不同的。例如提供相同的热量，热效率高的锅炉比热效率低的锅炉消耗的能源少，提供相同的冷量，能效比高的制冷机耗电量少；当采用自然通风措施向室内提供冷量时，建筑的耗冷量就形不成建筑能耗。建筑的采暖空调能耗是通过两个阶段形成的：其一，建筑形成冷热耗量；其二，采暖空调系统向建筑提供冷热量时消耗能源。

严寒地区和寒冷地区全年供暖耗电量应按下式计算：

$$E_H = \frac{Q_H}{A \eta_1 q_1 q_2} \tag{5-1a}$$

式中　$Q_H$——全年累计耗热量（通过动态模拟软件计算得到），kW·h；

　　　$\eta_1$——热源为燃煤锅炉的供暖系统综合效率，取 0.60；

　　　$q_1$——标准煤热值，取（标煤）8.14kW·h/kg；

　　　$q_2$——发电煤耗（标煤），kg/(kW·h)，取 0.360kg/(kW·h)。

夏热冬冷、夏热冬暖和温和地区全年供暖耗电量应按下式计算：

$$E_H = \frac{Q_H}{A \eta_2 q_3 q_2} \varphi \tag{5-1b}$$

式中　$\eta_2$——热源为燃气锅炉的供暖系统综合效率，取 0.75；

　　　$q_3$——标准天然气热值，取 9.87kW·h/m³；

　　　$\varphi$——天然气与标煤折算系数，取（标煤）1.21kg/m³。

## 5.2　采暖节能技术

采暖节能的目的就是提高能量的利用效率，热能是能量利用的一种主要形式，因此，成为节能的主要对象。

### 5.2.1　采暖耗热量指标计算

建筑采暖耗热量指标是指在采暖期室外平均温度条件下，为保持室内设计温度，单位建筑面积在单位时间内消耗的、需由室内采暖设备供给的热量。影响建筑用热需求的因素如图 5-1 所示，包括建筑形式与保温、运行方式，对建筑采暖耗热量指标影响很大。

建筑耗热量指标用 $q_H$ 表示，其单位为 W/m²。不同的地区有不同的建筑耗热量指标。建筑耗热量指标已作为严寒和寒冷地区居住建筑围护结构热工性能权衡判断的判据。

建筑耗热量指标 $q_n$ 应按下式计算：

$$q_H = q_{H.T} + q_{INF} - q_{I.H} \tag{5-2}$$

式中　$q_H$——建筑耗热量指标，W/m²；

　　　$q_{H.T}$——单位建筑面积通过围护结构的传热耗量，W/m²；

　　　$q_{INF}$——单位建筑面积的空气渗透耗热量，W/m²；

$q_{L.H}$——单位建筑面积的建筑物内部得热（包括炊事、照明、家电和人体散热），$W/m^2$，对住宅建筑取 $3.8W/m^2$。

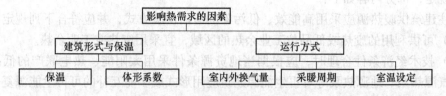

图 5-1 影响热需求的因素

（1）单位建筑面积通过围护结构的传热耗热量 $q_{H.T}$ 应按下式计算：

$$q_{H.T} = (t_i - t_e) \left( \sum^m \varepsilon_i \cdot K_i \cdot F_i \right) \Big/ A_0 \tag{5-3}$$

式中 $t_i$——全部房间平均室内计算温度，一般住宅建筑取 16℃；

$t_e$——采暖期室外平均温度；

$\varepsilon_i$——围护结构传热系数的修正系数；

$K_i$——围护结构传热系数，$W/(m^2 \cdot K)$，对于外墙应取其平均传热系数；

$F_i$——围护结构的面积，$m^2$；

$A_0$——建筑面积，$m^2$。

（2）单位建筑面积的空气渗透耗热量 $q_{INF}$ 应按下式计算：

$$q_{INF} = (t_i - t_e)(c_p \cdot \rho \cdot N \cdot V) A_0 \tag{5-4}$$

式中 $c_p$——空气的比热容，取 $0.28 W \cdot h/(kg \cdot K)$；

$\rho$——空气的密度，取 $t_e$ 条件下的值；

$N$——换气次数，住宅建筑取 0.5 （1/h），即每小时 0.5 次；

$V$——换气体积，$m^3$。

（3）采暖耗煤量指标应按下式计算：

$$q_c = 24 \cdot Z \cdot q_H / (H_c \cdot \eta_1 \cdot \eta_2) \tag{5-5}$$

式中 $q_c$——采暖耗煤量指标（标煤），$kg/m^2$；

$q_H$——建筑物耗热量指标，$W/m^2$；

$Z$——采暖期天数，d；

$H_c$——标准煤热值，取 $8.14 \times 10^3 W \cdot h/kg$；

$\eta_1$——室外管网输送效率，采取节能措施前，取 0.85，采取节能措施后，取 0.90；

$\eta_2$——锅炉运行效率，采取节能措施前，取 0.55，采取节能措施后，取 0.68。

### 5.2.2 采暖节能设计

#### 5.2.2.1 采暖节能设计规定

近年来，我国一直在推广采暖节能，相关标准有：《民用建筑供暖通风与空气调节设计规范》（GB 50736—2012）、《民用建筑节能设计标准（采暖居住建筑部分）》（JGJ 26—95）。随着时代发展，《民用建筑节能设计标准（采暖居住建筑部分）》（JGJ 26—95）被

《严寒和寒冷地区居住建筑节能设计标准》(JGJ 26—2018) 替代, 本节对其中一些规范进行介绍。根据《严寒和寒冷地区居住建筑节能设计标准》(JGJ 26—2018) 中对采暖节能做出了规定, 部分内容如下:

居住建筑供暖热源应采用高能效、低污染的清洁供暖方式, 并应符合下列规定:

(1) 可供利用的废热或低品位工业余热的区域, 宜采用废热或工业余热。

(2) 技术经济条件合理时, 应根据当地资源条件采用太阳能、热电联产的低品位余热、空气源热泵、地源热泵等可再生能源建筑应用形式或多能互补的可再生能源复合应用形式。

(3) 不具备本条第 1、2 款的条件, 但在城市集中供热范围内时, 应优先采用城市热网提供的热源。

只有当符合下列条件之一时, 允许采用电直接加热设备作为供暖热源:

(1) 无城市或区域集中供热, 且采用燃气、煤、油等燃料受到限制, 同时无法利用热泵供暖的建筑。

(2) 利用可再生能源发电, 且其发电量能满足建筑自身电加热用电量需求的建筑。

(3) 利用蓄热式电热设备在夜间低谷电进行供暖或蓄热, 且不在用电高峰和平段时间启用的建筑。

(4) 电力供应充足, 且当地电力政策鼓励用电供暖。

此外, 还对集中供暖做出以下规定:

(1) 集中供暖系统应以热水为热媒。

(2) 室内的供暖系统的制式, 宜采用双管系统, 或共用立管的分户独立循环系统。当采用共用立管系统时, 在每层连接的户数不宜超过 3 户, 立管连接的户内系统总数不宜多于 40 个。当采用单管系统时, 应在每组散热器的进出水支管之间设置跨越管, 散热器应采用低阻力两通或三通调节阀。

(3) 室内供暖系统的供回水温度应符合下列要求:散热器系统供水温度不应高于 80℃, 供回水温差不宜小于 10℃ ;低温地面辐射供暖系统户 (楼) 内的供水温度不应高于 45℃, 供、回水温差不宜大于 10℃。

(4) 采用低温地面辐射供暖的集中供热小区, 锅炉或换热站不宜直接提供温度低于 60℃ 的热媒。当外网提供的热媒温度高于 60℃ 时, 宜在楼栋的供暖热力入口处设置混水调节装置。

(5) 当设计低温地面辐射供暖系统时, 宜按主要房间划分供暖环路。在每户分水器的进水管上, 应设置水过滤器。

(6) 室内热水供暖系统的设计应进行水力平衡计算, 并应采取措施使设计工况下各并联环路之间 (不包括公共段) 的压力损失差额不大于 15% ;在水力平衡计算时, 要计算水冷却产生的附加压力, 其值可取设计供、回水温度条件下附加压力值的 2/3。

此外, 在《公共建筑节能设计标准》(GB 50189—2015) 中也做出了以下规定:

(1) 甲类公共建筑的施工图设计阶段, 必须进行热负荷计算和逐项逐时的冷负荷计算。

(2) 严寒 A 区和严寒 B 区的公共建筑宜设热水集中供暖系统, 对于设置空气调节系统的建筑, 不宜采用热风末端作为唯一的供暖方式;对于严寒 C 区和寒冷地区的公共建筑，供暖方式应根据建筑等级、供暖期天数、能源消耗量和运行费用等因素，经技术经济综合分析比较后确定。

（3）系统冷热媒温度的选取应符合现行国家标准《民用建筑供暖通风与空气调节设计规范》（GB 50736—2012）的有关规定。在经济技术合理时，冷媒温度宜高于常用设计温度，热媒温度宜低于常用设计温度。

（4）当利用通风可以排除室内的余热、余湿或其他污染物时，宜采用自然通风、机械通风，或复合通风的通风方式。

（5）符合下列情况之一时，宜采用分散设置的空调装置或系统：

1）全年所需供冷、供暖时间短或采用集中供冷、供暖系统不经济；

2）需设空气调节的房间布置分散。

设有集中供冷、供暖系统的建筑中，使用时间和要求不同的房间；需增设空调系统，而难以设置机房和管道的既有公共建筑。

（6）采用温湿度独立控制空调系统时，应符合下列要求：

1）应根据气候特点，经技术经济分析论证，确定高温冷源的制备方式和新风除湿方式；

2）宜考虑全年对天然冷源和可再生能源的应用措施；

3）不宜采用再热空气处理方式。

（7）使用时间不同的空气调节区不应划分在同一个定风量全空气风系统中。温度、湿度等要求不同的空气调节区不宜划分在同一个空气调节风系统中。

### 5.2.2.2 采暖节能设计方法

主要有充分利用太阳辐射得热，利用建筑物内部得热，减少建筑物散热面积，加强围护结构保温，减少空气渗透的耗热量，供热管网优化设计。

（1）充分利用太阳辐射得热。建筑中太阳辐射的得热量与建筑的朝向、间距、建筑的高低错落有关，也和主要得热构件，如窗、集热墙的位置、大小和构造有关。因此为了充分利用太阳辐射热，必须从建筑的总体规划、小区布局及建筑单体设计着手。同时对窗的形式、尺寸和玻璃的种类、层数等要仔细推敲。由于太阳辐射量是周期变化的，因此，要昼夜得益还应提高建筑的蓄热量及设计好夜间及无阳光时窗户的保温方式。

（2）充分利用建筑物内部得热。建筑的供热负荷受建筑内部得热、室外风力和太阳辐射等多种因素的综合影响，内部得热是众多内外部因素中对供热负荷影响值占比重最大的因素。影响建筑物内热状况的因素分为两类：外扰和内扰。外扰包括室外空气温度湿度、太阳辐射、风速风向及相邻房间传热，有两种影响方式：热交换和空气交换。热交换指通过透明或半透明围护结构的太阳辐射和围护结构的热传导。空气交换包括空气渗透和空调通风。内扰包括照明、设备和人体的散热散湿，也有两种方式：对流和辐射。辐射不能直接影响空气参数，空气状态参数的改变通过对流换热或与其他空气直接混合。

室内热源的散热是影响室内热环境的重要因素，室内热源的种类繁多，形状各异，要准确细致地描述各种热源是很难的。辐射对流动和热源散热有很大的影响，严格的热源描述需考虑辐射、对流与热源的耦合关系。应用简化热源模型分别对各种不同热源的散热特性进行研究，给出简单易用且具有一定精度的热源模型。常见冬季室内产热源包括：室内人体散热、照明散热、家电设备散热和炊事散热等。其中，人员的散热特性不仅取决于人种、性别、年龄等客观因素，还和环境参数、衣着和活动状态有关；灯具种类多样，有白炽灯、日光灯和节能灯等，安装方式也千差万别，导致来自灯光的散热变得十分复杂；室内设备更是多种多样，电视机、电饮水机、电冰箱、电脑、电磁炉、电饭锅、微波炉、电熨斗等。与此同时，尽管电器照明的散热有利于减少冬季室内空间的供暖需求，但却构成了夏季制冷负荷的部分。然而，热量的节约或冷量的损耗取决于空间是否处于制冷或供暖模式以及空调区的变化。另外，还有季节性的变化。目前人们生活方式、能源的结构都发生了变化，如何充分利用生活中产生的热量是节能工作中值得探讨的问题。

（3）减少建筑物散热面积。建筑物的耗热量与建筑物外表面的大小有直接关系。在节能设计中，通常用建筑物体形系数来控制。体形系数是指建筑物与室外大气接触的外表面积与其所包围的体积的比值。从有利于节能出发，体形系数应尽可能地小。即体形应该简单，一般对多层板式住宅，当层数达到6层，单元数达到4个以上时，体形系数可以控制在0.30以下，但当平、立面出现过多的凹凸面时，这种多层建筑的体形系数就容易超过此值。

建筑物的散热面积除了建筑物的外表面积外，还包括采暖空间与不采暖空间之间的内墙。如采暖居室与不采暖楼梯间之间的内墙及不采暖廊之间的内墙都是建筑物的散热面。计算表明，一栋多层住宅，楼梯间采暖比不采暖时耗热量要减少5%左右。楼梯间开敞比设置外门窗耗热量要增加10%左右。因此，楼梯间不采暖时，楼梯间隔墙及户门都应采取保温措施。楼梯间应设置门窗使之在冬季能够密闭。

（4）加强围护结构的保温。围护结构的保温应包括外墙、门窗、屋顶及地面。外墙应考虑周边混凝土梁、柱等热桥的影响。门窗应考虑提高门窗的气密性，以减少空气渗透热损失。屋顶可以考虑屋面保温层选用高效轻质的保温材料，保温层为实铺，除了应提高这些围护结构本身的热阻外，还应防止内墙、楼板、地面等构件直接将室内热量传至外墙处。特别应注意的是，不得为了将散热片嵌入外墙内而减薄局部墙厚，使其保温性能减弱。关于围护结构各部位保温的做法可参照第4章内容。

（5）减少空气渗透的耗热量。根据建筑能耗监测结果，北京一般居住建筑空气渗透造成的耗热量，大约要占到整个建筑采暖耗热量的30%左右，其中通过门窗缝隙的空气渗透热损失约占23%。空气渗透带来的热损失和门窗缝的构造有密切关系。这些缝包括门窗扇与门窗框之间的缝，框与墙之间的缝，以及玻璃与窗框之间的缝，这些缝的宽度和长短与渗透量也有直接关系。这也和玻璃块的大小，特别是开启缝的长短有关。空气渗透量的大小还和围护结构两侧的热压差及风压差有关。由于冬季风较大，一般渗透量主要取决于风压差。因此，在向北开的外门的外边，设一个门斗，使开口向东，也是减少空气渗透热损失的一个措施。围护结构两侧的风压差，除了取决于当地的气象状况外，还取决于建筑的朝向、间距及高低层建筑错落的关系，即和建筑的布局和规划有关。

（6）供热管网优化设计。城市热网的布局显然是非常重要的，它涉及多方面，就布局来说，主要还是根据居民住处，城市的热负荷街道分布，城市的发展规划以及种种地形而定。当有多个热源共同作用时，为了提高供热系统的效率，往往在各输热线之间铺设供热管道。而且城市的供热线居于街道一侧，与其他重要的地下管道并列。因此，管道应当位于热负荷中心，这样才能使供热范围最大，对居民影响最小，同时也便于后期的施工与维护，才能使热网得到最大程度上的利用。此外也需要考虑二级管网的优化设计，在供暖过程中，用户端的二级管网中的冷水通过换热机组与一级管网中的热水进行热量交换，然后再通过循环泵的循环功能和补水泵的定压功能，把热水送到每一热用户家中，实现封闭循环。如果热用户家中的保暖效果比较好的话，供回水的温度就不会相差太大。且二级管网的优化设计有利于解决近端过热，远端过冷的现象，提高供热系统的效率，提高供热质量，减小系统能耗和运行费用，从而提高管网的经济性，安全性和可靠性，改善供热质量。二级管网水力平衡是保障供热系统"按需供热，精准控制"的基本手段，从需求侧舒适用热的目标出发，实现供热系统最佳能效管理。

### 5.2.3 采暖节能技术

常规情况下，在冬季供暖时，室内计算温度每降低 1℃，能耗将减少约 5% ~ 10%。在夏季供冷时，室内计算温度每升高 1℃，能耗将减少约 8% ~ 10%。室内设计参数必须在规定的参数范围内取值。因此采用节能型采暖技术可以提升建筑节能水平，目前常用的采暖供热技能技术如下。

#### 5.2.3.1 采用蓄热技术

在现有的能源结构中，热能是最重要的能源之一。但是大多数能源，如太阳能、风能、地热能和工业余热废热等，都存在间断性和不稳定的特点，很多情况下不能有效合理地利用这些能源。例如，在不需要热时，却有大量的热量产生；而在急需时又不能及时提供；有时供应的热量有很大一部分作为余热被损失掉等。因此，可以采用适当的蓄热技术，将暂时不用或多余的热能通过特定装置的蓄热材料储存起来，需要时蓄热材料将热量释放，实现循环利用。其中较为典型的利用案例是蒸汽蓄热器，其原理见图 5-2，蒸汽蓄热器的工作原理是在压力容器中储存水，将蒸汽通入水中并传输热能于水进行蓄热，此时蓄热器充热，使容器中水的温度、压力、水位均升高，形成具有一定压力的饱和水，然后在蓄热器放热时容器内压力、温度、水位均下降的条件下，饱和水成为过热水，立即沸腾而自蒸发，产生蒸汽。这是以水为载热体间接储蓄蒸汽的蓄热装置。容器中的水既是蒸汽和水进行热交换的传热介质，又是蓄存热能的载热体。蒸汽蓄热器是蓄积蒸汽热量的压力

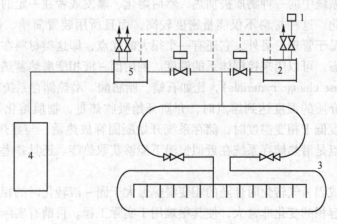

图 5-2 蒸汽蓄热器压力自动调节系统

1—低压负荷；2—低压分汽缸；3—蓄热器；4—锅炉；5—高压分汽缸

容器，它是将储存的能量由蒸汽携带进入供暖系统，其特点是容器内水的压力和温度都是变化的。常见的为卧式圆筒蓄热器，也有立式的。均可安装在室外，通常装在锅炉房附近。

常见的蓄热方式主要有三种，即显热蓄热、潜热蓄热和热化学蓄热。

（1）显热蓄热。显热式蓄热是当对蓄热介质加热时，其温度升高，内能增加，从而将热能蓄存起来。利用显热蓄热时，蓄热材料在储存和释放热能时，材料自身只是发生温度的变化，而不发生其他任何变化。这种蓄热方式简单、成本低。但在释放能量时，其温度发生连续变化，不能维持在一定的温度下释放所有能量，无法达到控制温度的目的，并且该类材料的储能密度低，相应的装置体积庞大，因此它在工业上的应用价值不是很高。

常见的显热蓄热介质有水、水蒸气、砂石等。显热蓄热主要用来储存温度较低的热能。液态水和岩石等常被用作这种系统的储存物质。显热储存技术产生的温度较低，一般低于150℃，仅用于取暖。这也是由于它转换为机械能、电能或其他形式的能量效率不高，并受热动力学基本定律的限制。

显热储存系统规模较小，比较分散，对环境产生的影响不大。大部分小型系统利用一个绝缘的热水箱，把它放在设备房或埋在地下。设计合理的系统应该与饮用水源完全分开，或者安装热虹吸管，防止储存系统和水倒流回饮用水源。这种预防措施是必要的。因为在储水中可能产生藻类、真菌和其他污染物。

为使蓄热器具有较高的容积蓄热密度，要求蓄热介质有高的比热容和密度。目前应用最多的蓄热介质是水及石块。水的比热容大约是石块比热容的4.8倍，而石块的密度只是水的2.5~3.5倍，因此水的蓄热密度要比石块的大。石块的优点是不像水那样有漏损和腐蚀等问题。通常石块床都是和太阳能空气加热系统联合使用，石块床既是蓄热器又是换热器。当需要蓄存温度较高的热能时，以水作蓄热介质就不合适了，因为高压容器的费用很高。

（2）潜热蓄热。物质由固态转为液态，由液态转为气态，或由固态直接转为气态（升华）时，将吸收相变热，进行逆过程时，则将释放相变热，这是潜热式蓄热的基本原理。潜热储存是系统中的一种物质被加热，然后熔化、蒸发或者在一定的恒温条件下产生其他某种状态变化。这种材料不仅能量密度较高，而且所用装置简单、体积小、设计灵活、使用方便且易于管理。另外，它还有一个很大的优点，即这类材料在相变储能过程中处于近似恒温状态，可以用来控制体系的温度。利用固–液相变潜热蓄热的蓄热介质常称为相变材料（phase change materials），比如石蜡、脂肪酸。潜热储存系统利用了恒温相变的特性，当储存介质的温度达到熔点时，介质开始吸收热量，物质熔化发生相变化。然而，当外环境温度低于相变温度时，储存系统开始凝固释放热量。与显热蓄热系统相比，这种方法主要优点是潜热储存系统在近似恒温下能够获取热能。还具备潜热大、可反复使用的优点。

虽然液–气或固–气转化时伴随的相变潜热远大于固–液转化时的相变热，但液–气或固–气转化时容积的变化非常大，使其很难用于实际工程。目前有实际应用价值的，主要是固–液相变式蓄热。与显热式蓄热相比，潜热式蓄热的最大优点是容积蓄热密度大。为蓄存相同的热量，潜热式蓄热设备所需的容积要比显热式蓄热设备小很多。

（3）热化学蓄热。化学反应蓄能是利用可逆化学反应的反应热来进行蓄能的。例如，正反应吸热，热被储存起来；逆反应放热，则热被释放出来。这种方式的储能密度较大，与潜热蓄热系统同样具有在必要的恒温下产生的优点。热化学储能系统的另一个优点是不需要绝缘的储能罐。但其反应装置复杂而又精密，技术复杂且使用不便，必须经过专业人员进行仔细保养。因此这种系统只适用于较大型的系统，目前仅在太阳能领域受到重视，离实际应用尚较远。

热化学蓄热方法大体分为三类：化学反应蓄热、浓度差蓄热及化学结构变化蓄热。热化学蓄热是指利用可逆化学反应的结合热储存热能。即利用化学反应将生产中暂时不用或无法直接利用的余热转变为化学能收集、储存起来，在需要时，可使反应逆向进行，可将储存的能量释放出来，使化学能转变为热能而加以利用。例如十水硫酸钠 $Na_2SO_4 \cdot 10H_2O$ 是最先用于蓄热的化学物质。当加热时，它会溶解于组成的结晶水中，温度至 32.4℃ 以上时，则形成无水硫酸钠的浓溶液，并吸收大量的热；而当温度降至 32.4℃ 以下时，逆向反应发生，重新产生结晶体，同时放出同样的热。

浓度差蓄热是利用酸碱盐溶液在浓度发生变化时会产生热量的原理储存热量的。典型的是利用浓硫酸浓度差循环的太阳能集热系统，利用太阳能浓缩硫酸，加水稀释即可得到 120～140℃ 的温度。浓度差蓄热多采用吸收式蓄热系统，也叫化学热泵技术。化学结构变化蓄热是指利用物质化学结构的变化而吸热、放热。实际上上述三种蓄热方式很难截然分开，例如潜热型蓄热也会同时把一部分显热储存起来，而反应性蓄热材料则可能把显热或潜热储存起来。三种蓄热方式中以潜热蓄热方式最具有实际发展前途，也是目前应用最多和最重要的储能方式。

#### 5.2.3.2 辐射供暖

辐射供暖是指提升围护结构内表面中一个或多个表面的温度，形成热辐射面，依靠辐射面与人体、家具及围护结构其余表面的辐射热交换进行供暖的技术方法。辐射面可以通过在围护结构中埋入热媒管路来实现，也可以在顶棚或墙外表面加设辐射板来实现，顶棚辐射采暖原理见图 5-3。由于辐射面及围护结构和家具表面温度的升高，导致它们与空气间的对流换热加强，使房间空气温度同时上升，进一步加强了供暖效果。在这种技术方法中，一般来说，辐射换热量占总热交换量的 50% 以上。

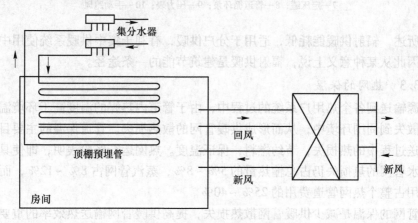

**图 5-3 顶棚辐射采暖示意图**

　　通常辐射面温度高于150℃时，为高温辐射供暖；辐射面温度低于150℃时，为中、低温辐射供暖。水媒地板供暖、电热地板供暖等供暖方式，由于辐射面温度一般控制在30℃以下，都属于低温辐射供暖。辐射供暖系统又按不同工作介质或不同辐射面位置，分别命名为水媒辐射供暖、电热辐射供暖、顶板辐射供暖、地板辐射供暖等。由于其具有安全、经济、方便、热容量大等优点，以水作为热媒的应用最为普遍。一般认为地板供暖舒适性高，对流传热强，所以，水媒辐射供暖中，被使用得最多的是低温地板辐射供暖系统，如图5-4所示。该供暖系统在北美、欧洲、韩国等已有近40年历史。随着建筑保温程度的提高和管材的发展，低温地板辐射供暖系统的使用日益普遍。低温地板辐射供暖在节能方面具有其他供暖方式无法比拟的优点：

　　（1）在同样舒适度的条件下，室内温度比其他供暖方式可减少2℃，总节能幅度达10%～20%，而热效率提高了20%～30%。

　　（2）散热器置于窗下，靠近散热器的部分外墙温度较高，无形中多损失了部分热量，而低温地板辐射供暖无此弱点。

　　（3）采用35～45℃的低温热水供暖，在热源的热媒制备阶段就已经降低了能耗。热媒传输过程中，沿途散热损失小。

　　（4）易于安装自动调节设施如温控阀，可实现行为节能。

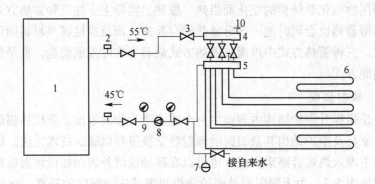

图5-4　地板辐射采暖示意图

1—电热锅炉；2—温度计；3—过滤器；4—分水器；5—集水器；6—加热盘管；
7—定压罐；8—管道循环泵；9—压力表；10—手动跑风

　　如上所述，辐射供暖能耗低，适用于分户供暖，有利于集中供暖系统使用中的热能分户计量。因此从某种意义上说，辐射供暖是建筑节能的一条途径。

### 5.2.3.3　热网的保温

　　从热源输送到各个热用户系统的过程中，由于管道内热媒的温度高于环境温度，热量将不断地散失到周围环境中，从而形成供暖管网的散热损失。管道保温的主要目的是减少热媒在输送过程中的热损失，节约燃料，保证温度。热网运行经验表明，即使具有良好的保温，热水管网的热损失仍占总输热量的5%～8%，蒸汽管网占8%～12%，而相应的保温结构费用占整个热网管道费用的25%～40%。

　　供暖管网的保温是减少供暖管网散热损失，提高供暖管网输送热效率的重要措施。然而增加保温厚度会带来初投资的增加。因此，如何确定保温厚度以达到最佳的效果，是供暖管网节能的重要内容。

（1）保温厚度的确定。供暖管道保温厚度应按《设备及管道绝热设计导则》（GB/T 8175—2008）中的计算公式确定。该标准明确规定：为减少保温结构散热损失，保温材料厚度应按"经济厚度"的方法计算。所谓经济厚度，就是指在考虑管道保温结构的基建投资和管道散热损失的年运行费用两个因素后，折算得出在一定年限内其费用为最小值时的保温厚度。年总费用是保温结构年总投资与保温年运行费之和。保温层厚度增加时，年热损失费用减少，但保温结构的总投资分摊到每年的费用则相应地增加；反之，保温层减薄，年热损失费用增大，保温结构总投资分摊费用减少。年总费用最小时所对应的最佳保温厚度即为经济厚度。

在《严寒和寒冷地区居住建筑节能设计标准》（JGJ 26—2018）中对供暖管道的保温厚度做了规定，推荐采用岩棉或矿棉管壳及聚氨酯硬质泡沫塑料保温管（直埋管）等三种保温管壳，它们都有较好的保温性能。敷设在室外和管沟内的保温管均应切实做好防水防潮层，避免因受潮增加散热损失，并在设计时要考虑管道保温厚度随管网面积增大而增加厚度等情况。

（2）管网保温效率分析。供暖管网保温效率是输送过程中保温程度的指标，体现了保温结构的效果，理论上采用热导率小的保温材料和增加厚度都将提高供暖管网保温效率。但由于前面提到的经济原因，并不是一味地增加厚度就是最好，应在年总费用的前提下考虑提高保温效率。

在相同保温结构的条件下，供暖管网保温效率还与供暖管网的敷设方式有关。架空敷设方式由于管道直接暴露在大气中，保温管道的热损失较大、管网保温效率较低；而地下敷设，尤其是直埋敷设方式，保温管道的热损失小、管网保温效率高。经北京、天津、西安等地冬季供暖期多次实地检测，每千米保温管中介质温降不超过 $1℃$，热损失仅为传统管材的 25%。

管道经济保温厚度是从控制单位管长热损失角度而制定的，但在供热量一定的前提下，随着管道长度增加，管网总热损失也将增加。从合理利用能源和保证距热源最远点的供暖质量来说，除了应控制单位管长的热损失之外，还应控制管网输送时的总热损失，使输送效率提高到规定的水平。

### 5.2.3.4 分户计量供热

分户计量供热是促进人们节能的一种有效措施，通过热计量来达到节能的目的。要达到节能的目的，必须解决好两个认识上的问题：一是有些供热企业为了解决目前热费收缴难的问题，把原有的单管顺流式系统改为具有共用立管的双管系统，并装有各种锁闭阀，一旦用户没有交费就停热；二是目前新设计、安装的住宅，绝大部分都设计成具有共用立管、室内分户成环的供暖系统，很可能存在安装了热量表，却没有安装散热器温控阀的情况，在多层、高层住宅供暖运行中就不可避免地出现垂直热力失调。这种热力失调导致无法保证供热质量，就会导致用户拒交热量费用。

热计量不能只是为了计量而计量，用于热计量的花费不能大于所节约的能源价值，所以测量精度不能是热计量所追求的唯一目标，在选择热计量装置和供暖系统形式时要结合经济性、合理性、适用性等多方面来选择。常用的热计量的方式如下：

（1）通过测量入户系统的供回水温度及流量的方法来测量用户的用热量。该方法需对入户系统的流量及供回水温度进行测量。采用的仪表为热量计量仪表，其仪表由流量、温度传感器和计算仪组成。热量表安装在每户的入口处，温度传感器分别装在供回水管路上测量逐时供回水温度，热水流量计测量逐时的流量，然后将这些数据输入计算器积分计算就能得出用户所用的热量。

热量表的优点是它安装在用户入口处，可以放在专门的地方由物业统一管理，不会受人为影响，读数方便，计算简单，测量比较精确。

热量表的缺点是安装复杂，其中的热水流量计的精度会受到水质的影响，水质不好会使测量精度降低。为保证测量的精确，应定期进行精度检测和维护，维护工作量大。另外，热量表要求系统每户是独立成环的，并且价格较高。

（2）测定用户散热设备的散热量来确定用户的用热量。该方法是利用散热器平均温度与室内温度差值的函数关系来确定散热器的散热量。采用的仪表为热量分配表，它并不能测量出每个散热器的具体的散热量是多少，只能测量出散热器散热量与其他散热器散热量的相对多少，因此它要和热量表配合使用。它的使用方法是：在集中供热系统中每个测量单元的总入口处安装热量表，测量总的耗热量；在每个散热器上安装热量分配表，测量计算每个住户用热比例，然后根据热量表读数来计算每个散热器的散热量。根据测量原理的不同，热量分配表有蒸发式和电子式两种：

1）蒸发式热量分配表。蒸发式热量分配表由导热板和蒸发液两部分构成。导热板夹在或焊在散热器上，盛有蒸发液的玻璃管则放在密封容器内，比例尺刻在容器表面的防雾透明胶片上，是根据测量液体蒸发量多少来确定散热器散热量相对大小的。使用时，蒸发式热量分配表固定在散热器表面上，热量分配表内的测量液体由于散热器表面的热效应而蒸发。对于某一确定的测量液体，其蒸发速度与散热器的表面温度密切相关，散热器表面温度越高液体蒸发越快。某一段时间内测量液体的蒸发量表征了散热器表面温度对时间的积分值，实际上也反映了散热器散热量的相对大小。该方法的特点是：价格较低、安装方便，但计量准确性较差。

2）电子式热量分配表。电子式热量分配表利用传感器来获得散热器表面温度和房间温度的逐时值，并设有存储功能和液晶显示。测量装置通过 A/D 转换器数字化，然后由计算单元得到结果。根据传感器的个数可以分为单传感器电子式热量分配表和双传感器电子式热量分配表，单传感器电子式热量分配表只测量散热器表面温度，房间温度用一固定值代替；而双传感器电子式热量分配表不仅测量散热器表面温度，而且测量房间温度，因此双传感器电子式热量分配表的精度比单传感器电子式热量分配表高，但价格相应较高。该方式的特点是：计量较准确、方便，价格比热量计量表低，并且可在户外读值。

与热量表相比，热量分配表计算相对复杂；测量结果的影响因素较多，但是如果能保证使用条件的话，也可以达到比较高的精度；优点是对供暖系统没有特殊要求，并且价格便宜，维护工作量小。

与电子式热量分配表相比较，蒸发式热量分配表结构更简单，价格更便宜，但是电子式热量分配表可以有更多的功能如数据存储等。这两种热计量装置在技术上各具优势，要针对具体情况具体分析，选择出合适的计量装置。

（3）通过测定用户的热负荷来确定用户的用热量。该方法是测定室内外温度并对供暖季内的室内外温差累计求和，然后乘以房间常数（如体积热指标等）来确定收费。该方法采用的仪表为测温仪表。但有时将记忆散热器温控阀的设定温度作为典型室内温度，某一基准温度作为室外温度。该方法的特点是：安装容易，价格较低。但由于遵循相同舒适度缴纳相同热费的原则，用户的热费只与设定的或测得的室温有关，而与实际用热量无关，因此开窗等浪费能源的现象无法约束，不利于节能。

### 5.2.3.5　供暖运行调节

据供热调节地点不同，供热调节可分为集中调节、局部调节和个体调节3种方式。集中调节在热源处进行调节，局部调节在热力站或用户入口处进行调节，而个体调节直接在散热设备（如散热器、暖风机、换热器等）处进行调节，如分户计量供热系统中用户的自主调节。

集中供热调节容易实施，运行管理方便，是最主要的供热调节方法。但集中调节往往辅以局部调节以更好达到供热调节目的。对于分户计量的供暖系统，用户根据自己的需要进行个体调节。对多种要求不同热用户的供热调节，需要3种调节方式综合使用，通常称为供热综合调节。

集中供热调节的方法主要有下列五种：

（1）量调节。通过改变网路的循环水量，达到改变末端用户热用量的目的。该方法的主要特征是：仅改变水流量，而供水温度不变。该方法节省电耗，但由于室外温度的改变而改变热网流量，将会造成热用户系统水力失调，因此很少单独使用。

（2）质调节。通过改变网路的供水温度，达到改变末端用户热用量的目的。该方法的主要特征是：仅改变供回水温度，循环水量不变，网路水力稳定性好，运行管理方便。由于水量不变，电耗也不改变。该方法水温过低时，对末端用户的暖风系统和热水供应系统均不利。

（3）分阶段改变流量的质调节。改变网路的供水温度，同时在不同阶段改变网路的循环水量，达到改变末端用户热用量的目的。该方法供水温度变化的同时，热网水流量也发生阶段变化，介于质调与量调之间，具有两种方式的优点，可以满足最佳工况要求。

（4）间歇调节。不改变热网水流量和供水温度，而改变每天的供热时数来调节供热量，来达到改变末端用户热用量的目的。这种调节方法主要用于供暖初期或末期，对具有较好的蓄热能力的建筑物更为适用。

（5）质量－流量调节。同时改变网路供水温度和流量，达到改变末端用户热用量的目的。该方法供水温度变化的同时，热网水流量也可以根据设定状况发生变化，可综合运用质调节和量调节两种方法，从而更好地满足工况要求，但调节复杂。

传统的供热系统运行调节从理论上可以做到很完善，但实际运行过程中由于多种因素仍然会出现运行管理调控、"间歇"运行、大流量小温差等问题，导致供热系统运行过程控制不能做到理想状态。

（1）运行管理调控问题。在供热期前，必须根据历年运行的实际情况，制定出采暖期随室外温度变化的热网供热参数调控曲线（调控表）。运行时根据室外气候的变化认真调控，以期达到既保证供热质量，又节能的目的。但目前有许多供热企业从来未制定过这些调节曲线（表），只是凭一些经验和主观预测运行。如果要求锅炉的供热负荷改变，就必须改变锅炉给煤量和鼓、引风量，来满足网路所要求的供回水温度，在运行中难以实现。即使有专人每天去调节，也很难以供回水温度为依据准确地掌握每天所要求的供热量。

各供热系统在运行时都会有影响供热质量和节能效果的几种主要因素，如供热量、循环水量、供回水温差、供回水压力、水力工况等。但其中必有一项或两项是主要因素，应重点抓住。在一般情况下供热量和循环水量都能达到要求或超过要求时，供热效果主要取决于系统的水力工况，即应通过认真的调网，不但使一级网达到水力平衡，而且还必须使二级网和楼内的采暖系统达到水力平衡。而二级网和楼内水力平衡是经常被忽视的地方。采取有效手段消除或减轻全网的水力失调是供热系统能良好运行的首要条件，也是节能的必要条件。

（2）"间歇"运行带来相关问题。就目前情况来看，大部分供热系统都是锅炉设备大、用户负荷小，所以在运行过程中锅炉不得不"间歇运行"，即使在冬季最冷时也只能这样。在一些中小城市和县城的供热企业中，原始的间歇式供热方式也被普遍采用，并被错误地认为是节能的好方法。间歇式供热方式是在蒸汽采暖时代被普遍采用的一种供热方式。但热水采暖若采用间歇运行的方式，系统在运行过程中，锅炉频繁起火压火，网路供回水温度总在变化。如果按间歇调节的方式来控制锅炉运行时间和供水温度，那么锅炉运行在起火和压火过程中的供热量是无法估计的。这样必然导致系统热用户时冷时热、冷热不均或造成不必要的浪费。大量的理论研究和实际测试表明：热水采暖系统中采用间歇式供热方式不但供热效果差、室温波动大，而且能源消耗也大于连续供热。同时还会因为系统工作不稳定而带来一系列维修、调节（如系统经常存空气等）问题。因此间歇式供热方式已逐步被淘汰。

（3）大流量小温差问题。为避免现实中出现的热力失调等现象，目前很多供热系统简单地采取了大流量、小温差运行的运行方案。按传热学基本理论可知：供热系统输送相同热量时，供回水温差越小，则系统的循环水量越大，管网的阻力损失也越大，消耗电能就越多。如果供热半径大，输送距离远，可能中间还需要增设中继泵站。大量的工程实践证明，只要适当提高供回水温差，就可以取消中继泵站。既节约了大量建设投资，又节约了运行费用和运行管理人员。

许多供热系统一级网温差最高有30℃左右，而二级网温差只有5℃左右。浪费了大量电能。按规范设计二级网的标准设计温差为25℃，即室内采暖系统的设计温差。但实践证明，实际运行时如果按此温差供热，则室内采暖系统会同时出现水平失调和垂直失调。综合种种因素，理想的二级网供回水温差应控制在15～20℃，应充分认识到提高供回水运行温差的重要作用。

针对供热运行过程常出现的问题，常采用集中供热系统节能运行整体调控来解决。下面来详细介绍这种方法。

集中供热系统节能运行整体调控是在间接供热的一次水系统中，将电动恒流量调节阀安装在各个换热站的一次水管路上，应用远程自动控制系统实时调节各个换热站的循环水量。保证各个换热站都能得到合理的流量，根除管网系统的水力失调，并实现以最小的循环水量和尽可能大的供回水温差向二次网供给热量。还可以根据气候变化和用户需求适时改变流量以满足供热量的需求，与变频循环水泵配合就可以大幅降低供热量和循环泵电耗，真正实现实时变流量变温差的高效节能运行。

在直供系统和换热站二次管网系统中，将恒流量调节阀安装在各个建筑物的热力入口，以保证各个建筑得到合理的流量。根除水力失调得到的节能效益就是减小了水平方向的用户室温差，减少了过热用户多余的能耗，使系统总供热量趋于合理。同时解决了末端用户室温过低的问题，得到很好的社会效益。在此基础上，及时调整循环水泵的流量和扬程，降低循环水泵电机的功率，以最小的循环动力和最少的循环水量，保证良好的供热效果，最大限度地降低循环水泵的电耗，以达到更好的节能效益。

在未来实现供热计量的变流量民用建筑中，由于用户可以主动调节自家的供热量，为保证系统正常运行，需要在建筑热力入口安装压差流量控制阀，保证每栋建筑获得合理的流量，并根据用户对室内供热量（流量）主动调节实时改变建筑入口流量，达到实际的用户主动节能效果。同时消除变流量系统中外网变化所造成的影响，实现真正意义上的变流量节能运行。在直供系统和换热站二次管网系统中，也可将电动恒流量调节阀安装在公共建筑入口或分区支线上，运用独立自动控制或远程联网控制对其实施精确的分区域分时段供暖，可以在下班和假期等不需要供暖的时间段自动低温运行，实现最大程度的节能运行，同时也节约了大量的人力，提高了管理效率和精度。

### 5.2.4 采暖节能工程案例

在严寒和寒冷地区，当所设计建筑达不到相关节能标准规定性指标的限制要求时，必须按规定进行围护结构热工性能的权衡判断。建筑耗热量指标已作为该地区居住建筑围护结构热工性能权衡判断的判据，因此权衡判断即计算所设计居住建筑的耗热量指标，使其不大于相关节能标准给出的当地耗热量指标的限制要求。而公共建筑的权衡判断按标准规定应首先计算参照建筑在规定条件下的全年采暖和空气调节能耗，然后计算所设计建筑在相同条件下的全年采暖和空气调节能耗。当所设计建筑的全年采暖和空气调节能耗不大于参照建筑的全年采暖和空气调节能耗时，判定围护结构的总体热工性能符合节能要求。当所设计建筑的全年采暖和空气调节能耗大于参照建筑的全年采暖、空调能耗时，应调整设计参数重新计算，直至所设计建筑的采暖、空调能耗不大于参照建筑的采暖、空调能耗时为止。

居住建筑耗热量指标的计算一般是已知建筑物布局、尺寸、朝向和构造，求建筑物的耗热量指标。

【例5-1】　试求天津地区一住宅建筑的耗热量指标。已知该住宅为砌体混合结构，墙体材料为承重混凝土空心砌块。该住宅为两个单元6层，层高为2.8m，南北向，外窗均为单框双波塑钢窗，户门为三防保温门，楼梯间不采暖。已知天津地区采暖期为 $E = 119d$，采暖期室外平均温度 $t_e = -1.2℃$，建筑面积 $A_0 = 2498.25m^2$，建筑体积 $V_0 = 6854.39m^3$，外表面积 $F_0 = 2048.08m^2$，体形系数 $S = 0.30$。各部分围护结构构造做法、传热系数和传热面积见表5-1，建筑物耗热量指标计算见表5-2。

天津地区采暖天数119d，采暖期室外平均温度 $t_e = -1.2℃$，建筑耗热量指标为20.5W/m²（考虑50%节能）。现天津已率先实行65%建筑节能指标，按《天津市居住建筑节能设计标准》（DB 29-1—2013）建筑耗热量指标应为14.4W/m²。根据以上介绍的公式，在表5-2中列出该住宅建筑耗热量指标的计算，且以最终的计算结果验证建筑耗热量指标是否在节能标准规定的限制范围之内。

**表 5-1　各部分围护结构构造做法、传热系数和传热面积**

| 名　称 | | 构 造 层 次 | 传热系数 $K$ /W·(m²·K)⁻¹ | 传热面积/m² |
|---|---|---|---|---|
| 屋顶（平顶） | | 10mm 厚地砖 | 0.58 | 74.2 |
| | | 40mm 厚 C20 细石混凝土刚性防水层（内配 $\phi 4$ 双向@200） | | |
| | | 3mm 厚纸筋灰隔离层 | | |
| | | 20mm 厚水泥砂浆找平层 | | |
| | | 轻骨料混凝土找坡层，最薄处 30mm 厚 | | |
| | | 50mm 厚挤塑聚苯板保温层 | | |
| | | 120mm 厚现浇钢筋混凝土屋面板 | | |
| | | 20mm 厚混合砂浆内抹灰 | | |
| 屋顶（坡顶） | | 陶瓦屋面 | 0.56 | 355.8 |
| | | 防水涂料层 | | |
| | | 55mm 厚挤塑聚苯板保温层 | | |
| | | 20mm 厚水泥砂浆找平层 | | |
| | | 120mm 厚混凝土屋面板 | | |
| | | 20mm 厚混合砂浆内抹灰 | | |
| 外墙 | | 外涂料装饰层 | 0.57 | 南 160.9 东西 449.5 北 245.8 阳台处 290.9 |
| | | 聚合物砂浆加强面层 | | |
| | | 70mm 厚聚苯板 | | |
| | | 190mm 厚混凝土空心砌块 | | |
| | | 20mm 厚混合砂浆内抹灰 | | |
| 楼梯间隔墙 | | 45mm 厚 ZL 胶粉聚苯颗粒浆料 | 1.02 | 561.1 |
| | | 190mm 厚混凝土空心砌块墙 | | |
| | | 20mm 厚混合砂浆内抹灰 | | |
| 窗户（包括阳台处落地的玻璃门） | | 单框双玻塑钢窗 | 2.6 | 南，有阳台 121.0 |
| | | | | 无阳台 123.3 |
| | | | | 北，无阳台 123.4 |
| | | | | 东西，有阳台 51.8 |
| | | | | 无阳台 24.5 |
| 户门 | | 三防保温门 | 1.7 | 50.4 |
| 地面 | 周边 | 20mm 厚水泥砂浆抹面 | 0.52 | 151.3 |
| | 非周边 | 100mm 厚混凝土 | 0.30 | 190.9 |

**表 5-2  建筑物耗热量指标的计算**

| 项　　目 | | | 计算公式及计算结果(以下均折合到单位建筑面积上) |
|---|---|---|---|
| 传热耗热量 | | | $q_{H.T} = (t_i - t_e)\left(\sum\limits_{i=1}^{m} \tau_i \cdot K_i \cdot F_i\right)\bigg/A_0$<br>式中 $t_i - t_e = 16 - (-1.2) = 17.2\text{℃}$ |
| 屋顶 | | 平 | $q_{rw \cdot pin} = 0.91 \times 0.58 \times 74.2 \times 17.2/2498.25 = 0.27$ |
| | | 坡 | $q_{r \cdot po} = 0.91 \times 0.56 \times 355.8 \times 17.2/2498.25 = 1.25$ |
| | | 总 | $Q_r = q_{rw \cdot pin} + q_{r \cdot po} = 1.52$ |
| 外墙 | | 南 | $q_{wq \cdot S} = 0.70 \times 0.57 \times 160.9 \times 17.2/2498.25 = 0.44$ |
| | | 东 | $q_{Hq \cdot E} = 0.86 \times 0.57 \times 449.5 \times 17.2/2498.25 = 1.52$ |
| | | 西 | $q_{Hq \cdot w} = 0.86 \times 0.57 \times 44.5 \times 17.2/2498.5 = 1.52$ |
| | | 北 | $q_{Hq \cdot N} = 0.92 \times 0.57 \times 245.8 \times 17.2/2498.25 = 0.89$ |
| | | 阳台 | $q_{Hq \cdot YT} = 0.60 \times 0.57 \times 290.9 \times 17.2/2498.25 = 0.68$ |
| | | 总 | $q_{Hq} = q_{wq \cdot S} + q_{Hq \cdot E} + q_{Hq \cdot w} + q_{Hq \cdot N} + q_{Hq \cdot YT} = 5.05$ |
| 地面 | | 周边 | $q_{Hq \cdot ZB} = 1 \times 0.52 \times 151.3 \times 17.2/2498.25 = 0.59$ |
| | | 非周边 | $q_{Hq \cdot FZB} = 1 \times 0.30 \times 190.9 \times 17.2/2498.25 = 0.43$ |
| 楼梯间隔墙 | | | $q_{Hq \cdot LTJ} = 0.60 \times 1.02 \times 561.1 \times 18.7/2498.25 = 0.39$ |
| 户门 | | | $q_{HM} = 0.60 \times 1.70 \times 50.4 \times 17.2/2498.5 = 0.35$ |
| 外窗<br>(含阳台门<br>透明部分) | 有阳台 | 南 | $q_{WC \cdot S} = 0.50 \times 2.60 \times 121.0 \times 17.2/2498.25 = 1.08$ |
| | | 东西 | $q_{WC \cdot EW} = 0.74 \times 2.60 \times 51.8 \times 17.2/2498.25 = 0.68$ |
| | | 北 | $q_{WC \cdot N} = 0.86 \times 2.60 \times 0 \times 17.2/2498.25 = 0$ |
| | 无阳台 | 南 | $q_{WC \cdot S} = 0.18 \times 2.60 \times 123.3 \times 17.2/2498.25 = 0.40$ |
| | | 东西 | $q_{WC \cdot EW} = 0.57 \times 2.60 \times 24.5 \times 17.2/2498.25 = 0.25$ |
| | | 北 | $Q_{WC \cdot N} = 0.76 \times 2.60 \times 123.4 \times 17.2/2498.25 = 1.68$ |
| 空气渗透耗热量/W·m$^{-2}$ | | | $q_{INF} = (t_i - t_e)(c_p\rho NV)/A_0 = 17.2 \times 0.28 \times 1.29 \times 0.5 \times 0.6 \times$<br>$6854.39/2498.25 = 5.11$ |
| 内部得热/W·m$^{-2}$ | | | 3.8 |
| 建筑物耗热量指标/W·m$^{-2}$ | | | 13.74 |

计算结果表明，该住宅经节能设计后其耗热量指标为 $13.74\text{W/m}^2$，达到天津 65% 住宅节能标准中建筑物耗热量指标不大于 $14.4\text{W/m}^2$ 的要求。

# 5.3　空调节能技术

## 5.3.1　空调节能指标

减少大型公共建筑的能源消耗量不仅可以节约能源，还可以保护环境。我国的建筑节能工作是从 20 世纪 80 年代初开始的，但之前工作重点主要是居住建筑，对大型公共建筑的节能措施提出相对较少，大型公共建筑的节能优化设计应从多方面出发，且应重点控制建筑中空调系统能源消耗量。

建筑物的空调需冷量和需热量由室外气象参数（如室外空气温度、空气湿度、太阳辐射强度等），室内空调设计标准，外墙门窗的传热性，室内人员、照明、设备的散热状况以及新风量的多少等多种因素决定。风机、水泵的输送能耗受输送的空气量、水量和水系统、风系统的输送阻力影响。风系统、水系统的流量和阻力的影响因素有系统形式、送风温差、供回水温差、送风和送水流速、空气处理设备和冷热源设备的阻力和效率等。空调系统能耗的影响因素较多，需从多方面、多环节共同节能才能起到较好效果，其经济运行评价指标体系如图5-5所示。

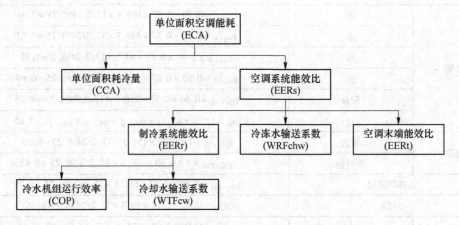

图5-5　空调系统经济运行评价指标体系结构

空调系统的能耗主要有两个方面：一方面是为了生产冷冻水和热水（蒸汽等）冷热源设备消耗的能源，如压缩式制冷机的耗电，吸收式制冷机耗蒸汽或燃气，锅炉耗煤、燃油、燃气或电等；另一方面是为了给房间送风和输送空调循环水，风机和水泵所消耗的电能。空调系统能耗计算流程如图5-6所示。

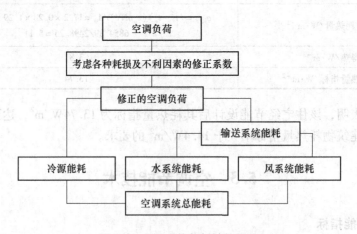

图5-6　空调系统能耗计算流程

冷热负荷是制冷制热设备规格型号的选择依据，也是中央空调系统内最基本的数据值。若降低冷负荷，便能够缩小供热锅炉、空调箱等电器设备的型号，型号减小后，配电功率与耗电能会不断降低，进而减少成本投入。可见，降低冷负荷是可行的节能措施。而冷负荷的降低还需要技术人员综合考虑建筑窗户、外墙、设备负荷、冷负荷指标、灯光等多个因素，正确估算，保证中央空调在低效率、低负荷条件下运行，进而减少能耗。

在国内，与全楼宇评价类似，能耗定额也常被选为空调系统的能效评判指标。同样以北京公建空调系统平均能耗水平指标为例，见表5-3。

表5-3 既有建筑中央空调系统的参考用能指标 （kW·h/(m² · a)）

| 空调系统参考用能指标 | 政府办公建筑 | 甲级写字楼 | 酒店 | 商场 |
| --- | --- | --- | --- | --- |
| 总用电量 | 35 | 40 | 50 | 90 |
| 冷冻机 | 15 | 15 | 15 | 25 |
| 水泵 | 10 | 10 | 13 | 20 |
| 空调箱 | 5 | 10 | 15 | 25 |
| 其他 | 5 | 5 | 7 | 10 |

另外，单位面积年空调耗冷量、单面面积年空调耗热量和单位面积年暖通空调系统能耗也是常见的空调系统能效评价指标，可依据气象分区、建筑类型和冷热源形式对每一指标提出基准定额。除了将实际能耗与对应指标限值进行简单比较，以其是否超出限值判断建筑能效这种常见的基于社会公平性的能效评估方法以外，实际操作中还有另外一种从用能合理性出发的测评方法，即针对被测评建筑某分项能耗超过指标限值的用能系统，进一步调研相关信息，对该指标限值进行修正后再进行评估，其修正包括围护结构及建筑形状修正、气象修正和空调末端形式修正等。若采用后一种方法进行能效评估达标，仍可认为该建筑的空调系统总体能效达标。

减少空调能耗可从两个方面考虑：一是减少空调冷负荷。通过科学地设计、建造、安装以及运行管理，改善围护结构的构造减少通过围护结构的传热，缩短办公设备、灯具的使用时间减少其散热，控制新风量从而减少新风热负荷等措施减少空调冷负荷；二是分析空调运行原理（图5-7），从而提高空调系统运行效率，降低电耗。在满足空调需求的前提下，通

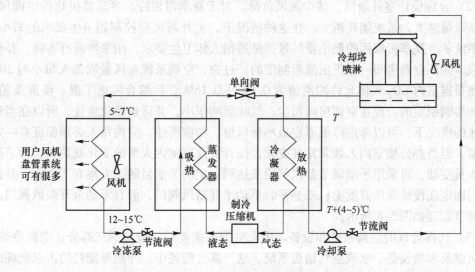

图5-7 空调系统运行原理

过采取冷水机组变水温运行、水泵变频运行的措施提高主要设备的运行效率，降低电耗。

　　冷热水机组整年的运行负荷情况是中央空调设计与选择的关键。从生态环境保护视角，我国已有相关法律法规制度明确规定，冷热水机组台数不能过多，需与中央空调的正常运行调节能力相匹配。如中央空调选择450RT机组，各机负荷比即为84.2%，如选择1000RT机组运行，各机负荷比为65.3%。可见，正确选择机组数量非常重要。那么工作人员在设计过程中，就应严格执行法律法规要求，以防机组过多或过少，若机组过多，还可能会降低单机容量，机组COP系数降低，能耗增加，同时也增加了配置的循环水泵，增加了并联水泵数量，最终占机房面积非常大，增加了绝对故障点数量。因此，科学配置冷热机组是空调能量降低的有效措施。此外，禁止错误使用多机头机组，尽可能降低启动电流，以达到降低空调能量的目的。

### 5.3.2　空调节能设计

　　民用建筑中央空调系统一般由冷冻主机、冷却塔、冷却水泵、冷冻水泵和末端设备等组成。在空调系统的设计及设备选型中均以最大负荷作为设计工况，且留有10%～15%的余量。但在实际运行中，空调负荷会随各种因素而变化，最小时甚至还不到设计负荷的10%，存在很大的能源浪费现象。

　　（1）合理设计室内参数，降低空调负荷。合理设计室内温度、湿度值是节能的重要环节。选用全年固定设定值的方式，对于大部分工业空调及几乎所有舒适性空调来说，冬天设定值偏高，夏天设定值偏低，而冬天把空气处理到偏高的设定值显然要消耗更多的热量，夏天把空气处理到偏低的设定值也要消耗更多的冷量。因而采用全年不变的室内设定值的方法，既不舒适又浪费能量。所以，对于室内温度设定值不需要全年固定不变的大多数空调，可以采用变设定值控制的方式。例如，冬天可加热加湿到舒适区的下限，夏天可降温去湿到舒适区的上限，在过渡季节采用设定区控制方式，可以节约大量能量。为了节约能耗，空调房间室内温、湿度基数，在满足生产要求和人体健康的情况下，夏季应尽可能提高，冬季应尽可能降低。设定区间越大，按设定区控制的节能效果也越大。

　　（2）合理设计室外新风，减少新风负荷。对于夏季需供冷、冬季需供热的空调房间，室外新风量越大，系统能耗越大。在这种情况下，室外新风应控制到卫生要求的最小值。空调系统冬、夏季所取用的最小新风量，是根据人体卫生要求，用来冲淡有害物、补偿局部排风、保证空调房间一定正压值而制定的。过去，空调系统新风量取每人每小时30m³，该值是根据室内$CO_2$气体允许浓度值为0.1%～0.15%，且综合考虑了温、湿度及粉尘、气味的影响制定的。现在空调房间粉尘、气味影响很小，并可设净化装置，所以在当前能源紧张的情况下，可以考虑降低原定最小新风量。如前所述，室内每人必须保证有一定的新风量，但是办公楼室内人数常常在变化，而百货商店室内人数的变化就更大，为了适应室内人员变动，可采用手动调节新风阀门来达到一定的节能目的，方案有两个：一是把新风阀门固定在设计新风开度上；二是平时手动半开新风阀门，假日手动全开新风阀门。具体的调节原理如图5-8所示。

　　（3）选择合理的空调系统和设备。中央空调系统能耗一般包括三部分：空调冷热源、空调机组及末端设备、水或空气输送系统。这三部分能耗中，冷热源能耗约占总能耗的一半左右，是空调节能的主要内容。

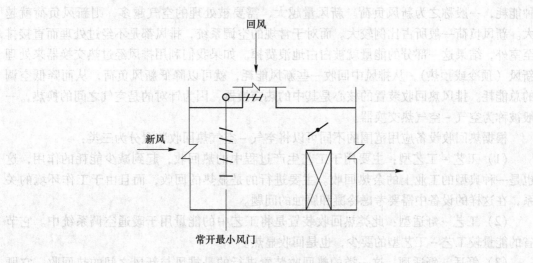

回风

新风

常开最小风门

图 5-8　送、回风的调节原理

1）选用冰蓄能系统，将用电高峰时的空调负荷转移到电价较为便宜的夜间。冰蓄能系统是利用峰谷电价的差别将用电高峰时的空调负荷转移到电价较为便宜的夜间，即在夜间用来制冷蓄能，在白天利用蓄存的制冷量为建筑物提供制冷，从而使需电量费用大大地减少。在新建的建筑中，这是最实用的、投资有效的负荷管理方案。

2）采用变风量系统，以减少空气输送系统的能耗。全空气空调系统设计的基本要求，是要确定向空调房间输送经过一定处理的风量，用以吸收室内的余热和余湿，从而维持室内所需要的温、湿度。考虑到现代化楼宇空调正从集中式控制向各个房间进行独立、个别控制的方向发展，变风量空调系统可以克服定风量系统的诸多缺点，它可以根据各个房间温度要求的不同进行独立温度控制，通过改变送风量的办法，来满足房间（或区域）对负荷变化的需要。这样，空调设备的容量也可以减小，既可节省设备费的投资，也进一步降低了系统的运行能耗。有资料显示，采用变风量系统可节省能源达到30%以上。该系统适合于楼层空间大而且房间多的建筑，尤其是办公楼，更能发挥其操作简单、舒适、节能的效果。

3）采用变频调速水泵进行变流量运行。在一般公共和民用建筑中，空调水系统的能耗约占空调总能耗的15%～20%。早期空调的水泵普遍采用定流量工作，能源浪费非常严重。在实际运行时，中央空调的冷负荷总是在不断变化的，冷负荷变化时所需的冷媒水、冷却水的流量也不同，冷负荷大时所需的冷媒水、冷却水的流量也大，反之亦然。因此，可以采用变频调速水泵进行变流量运行，或采用冬、夏两用双速水泵是两种较为有效的节能措施。

### 5.3.3　空调风系统设计

#### 5.3.3.1　集中空调系统的排风热回收

在空调系统中，为了维持室内空气量的平衡，送入室内的新风量和排出室外的排风量要保持相等。由室外进入的新风通过一些空调段的处理（冷却、加湿、加热等），到合适的状态才能被送入室内，并使室内最终达到设计状态点。这样，新风和排风之间就存在一种能耗，一般称之为新风负荷。新风量越大，需要被处理的空气越多，则新风负荷就越大。新风负荷一般所占比例较大。而对于常规的空调系统，排风都是不经过处理而直接排至室外，结果这一部分的能量就被白白地浪费掉。如果我们利用排风经过热交换器来处理新风（预冷或预热），从排风中回收一些新风能耗，就可以降低新风负荷，从而降低空调的总能耗。排风热回收装置的核心是其中的热交换器，因为针对的是空气之间的换热，一般被称为空气－空气热交换器。

根据热回收设备应用范围的不同可以将空气－空气热回收装置分为三类：

（1）工艺－工艺型：主要用于工艺生产过程中的热回收，起到减少能耗的作用，这也是一种典型的工业上的余热回收。主要进行的是显热的回收，而且由于工作环境的关系，在这样的设备中需要考虑冷凝和腐蚀的问题。

（2）工艺－舒适型：此类热回收装置是将工艺中的能量用于暖通空调系统中。它节省的能量较工艺－工艺型的要少，也是回收显热。

（3）舒适－舒适型：这一类的热回收装置进行的是排风与新风之间的热回收。它既可以回收显热，也可以回收全热。

### 5.3.3.2　空调风系统

（1）有资料显示，以我国南方地区为例，夏季室内设计温度如果每降低1℃或冬季设计温度每升高1℃，其工程投资将增加6%，能耗将增加8%。该数据说明，适当提高夏季以及降低冬季的室内空气温度，都将起到显著的节能效果。与此同时，为保证室内空气质量以及人们对新鲜空气的需要，《民用建筑供暖通风与空气调节设计规范》（GB 50019—2015）对最小新风量做出明确规定，要求建筑满足国家现行有关卫生标准。研究表明，加大新风量能够在一定程度上解决室内空气质量问题，但增加了空调能耗。新风定值必须按照规范来确定，因为新风量对于能耗和人体健康有着非常重要的作用，当人员密度较大时，新风的供应按人员的密度来进行的话是非常不经济的。我国建筑采用了新风需求控制（检测室内 $CO_2$ 浓度），值得注意的是：新风量的变化，排风量随着也发生变化，否则会造成负压，可能会适得其反。

（2）要想增加新风量或者增强风机盘管处理内回风的能力，风机盘管加新风的新风口应单独或布置在盘管出风口的旁边，而不应该布置在盘管回风吸入口。

（3）房间面积或空间较大、人员较多或有必要集中进行温度控制的空气调节区，其空气调节风系统宜采用全空气空调系统，不宜采用风机盘管系统，以利于集中处理、调节，发挥有利因素，弥补之前产生的问题。

（4）建筑空间高度大于或等于10m，且体积大于10000 $m^3$ 时，宜采用分层空调系统。与全室性空调方式比，分层空调系统夏季可以节能30%左右，但是冬季并不节能。通常设计时，夏季的气流组织为喷口侧送，下回风，高大空间上部排风；而冬季一般在底层设置地板辐射或地板送风供暖系统，也可将上部过热的空气通过风道送至房间下部。

（5）多个空气调节区合用1个空气调节风系统，各区负荷变化较大、低负荷运行时间较长，且需要分别调节室内温度，在经济条件允许时，宜采用全空气变风量空气调节系统。设计时应注意：要求采用风机调速改变系统风量，而不能采用恒速风机来改变系统阻力；其次，应采取保证最小新风量的措施，避免因送风量减少，造成新风量减少而不满足卫生要求的后果；再者，调节末端送风口风量时，推荐采用串联式风机驱动型末端装置以保证室内的气流分布。

（6）在某些情况下，像屋顶传热量较大、吊顶内发热量较大、吊顶空间较大（此时的吊顶至楼板底的高度超过 1.0m），如果采用吊顶内回风，导致空调区域增大、空调耗能上升，这样非常不利于节能。所以对于建筑顶层或者吊顶上部有较大热量、吊顶空间较高时，直接从吊顶回风是不合理的。

### 5.3.3.3 节能送风方式

**A 地板送风**

地板送风指从地面往建筑物内提供具有一定速度的空气，在新鲜空气向上流动的过程中，会与污染气体迅速地掺混在一起，因此该过程会不可避免地产生热交换，由此达到调节室内温度的目的。较之于置换送风，此种方式的风速更大，因此能够加强室内空气的混合程度。在制冷系统中采用地板送风时，应将送风温度设定在 17~18℃，并且送风速度不应超过 2m/s。这样不仅可以降低工作区和人员活动区的空气温度，还可以保证较高的空气品质。地板送风方式便于室内人员对建筑物内的局部环境进行调节，帮助其及时且高效地将室内的污染物及余热排出，提高室内的空气品质。不仅如此，与其他的送风方式相比，在对建筑物进行重新装修时，采用地板送风的方式可以节省大量资金。采用地板送风时，新鲜空气会与送风口周围的空气掺混，使地板附近的空气温度上升，从而使垂直方向上的空气温度梯度降低。较之传统的空调系统，地板送风系统的送风温度较高，更为节能，其能耗仅为传统空调系统的 34%。在应用地板送风系统的房间中，室内的空气品质和热舒适性由送风口直接决定，具有较好的节能潜力。

**B 置换通风**

置换通风是室内通风或送、排风气流分布的一种特定形式。经过热湿处理后的新鲜空气，通过空气分布器直接送入活动区下部，较冷的新鲜空气沿着地面扩散，从而形成一个较薄的空气层。室内人员及设备等内热源在浮力的作用下，形成向上的对流气流。新鲜的空气随对流气流向室内上部区域流动形成室内空气运动的主导气流；热浊的污染空气则由设置于房间顶部的排风口排出。

置换通风的送风速度通常为 0.25m/s 左右，送风的动量很低，所以，对室内主导气流无任何实际的影响。由于较冷的新鲜空气沿地面形成空气湖，而热源引起的热对流气流将污染物和热量带到房间上部，因此，使室内产生垂直的温度梯度和浓度梯度；排风温度高于室内活动区温度，排风中的污染物浓度高于室内活动区的浓度，置换通风的主导气流由室内热源控制。置换通风的目的是保持活动区的温度和浓度符合设计要求，而允许活动区上方存在较高的温度和浓度。与混合通风相比设计良好的置换通风能更加有效的改善与提高室内的空气品质。

在活动区域内，置换通风房间的污染物的浓度比混合通风时低。稀释污染物浓度所需的通风量，在理论上每人为 20L/(s·人)；置换通风时，人们在呼吸区域里的空气质量最好，所以可使送风量大幅度减少。与传统空调送风系统相比，置换通风的主要优点在于：（1）在相同设计温度下，活动区里所需的供冷量较少。（2）室内气流没有强烈的扰动。（3）活动区内的空气质量更好。（4）置换通风利用"免费供冷"的周期比较长久。

**C 竖壁贴附射流通风**

气流组织作为空调、通风系统的重要环节，受到了国内外研究学者和工程设计人员的重视。20 世纪以来，人们对气流组织的研究取得了很大进展。气流组织的模式主要分为两种：

（1）以稀释原理为基础的传统混合通风。

（2）以浮力控制为动力的近代置换通风。

混合通风的特点是速度高、动量大和紊流送风，因在建筑空间上容易布置，不占有下部建筑空间（工作区），至今仍然广泛使用。工作区一般处于回风或者排风环境中，通风效率、卫生条件相对较差。

与之比较，置换通风的特点是风速低（约 0.25m/s）、利用空气密度差在室内形成由下而上的通风气流。空气以极低的流速从置换通风器流出，在重力作用下送风下沉到地面并沿地板蔓延到全室，在地板上形成一层薄薄的冷空气层—空气湖。空气受热源上升气流的卷吸作用、后续新风的推动作用及排风口的抽吸作用而缓慢上升，形成类似于活塞流的向上流动，室内污染（含热污染）空气由上部的排风口排出，工作区接近于送风环境，因而更利于人体健康。

竖壁贴附射流通风本质上是介于混合通风和置换通风之间的一种气流组织形式；其气流组织形式可见图 5-9 和图 5-10。其形成的室内诸参数场虽然与置换通风存在一定的差别，但当送风口距侧壁的水平距离比较近、侧壁的贴附效应（coanda effect）达到一定程度，送风射流可以将新鲜空气下送至地面，并产生和置换通风相似的"空气湖"现象，此时两者的气流组织参数场将具有相似性。在一些建筑空间布置底部侧送风口不便的场合，可以考虑采用竖壁贴附射流通风的方式来获得优于混合通风、近似于置换通风的气流组织效果。

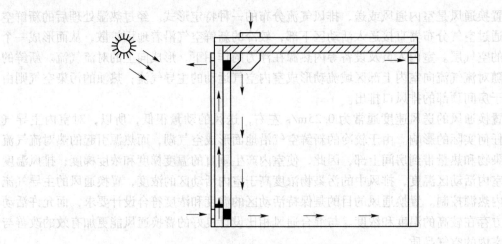

图 5-9   夏季白天气流模式示意图

### 5.3.4 空调节能运行

中央空调系统一般主要由制冷压缩机系统、冷媒（冷冻和冷热）循环水系统、冷却循环水系统、盘管风机系统、冷却塔风机系统等组成。其工艺结构示意图如图 5-11 所示，其中制冷压缩机组通过压缩机将制冷剂（冷媒介质如 R134a、R22 等）压缩成液态后送蒸发器中，冷冻循环水系统通过冷冻水泵将常温水泵入蒸发器盘管中与冷媒进行间接热交

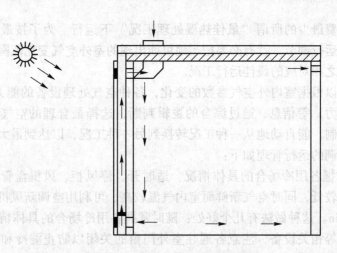

图 5-10   冬季白天气流模式示意图

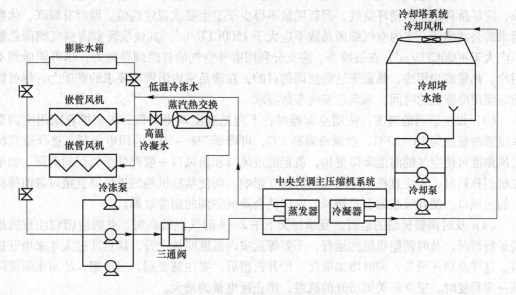

图 5-11   中央空调系统工艺流程

换，这样原来的常温水就变成了低温冷冻水，冷冻水被送到各风机风口的冷却盘管中吸收盘管周围的空气热量，产生的低温空气由盘管风机吹送到各个房间，从而达到降温的目的。冷媒在蒸发器中被充分压缩并伴随热量吸收过程完成后，再被送到冷凝器中去恢复常压状态，以便冷媒在冷凝器中释放热量，其释放的热量正是通过循环冷却水系统的冷却水带走。冷却循环水系统将常温水通过冷却水泵泵入冷凝器热交换盘管后，再将这已变热的冷却水送到冷却塔上，由冷却塔对其进行自然冷却或通过冷却塔风机对其进行喷淋式强迫风冷，与大气之间进行充分热交换，使冷却水变回常温，以便再循环使用。在冬季需要制热时，中央空调系统仅需要通过冷热水泵（在夏季称为冷冻水泵）将常温水泵入蒸汽热交换器的盘管，通过与蒸汽的充分热交换后再将热水送到各楼层的风机盘管中，即可实现向用户提供供暖热风。

在中央空调运行管理中，根据当地气象特点，将运行调节阶段分得更细，使空调系统全年都处于运行费最少的所谓"最佳热湿处理工况"下运行。为了按最佳运行工况组织空调系统的全年运行调节，就有必要把当地可能出现的室外空气变化范围分成若干区，而每一个区都有与之相对应的最佳运行工况。

这种系统可以根据室内外空气参数的变化，各种空气处理设备的能力（加热、冷却、加湿或除湿的能力）等信息，通过综合的逻辑判断，选择最合理的空气处理方式，或通过计算机程序控制，能自动地从一种工况转换到另一种工况，以达到最大限度地节约能量的目的。中央空调的运行管理如下：

（1）随时掌握各用冷场合的具体情况，适时开、停风柜、风机盘管等相关设备。夏季早晨室外气温较低，同时空气新鲜而室内气温较高，可利用空调新风机及消防排烟系统抽、送风约15min。这种做法有几个好处：随时掌握各用冷场合的具体情况，适时开、停风柜、风机盘管等相关设备，注意各通往室外门窗的关闭以防止漏冷和室外热空气的侵入，这样可以降低机组的耗电量和末端设备的耗电量。

（2）根据气温的变化和用冷场合的变化，适时增开或关、停冷水机组，在冬季和夏季，应尽量利用室内循环空气，但新风量不得少于卫生要求规定的值，即对有睡眠、休憩需求的公共场所，室内空气细菌总数不应大于$1500CFU/m^3$，其他场所室内空气细菌总数不应大于$4000CFU/m^3$；在过渡季，应充分利用室外空气的自然调节能力，尽可能做到不用冷、热量或少用冷、热量来达到空调的目的，在满足室内温湿度要求的基础上，尽可能缩短使用冷冻机的时间，来满足室内参数要求。

（3）设定适当的温度，使用空调器时，不宜把温度调得太低，国家推荐家用空调夏季设置的温度为$26 \sim 27℃$，空调每调高$1℃$，可降低$7\% \sim 10\%$的用电负荷。选择适宜的送风角度可使空气的温度降得更快，机柜的进风口和出风口一般都处于机柜的两面，如果在机柜排列时，不注意机柜之间气流的相互影响，而使某些机柜的进风口直接对着前排机柜的出风口，使其吸收的全是热风，这样就会降低空调的制冷效果。

（4）及时调整机组的运行，夏季每天下午$2 \sim 4$时气温较高时，此时应密切注意机组的运行情况，及时调整机组的运行，不要等到室内温度明显上升，热负荷过大才来增开机组，这样易损坏设备，同时增加能耗。增开机组后，要注意观察，当冷媒水的回水温度降到一定程度时，应立即关闭增开的机组，防止耗电量的增大。

（5）选择适宜的水温，在不影响制冷效果的前提下，1）适度提高冷冻水出口的温度，一般来说，冷冻水的出口温度每提高$1℃$，冷水机组的耗电量约可减少$2\%$；2）适当降低冷却水的设计温度，一般来说，冷却水温度每降低$1℃$，冷水机组的耗电量可减少约$2\%$。因此，要重视冷冻水、冷却水的水质，抓好水处理工作，保证冷凝器、蒸发器内不结水垢，无污物，以免影响冷凝器、蒸发器的热交换效果，增加主机的耗电量。

（6）采用变频调速技术。中央空调系统已广泛应用于工业与民用领域，在宾馆、酒店、写字楼、商场、住院部大楼、工业厂房中的中央空调系统，其制冷压缩机组、冷冻循环水系统、冷却循环水系统、冷却塔风机系统等的容量大多是按照建筑物最大制冷、制热负荷选定的，且再留有充足余量。在没有使用具备负载随动调节特性的控制系统中，无论季节、昼夜和用户负荷怎样变化，各电机都长期固定在工频状态下全速运行，造成了能量的巨大浪费。近年来由于电价的不断上涨，使得中央空调系统运行费用急剧上升，致使它在整个大厦营运成本费用中占据越来越大的比例。因此电能费用的控制显然已经成为经营管理者所关注的问题所在。据统计,中央空调的用电量占各类大厦总用电量的70%以上,其中中央空调水泵的耗电量约占总空调系统耗电量的20%~40%,故节约低负荷时压缩机系统和水系统消耗的能量,具有很重要的意义。所以,随着负荷变化而自动调节变化的变流量变频空调水系统和自适应智能负荷调节的压缩机系统应运而生,并逐渐显示其巨大的优越性,而且得到越来越多的推广与应用。采用变频调速技术不仅能使空调系统发挥更加理想的工作状态,更重要的是通常其节能效果高达30%以上,能带来良好的经济效益。

从因果关系角度上看,冷冻水系统、冷却水系统、冷却塔风机系统均是主压缩机系统的从动系统。当主压缩机系统的负荷发生变化时,对冷冻水、冷却水的需求量和冷却塔需求的冷却风量也发生相应的变化,正因如此,才有节能改造的必要前提条件,才有实现"按需分配"控制方案的可能。

(7)降低输送系统能耗。空调系统在运行过程中通过风机与水泵消耗掉的电能,在整个空调系统能耗中占有较大的比例,采用科学合理方法使之降低,对整个空调系统的节能有十分重要的意义。选择较高的风机、水泵运行效率是节能的一个重要因素。

目前,可有效降低输送能耗的措施主要有以下几点:

(1)控制合理的作用半径,空调、通风设备应尽量靠近服务的对象,以缩短风管的长度。风系统的服务区域不宜过大,办公建筑中,空调风管的长度不应超过90m;商场与旅馆建筑中,空调风管的长度不应超过120m。

(2)合理的管道系统风速,以尽可能降低需求的风压。因为水泵与风机的功耗和管路系统当中流速的平方是正比关系,运用低流速就能取得相对较好的节能成效,而且有利于提升水力工况所具有的稳定性。空气通过空气冷却器和空气加热器的面风速不宜超过2.5m/s;风速过大,不仅风阻增大,而且空气冷却器后还必须增设挡水板,又要增加额外阻力。

(3)通过低温送风能够减小风管与输送的动力,但是风管的保温要给予加强,末端的送风装置也要防止出现结露现象。采用低阻力的空气过滤器,确保有足够的过滤面积的同时,特别要注意校核最大新风比时所需的过滤面积。

(4)选择采用高效率的通风机和电动机。风机的全压必须通过计算确定,避免输送能量的浪费。有条件时,应尽可能选择采用传动效率为100%的直联驱动的通风机。

(5)当多个空气调节区合用一个空气调节风系统,各空气调节区负荷变化较大,低负荷运行时间较长,且需要分别调节室内温度,在经济、技术条件允许时,宜采用全空气变风量空气调节系统。当各房间的负荷小于设计负荷时,变风量系统可以调节输送的风量,从而减少系统的总输送风量,降低了系统的运行能耗,而风量的减少又节约了处理空气所需要消耗的能量。

需要注意的是,为了确保单位风量耗功率设计值的确定,要求设计人员在图纸设备表上注明空调机组采用的风机全压与要求的风机最低总效率。

### 5.3.5 空调系统的节能技术

#### 5.3.5.1 低温送风系统节能技术

A 低温送风系统

低温送风技术是1947年首先由美国提出的,当时受到设备的限制而发展缓慢。随着空调系统在现代建筑中的应用越来越广泛，相应的空调系统能耗也迅速增大，一些大、中城市的空调系统用电量已占其高峰用电35%以上，使得电力系统峰谷差加大，电网负荷率下降，电网不得不实行拉闸限电，严重影响工农业生产和人们的生活。解决的办法之一就是移峰填谷，于是一种新型的制冷空调技术——蓄冷技术便应运而生。单纯的蓄冷虽然可以起到移峰填谷的作用，运行费用似乎比常规冷源更节省，但庞大且控制复杂的蓄冷系统使冷源的初投资比常规冷源高，制冷机的实际能耗也要高。所以，从真正节能的角度，蓄冷系统的高能耗、高投资必须由低温送风系统的低能耗、低投资来弥补。低温送风与冰蓄冷技术结合在一起，能够进一步减少空调系统的运行费用，降低一次性投资，提高空调系统的整体能效。

低温送风系统属于全空气系统，由中央空气处理机组、风机、风管、末端空气扩散设备及调节控制设备等组成，但与常规全空气系统主要不同在于末端设备，低温送风系统的末端设备需要防止结露。按送风温度的高低，低温送风系统通常可分为以下三类：

一类低温送风。送风温度为4~6℃，这种低温送风由于需要特制的风口，故一般较少推荐采用。

二类低温送风。送风温度为6~8℃，这种低温送风与冰蓄冷技术紧密结合在一起，能达到很好的节能效果，经济效益也很好，得到了较大范围的推广与应用。

三类低温送风。送风温度为9~12℃，这种低温送风较为灵活，可与冰蓄冷结合，也可与常规空调结合，经济效益不是很显著，因此较少在冰蓄冷送风空调系统中推广应用。

B　低温送风系统的节能和经济效益

低温送风空调系统的优势是与冰蓄冷技术相结合，在获得低温冷源的同时，凸显出冰蓄冷系统移峰填谷的作用，平衡电网负荷，提高了能源利用率。此外，低温送风系统本身和常规全空气空调系统相比，能够在以下几个方面体现其节能和经济效益。

（1）降低输送系统的初投资。一方面由于低温送风系统的送风温度降低，送风温差增大导致送风量减少，则风管尺寸和风机功率减小；另一方面由于冷冻水进出口温差增大导致冷冻水量减少，则冷冻水管尺寸和水泵容量均减小，因此输送系统的初投资减小。虽然其冷却盘管的排数有所增加，送风末端以及管道保温的投资会有所增加，但是随着送风末端产品的开发，系统的初投资能够降低。

（2）节省建筑空间。由于空调设备和风道尺寸均减小，所占空间亦减小，这会增加建筑有效空间，降低建筑物层高，从而降低建筑造价。据估算，针对不同的低温送风空调系统和送风温度，建筑物层高可降低8~24cm。对高层建筑而言，在不增加建筑物总高度的前提下，约每20~30层可增加一层的使用空间。

（3）减少系统运行能耗。送风温度越低，空调区域越大，与常规空调系统相比，低温送风空调系统所需的风机功率的减少、送风电耗的下降也越明显，随之也降低了电力增扩容费用及运行费用。而与冰蓄冷结合的低温送风空调系统，可以进一步减少整个空调系统在用电高峰段的电能需求，更大程度上减小系统运行的能耗费用。

（4）采用较高的室内干球温度来降低能耗。因供水温度低，低温送风系统除湿量大，因此能维持较低的室内相对湿度。实验研究表明，在较低的湿度下受试者感觉更为凉快和舒适。因此，在保持室内热舒适相同的情况下，室内设计干球温度可相应提高1℃左右，因而减少了围护结构传热量，降低了空调负荷，从而降低了能耗。

### 5.3.5.2 变风量空调系统

变风量空调系统是全空气空调系统的一种形式，见图 5-12，当空调区负荷变化时，系统末端装置自动调节送入房间的送风量，确保室内温度保持在设计范围内，从而使得空气处理机组在低负荷时的送风量下降，输送能耗随之降低，达到节能的目的。

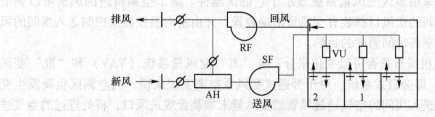

图 5-12　变风量单风道空调系统

AH—空气处理机组；VU—变风量末端装置；SF—送风机；RF—回风机；
1—送风口；2—回风口

### A　变风量空调系统

在系统组成空调系统运行过程中，由于室外温度和室内热源的随时变化，室内负荷是变化的，为了保证室内温度的稳定，需要进行运行调节。对于全空气空调系统，有两种调节方式：一是送风量保持不变而调节送风温度，即常规的定风量空调系统。二是送风温度不变而调节送风量，即变风量空调系统。

典型的变风量单风道空调系统，由空气处理机组、送（回）风管、变风量末端装置、送风口及自动控制仪表等组成。其中，空气处理机组与定风量空调系统一样，能改变新风或新风与回风的混合空气的温湿度，能进行净化、降噪、升压等处理，一般由新风格栅、新风阀、回风阀、空气过滤器、加热器、冷却器、加湿器和风机等设备和部件组成。变风量末端装置是变风量系统的关键设备之一，当室内负荷变化时，通过它来调节送入每个房间的送风量，以维持室内温度满足要求。变风量末端主要有两种类型：可接风口的变风量末端装置和变风量风口。可接风口的变风量末端装置又分为节流型和风机动力型。节流型变风量末端装置主要由箱体、控制器、风速传感器、室温控制器、电动风阀等组成。风机动力型变风量末端装置，在箱体内设置了一台离心式增压风机，根据风机与一次风阀的排列位置的不同，风机动力型变风量末端装置又可分成并联式和串联式两种形式。变风量风口是将室温传感器、风量调节机构组合在送风散流器内的一种变风量末端设备。某变风量风口的结构由风口包括模式转换温控器、房间温控器、诱导喷嘴、调节风阀、传动控制盘以及面板等组成。其中，模式转换温控器设置在风口进风管入口处，用来控制变风量风口供冷或供暖的模式转换；诱导喷嘴的作用是在风口中产生局部负压，把部分室内空气（二次风）吸进风口，通过设置在二次风通路内的温控器感受进入风口的室内空气的温度；温控器是一个充有石蜡状物质的小铜柱，当其受热时，蜡状物会融化膨胀，向外推动柱塞，当其冷却时，蜡状物凝固回收缩，弹簧将柱塞拉回，通过柱塞往复运动成比例地控制风阀的开度，调节送入房间的风量。

系统类别可以从不同角度对变风量空调系统进行分类，分别为：

（1）按照空调机组所采用的送风管道的数目来分，有单风道变风量系统和双风道变风量系统。前者只是用一条送风风管通过变风量末端装置和送风口向室内送风的；后者用双风管送风，一条风管送冷风，一条风管送热风，通过变风量末端装置按不同的比例混合后送入室内。双风管变风量系统，不符合节能原则，不宜采用。

（2）按照所服务的区间来分，有单区系统和多区系统。当空调系统向负荷变化不同的区域送风时，采用多区变风量系统显示了它的优越性。除了空调机组的风量可以调节外，每个空调房间的送风口都装有变风量末端装置，并由室内温控器来控制送入房间的风量，达到有效控制各房间温度的目的。

（3）按照风机风量是否可以变化来分，有"真"变风量系统（VAV）和"准"变风量系统（BVV），即旁通式系统。对于旁通式变风量空调系统来说，当空调区负荷发生变化时，空调机组送入房间的空气通过风管或变风量末端装置或送风口，将处理过的空气进入房间之前部分旁通到回风中，以改变送入房间的风量，达到变风量和控制室内温度的目的。

（4）按照变风量末端装置的结构型式和调节原理来分，有节流型、风机动力型、旁通型和双风管型等4种。其中节流型是最基本的，其他的型式都是在节流型的基础上变化发展起来的。

### B　变风量空调系统的节能性

变风量空调系统，不用再加热方式或双风管方式就能适应各房间或区域的温度要求，完全消除再加热方式或双风管方式带来的冷热混合损失。此外，其节能性还表现在：

（1）设备容量减少。由于VAV系统能自动适应负荷的变化，在确定系统总风量时可以考虑风机设备的使用情况，所以能够减少风机装机容量。研究表明，和定风量（CAV）空调系统相比，设备容量减少20%～30%，建筑物同时使用系数可取0.8左右，可以节约空调系统的总装机容量10%～30%。设备容量的减少可节省建筑空间的占用，降低建筑造价。

（2）运行能耗的减少。由于空调系统在全年大部分时间里是在部分负荷下运行的，而变风量空调系统是通过改变送风量来调节室温的，末端装置可以随空调房间实际负荷的变化而改变送风量，而且充分利用负荷差异，减小了系统的总负荷，使得变风量空调器的冷却能力及风量比定风量风机盘管系统减少10%～20%，从而减少空调机组的风机能耗，明显降低运行用电量。

### 5.3.5.3　空调水系统的节能

空调水系统是一个大型的热交换装置，它以水作为介质，在建筑物内部或建筑物之间传递冷量或热量。冷源以适当的流量供冷冻水到末端装置，以满足末端冷负荷的需求。空调水系统分为冷冻水系统和冷却水系统。

目前，空调水系统存在着一些问题，如选择水泵是按设计值查找水泵样本的铭牌参数确定，而不是按水泵的特性曲线选定水泵型号；不对每个水环路进行水力平衡计算，对压差相差悬殊的回路也未采取有效措施。因此水力、热力失调现象严重；大流量、小温差现象普遍存在。设计中供回水温差一般均取5℃，但经实测夏季冷冻水系统供回水温差较好的为4℃，较差的只有2～2.5℃，造成实际水流量比设计水流量大1.5倍以上，使水系统电耗大大增加。因此可以考虑以下措施进行节能：

在水系统设计中，冷冻水泵的容量是按照建筑物最大设计负荷选定的，但是实际空调负荷在全年的绝大部分时间内远比设计负荷低，绝大多数时间是在部分负荷下运行，而且负荷率在50%以下的运行时间要占一半以上。

部分负荷时运行调节的传统方法是采用质调节（定流量，调节温度）。在定流量水系统中，没有任何自动控制水量的措施，系统的水量变化基本上由水泵的运行台数决定。该方法存在的问题是随负荷的减少不仅不能降低系统的能耗，而且当存在再热、混合等损失时，能耗反而增加。与之相对应的量调节（变流量调节）不仅可防止或减少运行调节的再热、混合等损失，而且由于流量随负荷的减少而减少，使输送动力能耗大幅度降低。

对于空气处理设备，用三通阀的控制方式可实现变水量，但对整个水系统而言，则是定水量方式控制。因此，水泵的动力不可能节省，用双通阀的控制方式是改变管路性能曲线，以使系统的工作点发生变化，结果是流量减少，压力增加，水泵的动力降低有限。转速控制是改变水泵性能的方法，随着转速下降，流量和压力均降低，而水泵动力以转速比三次方的比例减少。所以这种方式具有极好的节能性。台数控制是目前采用较多的控制方式。它简便易行，其节能及经济效果十分显著。此外，还可以采用相互结合的控制方式，如台数＋转速控制等。

变频调速是近代的科技成果，它是通过均匀改变电机定子供电频率 $f$ 达到平滑地改变电机的同步转速的。只要在电机的供电线路上跨接变频调速器即可按用户所需的某一控制量（如流量、压力、温度等）的变化，自动地调整频率及定子供电电压，实现电机无级调速。不仅如此，它还可以通过逐渐上升频率和电压，使电机转速逐渐升高。现代变频技术的发展，使之在许多需要电机调速的场合得到了广泛的应用，其他的电机调速方法已逐渐被变频调速所取代。在空调水系统的设计中，可以采用变频调速装置对水泵实施变频调速控制，使其根据负荷的变化而不断调节电机的转速，从而节省耗电，起到节能效果。

### 5.3.5.4 变制冷剂流量多联式空调系统与节能

#### A 变制冷剂流量多联式空调系统

变制冷剂流量多联式空调系统（简称多联机），是一台室外机组配置多台相同或不同形式、容量的室内机，通过改变制冷剂流量适应各空调区负荷变化的直接膨胀式空气调节系统。该系统室外机由室外侧换热器、压缩机和其他制冷附件组成；室内机由风机和直接蒸发器等组成。室内机和室外机之间由细小的冷媒铜管连接，室外机通过管路向若干个室内机输送制冷剂液体，而每台室内机可以自由地运转/停止或群组或集中等控制。系统根据室内舒适性参数及室外环境参数，通过控制压缩机的制冷剂循环量和进入室内各个换热器的制冷剂流量，可以适时地满足室内冷热负荷要求。

大多数多联式空调都是热泵型（包括热回收型）空调系统，即室内、室外侧换热器都具有冷凝器和蒸发器的双重功能。而且在单台室外机运行的基础上，同时发展出多台室外机并联系统，可以连接更多的室外机。

多联式空调系统的主要工作原理是：室内温度传感器控制室内机制冷剂管道上的电子膨胀阀，通过制冷剂压力的变化，对室外机的制冷压缩机进行变频调速控制或改变压缩机的运行台数、工作气缸数、节流阀开度等，使系统的制冷剂流量变化，达到制冷或制热两种方式随负荷变化而改变供冷量或供热量的目的。

多联式空调系统没有空调水系统和冷却水系统，系统简单，不需机房面积，管理方便灵活，可以热回收，且自动化程度较高，近年已在国内一些工程中采用。该空调系统具体主要有以下四个特点：

（1）多联式空调系统可以根据系统负荷变化自动调节压缩机转速，改变制冷剂流量，保证机组以较高的效率运行。部分负荷运行时能效比较高，能耗下降，全年运行费用降低。

（2）多联式空调系统采用的风冷式室外机一般设置在屋顶，不需占用建筑面积。系统的接管只有制冷剂管和凝结水管，且制冷剂管路布置灵活、施工方便，与集中空调水系统相比，在满足相同室内吊顶高度的情况下，采用多联式空调系统可以减少建筑层高，降低建筑造价。

（3）与集中式空调系统相比，多联式空调系统施工工作量小得多，施工周期短，尤其适用于改造工程。系统环节少，所有设备及控制装置均由设备供应商提供，系统运行管理安全可靠。

（4）多联式空调系统组合方便、灵活，可以根据不同的使用要求组织系统，满足不同工况房间的使用要求。对于热回收多联式空调来说，一个系统内，部分室内机在制冷的同时另一部分室内机可以供暖运行。在冬季，该系统更可以实现内区供冷，外区供暖，把内区的热量转移到外区，充分利用能源，降低能耗，满足不同区域空调要求。

在多联式空调系统实际运行过程中，满负荷运行的时间很短，一般只占全年运行时间的 $1\% \sim 3\%$ ，其余时间都是在部分负荷下运行的，而其中又有 70% 的运行时间是在 $30\% \sim 70\%$ 负荷段。因此衡量一个空调产品节能性的好坏，其部分负荷的 COP 值是至关重要的。对于多联式空调系统，可以用 IPLV 值（多联式空调（热泵）机组制冷综合性能系数）来评价一个季节的空调系统的用能效率。

B   变制冷剂流量多联式空调节能性

多联式空调是一种全新概念的空调，它集一拖多技术、节能技术、智能控制技术、网络控制技术和多重健康技术等多种高新技术于一身，除了能满足消费者对舒适性、方便性等方面的要求之外，该型空调还具有较大的节能潜力，主要体现在以下三个方面：

（1）高效压缩机多联式空调系统大多数情况下采用的是涡旋式压缩机。涡旋式压缩机结构简单，不需要设置吸、排气阀片；具有较高的容积效率，易损部件少，运行平稳，噪声低，而且允许吸入少量湿蒸汽，故特别适用于热泵式空调。相对于其他几种压缩机而言，涡旋式制冷压缩机的能效比较高，相对较节能。

（2）冷（热）量直接由制冷剂输送多联式空调系统直接以制冷剂作为传热介质。由于制冷剂存在相变过程，在同样质量流量下，工质主要以液态形式流动，用沸腾和凝结换热传送的冷量或热量远高于同质量的水或空气传输的冷量或热量。而且不需要庞大的风管或水管系统，减少了输送耗能及载冷剂输送中的能量损失。

（3）冷（热）量随负荷调节。每台室内机组可以自由开启和停止，由于采用先进的变频技术，系统可实现多级的能量调节，根据室内空间不同情况的负荷需要，室外机组自动调整输出负荷，进行"按需供给"冷（热）量，从而克服了传统中央空调只能进行全开或半开的单一调节的缺点，大大减少能量的损耗和浪费，使得整个系统消耗的能量最低，较一般中央空调节能 $15\% \sim 25\%$ 。

### 5.3.5.5 换热器节能技术

暖通空调中的换热器承担着热流体和冷流体之间热量的传递工作，其在整个暖通空调运行能耗中占据着较高的比例，想要提高此过程的能源利用率，就需要对换热器节能控制工作引起重视，采取更为节能的运行方式，为换热器节能降耗创造良好的运行条件。暖通空调工程中设备节能技术具有重要意义，主要有转轮全热交换器、板式显热交换器、翅片式全热交换器、中间热媒式换热器、热管换热器等设备。

转轮全热交换器是一种空调节能设备。它是利用空调房间的排风，在夏季对新风进行预冷减湿；在冬季对新风进行预热加湿。它分金属制和非金属制两种不同形式。其节能特性在于：（1）有较高的热回收效率；（2）因交替逆向进风，有自净作用。

板式换热器是用薄金属板压制成具有一定波纹形状的换热板片，然后叠装，用夹板、螺栓紧固而成的一种换热器。各种板片之间形成薄矩形通道，通过板片进行热量交换。工作流体在两块板片间形成的窄小而曲折的通道中流过。冷热流体依次通过流道，中间有一隔层板片将流体分开，并通过此板片进行换热。通过对板式换热器进行余热回收便可有效地实现节能。

翅片式散热器主要由空气流向间的三排并列螺旋翅片管束组成，翅片式换热器因采用机械绕片，散热翅片与散热管接触面大而紧，传热性能良好、稳定，空气通过阻力小，蒸汽或热水流经钢管管内，热量通过紧绕在钢管上翅片传给经过翅片间的空气，达到加热和冷却空气的作用。从传热机理上看，翅式换热器仍然属于肩臂式换热器。其主要特点是，它具有扩展的二次传热表面（翅片），所以传热过程不仅是在一次传热表面（隔板）上进行，而且同时也在二次传热表面上进行。高温侧介质的热量除了有一次表面倒入低温侧介质外，还沿翅片表面高度方向传递部分热量，即沿翅片高度方向，有隔板倒入热量，再将这些热量对流传递给低温侧介质。

中间热媒式换热器是在系统的排风和新风侧各设一组水-空气换热器，两换热器之间由泵通过乙二醇水溶液的循环，将热量传递给新风或者排风，从而预热或预冷新风。这种显热热回收也称为液体循环式热回收，其装置被称为液体循环式热回收装置，由循环泵、排风换热器、新风换热器、密闭式膨胀罐、排空阀和管道等组成。优点：（1）运行特性稳定可靠，使用寿命长；（2）设备费用低；（3）维修简便；（4）安装方便、管道布置灵活、占地面积和空间小；（5）对新风管和排风管敷设和走向的适应性好；（6）排风和新风在管路上完全隔离，其间无直接接触，故适用于医院、无菌动物实验室，以及其他可含菌、有毒、有害的工业厂房的排气热回收。

冷水塔主要是指冷却水经由冷却塔，与空气换热的过程中，也在进行质量交换。冷却塔在建筑物中央空调内节能方面发挥了重要作用，现今得到广泛应用的是湿式冷却塔。整个运行过程中，冷却水经由冷却塔与外界空气同时完成了能量与质量的双重交换。因此，冷却塔有显热与潜热两类，若换热量均是水的潜热，冷却水将快速下降6℃，最终蒸发的总水量不及总供水量的1/100。此外，影响中央空调中冷却塔选择的因素较多，包括需冷却的热负荷、接近度、湿球温度等。因此，中央空调制冷空调系统中，应正确选择、安装、使用冷却塔，以求通过大气冷源，再由板式换热器间接制冷，从而降低能量。

### 5.3.5.6 热泵节能技术

热泵技术也作为一种空调节能技术被广泛使用。制冷系统以消耗少量的功从低温热源取热，向需热对象供应更多的热量，这种装置称为"热泵"。采用热泵既可在夏季制冷，又可在冬季供暖；既可提高效率，节约能量，又可实现一机多用。

在实际使用中，热泵的性能系数 COP（热泵的供热量与输入功能的比值）可达到 2.5～4，即用热泵得到的热能是消耗电能热当量的 2.5～4 倍。热泵取热的低温热源可以是室外空气、室内排气、土壤或地下水，以及废弃不用的其他余热。

据估计，全世界在 100℃ 左右低温用热的耗能量占总耗能量的一半左右。一方面，把石油、煤炭、天然气等高品位的一次能源和电能等高品位的二次能源，无效降级而获得 100℃ 左右的低位能，有效损失太大。另一方面，接近环境温度的大量低温位能和余热没被利用。因为低位的余热用一般换热器回收，其效率是很低的。热泵可将不能直接利用的低位能余热，提高热位后变为有用能，是有效利用低位能的一种节能技术手段。从这个角度看，有人称热泵为"特殊能源"。

　　A　空气热源热泵

空气热源热泵是以室外空气为热源，加热室内空气的热泵机组，如小型热泵式空调器（窗式、立柜式等）。这种小型热泵空调机组可以有不同的组装方法，适用于住宅建筑和一般小型公共、商业性设施。它的优点是安装方便，使用简单，并可以冬夏两用（通过四通换向阀使冷凝器和蒸发器相互转换），热泵型分体式空调器的工作原理如图 5-13 所示。其主要缺点是室外空气温度越低时，室内热的需求量越大，而机组的供热量反而减少，效率越低。因此，使用空气热源热泵必须精确地计算热负荷，并在此基础上选择合适的辅助热源加以配合。此外，当室外空气温度低于 0℃ 时，在一定的温度下蒸发器上还会结霜，这将对传热不利，必要时需采用除霜循环（实际是制冷循环）加以消除。

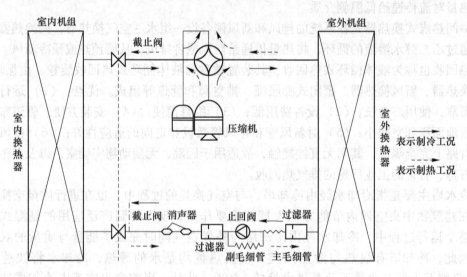

图 5-13　热泵型分体式空调器原理图

　　B　水源热泵系统

水源热泵是以低温热水为热源的热泵机组。水源热泵空调系统所用的低温水热源一般指建筑内回收的余热水、工厂废热水、污水、地热水、河水及海水等，具有经济、节能和环保优势。图 5-14 所示为海水源热泵与太阳能联合工作的空调系统原理图，主要由太阳能集热器、蓄热水箱、海水换热器、热泵机组及其附属设备和末端空调用户组成。系统运行方式包括两种低位热源交替供暖或供冷和同时供暖。运行中使太阳能与海水能各自发挥优势，弥补单一热源热泵的不足。与采用单一热源热泵方式相比，系统的设备容量相应减少，COP 值提高，实现两种热泵系统的最优化组合，以最大限度实现节能目的。

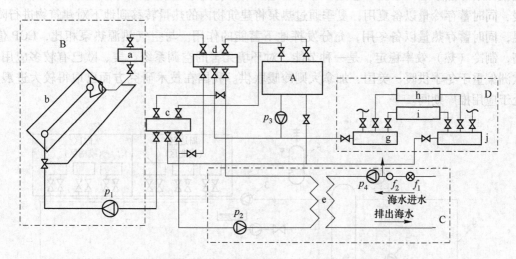

图 5-14　海水源热泵与太阳能联合工作的空调系统原理图

A—热泵机组；B—太阳能集热系统；C—水源热泵系统；D—空调系统；a—蓄热水箱；b—太阳能集热器；
c，d—系统分、集水器；e—海水换热器；$f_1$，$f_2$—粗过滤器，精过滤器；g，j—空调系统分、集水器；
h，i—空气处理单元；$p_1$，$p_2$，$p_3$，$p_4$—循环水泵

### C　空气和水热源组合的热泵系统

冬季热泵的热源可以由回收室内余热和从室外空气中吸热两部分组成，这样可提供更多的供暖热量。夏季改变制冷剂流向，相当于系统中有两个冷凝器，一个水冷，一个空气冷却，如图 5-15 所示。

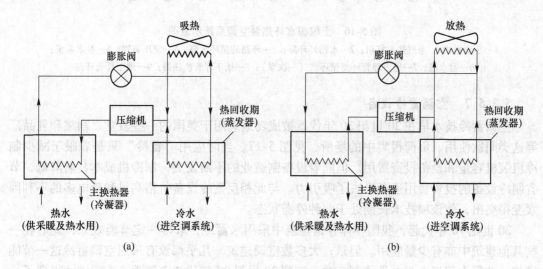

图 5-15　空气和水热源组合的热泵系统

(a) 冬季；(b) 夏季

D　地热源热泵

地热源热泵也称土壤源热泵，它是以大地为热源对建筑物进行供暖制冷。图 5-16 为土壤源水环热泵空调系统示意图。冬季通过热泵，将大地中的低位热能提高后对建筑物供暖，同时蓄存冷量以备夏用；夏季通过热泵将建筑物内的热量转移到地下对建筑物进行降温，同时蓄存热量以备冬用，充分发挥地下蓄能的作用。与空气热源热泵相比，COP 值高，制冷（热）效率稳定，是一种节能、对环境无害的空调系统。美、欧已有较多应用，欧洲偏重于冬季供暖，美国、加拿大则冷暖联供。我国在技术研究方面已取得较大进展，处于应用推广期间。

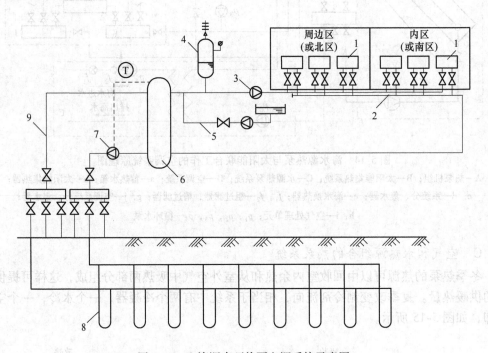

图 5-16　土壤源水环热泵空调系统示意图

1—小型室内水/空气热泵机组；2—水循环环路；3—环路的循环水泵；4—定压装置；5—补水系统；
6—蓄水罐；7—地下埋管环路循环泵（一次泵）；8—地下埋管换热器；9—地下埋管环路

### 5.3.5.7　空调蓄冷设备

空调蓄冷技术早在 20 世纪 30 年代就被成功地应用于美国的一些教堂、剧院和乳品厂等这类间歇使用、负荷很集中的场所，见图 5-17。当时应用"蓄冷"只是着眼于减少制冷机装机容量和设备投资费用。但随着设备制造业的不断发展，制冷机成本显著降低，节省制冷设备的投资费用逐渐失去了吸引力。与此相反蓄冷设备价格高昂和耗电多的不利因素变得突出，使该项技术长期处于一种停滞状态。

20 世纪 70 年代起，我国在体育馆建筑中采用水蓄冷，取得一定节能效果，此后在一些其他建筑中亦有少量应用。但是，大多数空调建筑，几乎都没有采用空调蓄冷这一节能措施。这很大程度上与电价体制有关。直到 20 世纪 90 年代初空调蓄冷在我国才得到了一定的发展，截至 2001 年，已经建成和正在建设的水蓄冷和冰蓄冷系统共计有 177 项，取得了初步成就。如北京首都体育馆空调系统改造为空调水蓄冷系统，取得了良好的社会效益

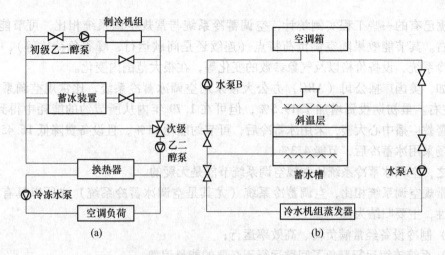

图 5-17 典型冰、水蓄冷系统示意图

(a) 典型冰蓄冷系统示意图；(b) 典型水蓄冷系统示意图

和经济效益。深圳电子科技大厦的空调冰蓄冷系统采用法国 CIAT 公司提供的 Cristopia 冰球蓄冷装置，配有 $100m^3$ 贮槽 5 个。单螺杆双工况冷水机组 3 台，总蓄冷能力 29500kW·h。削峰能力为 47%。该系统经清华大学进行测试，结果表明，系统运行良好。

空调蓄冷是一种重要的节能措施，但其节能效果和经济效益随着具体条件的不同，可在很大范围内变化，在采用时应特别注意。现将空调蓄冷的应用条件与范围归纳如下：

（1）空调蓄冷特别适用于间歇空调以及峰谷负荷差较大的连续运行空调系统。例如办公大楼、影剧院、体育馆、图书馆、机场候机楼、乳品加工厂、宾馆、饭店、旅馆以及非三班制的工厂车间等。尤其是空调峰值负荷与电网峰值负荷同时或接近同时出现时，更为适用。

（2）夜间谷值电价低廉，且峰谷电价差价愈大时，空调蓄冷的节能效果和经济效益将越显著。

（3）水蓄冷时，可采用任何形式的制冷机作冷源，而冰蓄冷时宜采用活塞压缩式、螺杆式等制冷机，以保证其蒸发温度达到 -10～-15℃ 左右的制冷工况要求。当采用冷水机组时，应考虑到与蓄冷槽的系统连接。

（4）当采用冰蓄冷时，还应考虑到有适合的蓄冷槽或空调冰蓄冷机组产品，或自行设计和加工这些产品。

（5）当采用空调蓄冷系统时，应当进行设计工况及运行工况的能耗分析，并对各工况进行优化，以期达到最大可能的节能效果，并获得最大的经济效益。

（6）当采用空调蓄冷时，应当配备具有一定技术水平的运行管理人员，有条件时，可采用计算机管理和控制。

综上所述，在考虑采用空调蓄冷时，应十分注意具体的应用条件。根据空调负荷的特点进行能耗分析和优化设计，并加强管理，方能达到最佳的节能效果和最大的经济效益。

在空调系统中恰当地采用蓄冷设备，不仅可获得很大的节能效果和效益，而且还能均衡电网峰谷负荷，提高电厂电力生产效益，从而使各行各业受益，具有很大的国民经济意义。随着空调事业的发展，其社会效益将与日俱增。

根据已有的一些工程实例统计，空调蓄冷系统与常规空调系统相比，可节能 5% ~ 45% 左右。其节能效果随空调负荷特点（连续还是间歇运行，峰谷负荷比等）、电价体制、蓄冷系统、设备价格以及气象参数的变化等，在很大范围内变化。

例如，美国广播公司（ABC）办公大楼采用空调冰蓄冷系统，比常规空调系统节能 4.5% 左右。虽初期投资增加了 19.5%，但可在 1.79 年内从所节约的能耗中得到回收。美国基督教广播中心大楼，采用冰蓄冷后，可节约能耗 11%，且设备费降低 16.45%。美国某商场采用冰蓄冷后，节能 4.3%。

总之，空调冰蓄冷系统比常规空调系统节能是无疑的。

与常规空调系统相比，空调蓄冷系统（尤其是空调冰蓄冷系统）之所以具有良好的节能特性，主要归结为：

（1）制冷设备经常满负荷、高效率运行；

（2）系统连续运行避免了间歇运行不必要的能量浪费；

（3）蓄冰槽体积大大小于蓄冷水池，散热面小，冷损失小 80% 左右；

（4）充分利用夜间大气冷却能力，提高制冷机产冷量和性能系数 COP（冷凝温度降低 $1\,^\circ\!C$ 约可提高产冷量 2% 左右）；

（5）充分利用夜间谷值负荷的优质廉价的能力，且峰谷电价差愈大，经济效益愈显著；

（6）空调冰蓄冷系统，由于水的工作温差大，可减小水流量，水管、水泵、阀门等均减小，系统阻力亦降低；

（7）空调冰蓄冷系统可采用大温差送风，使风道、风机、风阀、风口等均变小，风阻力降低；

（8）空调冰蓄冷系统由于水温差大，又通过热交换器形成闭式水系统，大大节约水的高度提升能耗。对高层建筑特别有利。

目前我国电力供应十分紧张，利用空调蓄冷来均衡电网峰谷负荷（移峰填谷），不仅可缓解电力供应紧张状况，使电厂受益，而且对整个国民经济有不可忽视的作用。当前我国电网的峰谷比一般在 75% ~100%。例如，上海电网峰谷差约为 20%（约 800000kW）。北京电网峰谷差约为 25%（约 500000kW）。电网的移峰填谷相当于扩大电力的再生产，对发展社会生产力具有现实意义。而在能源消费逐年增加的情况下，应用空调蓄冷技术具有较大的社会效益和经济效益，主要表现在如下六个方面：

（1）转移电力高峰用电量，平衡电网峰谷差，改善发电机组的运行效率。采用蓄冷技术，可使耗电量大的制冷机组在夜间用电低谷运行蓄冷，从而将常规用电负荷从白天的用电高峰移入夜间的用电低谷期而实现"移峰填谷"，使电网负荷稳定。这也是电力公司所希望的，它不仅改善了现有电厂发电机组的运行状况，提高了现有发电设备和输变电设备的使用率，缓解了日益增长的电力需求对现有设备容量的压力，而且，可以减少对矿物燃料的消耗和运行费用高、效率低的调峰电站的投入和新建电厂的投资。同时，可以减少能源使用（特别是对火力发电）引起的环境污染。

（2）减少制冷机组容量，减少设备投资。为了满足用冷高峰期的用冷量，目前多数制冷机组的设计容量都过大，但是高峰运行时间短，多数在 20% ~40% 的容量范围内工作，因此能源利用效率低。采用蓄冷技术可以在空调负荷高峰时，通过把蓄存的能量释放出来供冷，因此主机的装机制冷量一般可以减少 30% ~50%，而不必像常规空调系统那样按高峰负荷配备设备。

（3）减少相应电力增容费和供配电设施费，改善了制冷机组运行效率。空调蓄冷系统中制冷设备满负荷运行的比例增大，状态稳定，提高了设备的利用率和制冷机组的运行效率。

（4）显著增加用户的经济效益。对于用户来说，采用蓄冷方式将制冷用电负荷从高峰期转入低谷期可获得相当大的经济效益。制冷机容量的减少可以明显减少制冷设备的投资，对于进行技术改造的项目来说还可以充分利用现有的设备和蓄水池或废旧容器，进一步减少初投资。另外，在电力公司为移荷而制定的分时计费电价结构下，若高峰期与低谷期的电价差一倍，则用户的制冷装置在夜间用电低谷期运行可以减少用电费用近50%，获取较大的经济效益。

（5）空调蓄冷系统适合于应急设备所处的环境，如医院、计算机房、军事设施和电话机房等。在这些场所可作为应急冷源，停电时可利用自备电力启动水泵并且融冰供给空调。并且特别适合于负荷比较集中、变化较大的场合，如体育馆、影剧院等。这些场所，几千人甚至上万人在短时间内集中在空调区域内。因此，可用小容量制冷机组提前开机蓄冷，把小负荷冷量储存起来，供大负荷使用，这样可大大减少制冷机组装机容量。

（6）系统冷量调节灵活，过渡季节不开或少开制冷主机，节能效果明显。应用蓄冷技术可以减少用电高峰期调峰机组投入的数量，减少一次能源的浪费。可以说，它是在整个能源系统范围上实现节约能源的作用。

# 5.4 可再生能源利用

可再生能源是清洁能源，是指在自然界中可以不断再生、永久利用、取之不尽、用之不竭的资源，主要包括太阳能、风能、水能、生物质能、地热能和海洋能等。它们对环境无害或危害极小，而且资源分布广泛，适宜就地开发利用。国家"十四五"时期建筑节能工作重点之一是到2025年，完成既有建筑节能改造面积3.5亿平方米以上，建设超低能耗、近零能耗建筑0.5亿平方米以上，装配式建筑占当年城镇新建建筑的比例达到30%，全国新增建筑太阳能光伏装机容量0.5亿千瓦以上，地热能建筑应用面积1亿平方米以上，城镇建筑可再生能源替代率达到8%，建筑能耗中电力消费比例超过55%。下面重点介绍可以直接用于空调的太阳能、风能、地热能和地下含水层蓄能。

## 5.4.1 太阳能的利用

### 5.4.1.1 被动式太阳房

如图5-18所示，太阳射线通过玻璃表面透射到重质墙体6涂黑的吸热表面上，使墙体表面温度升高，同时墙体蓄热。在冬季室内需要供热时，玻璃3与重质墙体6之间的热空气利用自然对流送入房间。室内冷空气经下通风口5进入空气层，又被加热形成自然循环。在太阳能停止照射后，则利用重质墙体6所储存的热，继续加热房间。在夏季，关闭热空气入口7，打开风门1和8，热空气从风门1排出室外，冷的新鲜空气从风门8进入室内，从而加强室内的通风作用。因此，被动式太阳房可在冬季为室内供暖，在夏季加强室内空气对流和通风，提高房间的舒适性，实现建筑节能。但这种工作方式完全取决于太阳照射的状况，无法将室内温度保持在一个比较稳定的值。

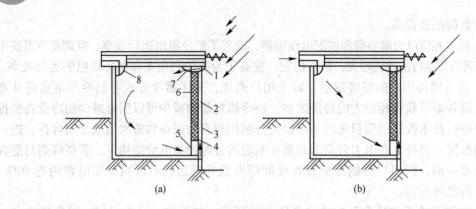

图 5-18　被动式太阳房

(a) 加热房间时；(b) 加强通风时

1, 8—风门；2—空气层；3—玻璃；4—辐射接受面；5—下通风口；6—重质墙体；7—热空气入口

### 5.4.1.2　太阳能吸收式制冷空调

在夏季，房间利用太阳能进行空气调节，一般采用吸收式和吸附式制冷技术。吸收式制冷技术是利用吸收剂（溶液）对制冷剂的吸收特性进行制冷的技术，可分为氨－水吸收式制冷和溴化锂－水吸收式制冷。吸附式制冷技术是利用固体吸附剂对制冷剂的吸附作用来制冷，常用的有分子筛－水吸附式制冷和活性炭－甲醇吸附式制冷。这两种制冷技术均不采用对臭氧层有破坏作用的氟利昂，并且都采用较低等级的热源，在节能与环保方面有着光明的前景。太阳能制冷机由于要照顾到集热器的效率，不得不采用较低的热源温度，造成太阳能驱动的制冷机效率较低。另外，为了弥补太阳能的不可靠性和间断性，必须解决好蓄热技术，建立一个良好的蓄热系统。

图 5-19 为用太阳能吸收式制冷的空调方案。利用太阳能作为能源的空调系统，当太阳辐射越强烈、室外空气温度越高时，空调制冷能力越强。太阳能空调系统对减轻城市热

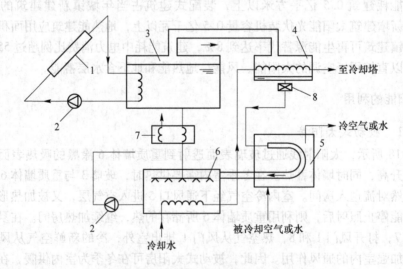

图 5-19　用太阳能吸收式制冷的空调方案

1—集热器；2—泵；3—发生器；4—冷凝器；5—蒸发器；6—吸收器；7—换热器；8—节流阀

岛效应、节约能源、保护环境具有明显的作用。

### 5.4.2 地热能在空调系统中的应用

地热能是储存于地球内部的一种巨大的、很有前景的能源。按世界年耗 100 亿吨标准煤计算，可满足人类 9.5 万年的能源需要。利用地热水可作空调系统的热源，下面介绍四种基本方案。

（1）地热水直接供热。将地热水直接供建筑物空调系统，其系统形式与一般空调供热系统没有什么区别，只是由地热井代替锅炉房或热电站，如图 5-20(a) 所示。

（2）地热水间接供热。为避免地热水对供热系统与设备的腐蚀，可利用换热器和地热水来加热空调系统的热水。这样，尽管供热效率有所降低，但延长了管道和设备的使用寿命，经济上仍然是有利的。

（3）地热供热 + 调峰锅炉。如图 5-20(b) 所示，为了提高地热利用率，可以把空调热负荷分成两部分：稳定负荷和高峰负荷，地热只负担稳定负荷。为了合理地划分两种负荷，应按锅炉房投资和地热利用效率进行技术经济比较。

（4）地热 + 热泵供热。若地热水温度较低，直接利用其供热必然造成散热器或加热器面积过大，金属消耗增加。如图 5-20(c) 所示，可将地热水作为热泵的热源，通过蒸发器降温后排掉，而从冷凝器出来的较高温度的二次热水供空调用。空调用地热能可以节约常规燃料，避免环境污染。我国蕴藏有丰富的地热资源，目前不少城市已利用地热向一些建筑物提供空调和生活或生产用的热水。

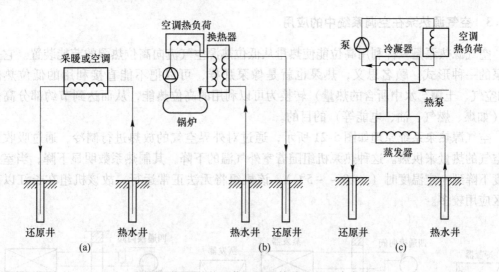

图 5-20　地热能用作空调系统热源的基本方式
(a) 地热水直接供热；(b) 地热供热 + 调峰锅炉；(c) 地热 + 热泵供热

土壤源热泵利用土壤作为热源和热汇，依靠地埋管换热器从地下土壤中吸取热量或排放热量，属于可再生能源利用技术，且具有高效节能、社会环保效益良好等优点。土壤源热泵系统的运行具有很强的地域性，很多地区地埋管换热器在冬季从土壤吸取的热量和在夏季累计向土壤排放的热量一般并不保持平衡。如果土壤源热泵系统长期运行，地埋管周围土壤则会由于长期吸、排热量不平衡造成的热堆积或冷堆积，土壤温度逐渐偏离初始温度，地埋管循环水温度随之变化，最终造成热泵系统运行效率逐年降低。土壤吸、排热不平衡会使土壤源热泵周围的土壤在周期运行后温度出现上升或下降两种后果，这都将无法保障系统持续高效地运行。当建筑物全年空调负荷全部由土壤源热泵系统承担的情况下，如果建筑物全年热负荷大于冷负荷，系统在长期运行中积累的热量会引起钻孔周围土壤温度逐年下降。例如在冬冷夏凉地区，建筑物供热时间要比夏季供冷时间长约 2～3 个月，在该情况下，土壤源热泵系统长期运行将引起土壤温度的逐年下降，热泵机组运行效率严重降低，同时影响热泵机组的使用年限。

从维持土壤热平衡、减小低温环境对空气源热泵制热效率的影响以及提高系统整体运行效率等方面考虑，提出利用空气 - 土壤复合热源热泵系统共同满足建筑全年空调需求的新技术，随着地球储存的不可再生能源的不断消耗，利用可再生能源的复合热源高温热泵系统已得到国际热泵研究领域的广泛关注。

现在很多学者已经提出和研究了很多种类型的复合热源热泵机组，但现有复合热源热泵技术存在缺点和不足。有一种类型的复合热源热泵系统是同时将空气源和地源作为低温热源，该类型的热泵系统是将水源热泵和风冷热泵串联起来进行供热，当室外环境温度低于 -10℃ 时仍然可以稳定运行，但是没有解决风冷热泵系统运行效率低的问题。另一种类型的复合热源热泵系统设计出由空气和水两种工质通道的气 - 液复合式换热器，可以同时利用空气和地下储存的能源，但该系统中的复合式换热器只能设定一个蒸发温度，当室外环境温度较低时，空气工质通道换热能力衰减，水工质通道的制热能力也随之受到影响。

### 5.4.3　空气源热泵在空调系统中的应用

空气源热泵是一种利用高位能使热量从低位热源空气流向高位热源的节能装置。它是热泵的一种形式。顾名思义，热泵也就是像泵那样，可以把不能直接利用的低位热能（如空气、土壤、水中所含的热量）转换为可以利用的高位热能，从而达到节约部分高位能（如煤、燃气、油、电能等）的目的。

空气源热泵系统原理如图 5-21 所示，通过对外界空气的放热进行制冷，通过吸收外界空气的热量来供热。这种热泵机组随着室外气温的下降，其制热系数明显下降，当室外温度下降到一定温度时（-10～-5℃），该机组将无法正常运行，故该机组在长江以南地区应用较多。

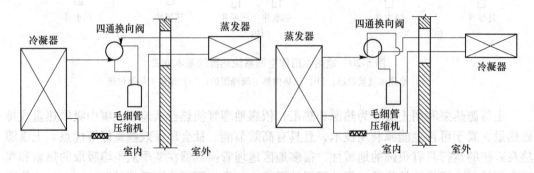

图 5-21　空气源热泵系统原理图

我国疆域辽阔，其气候涵盖了寒、温、热带。与此相应，空气源热泵的设计与应用方式等，各地区都应有不同。

（1）对于夏热冬冷地区：夏热冬冷地区的气候特征是夏季闷热，7 月平均地区气温 $25 \sim 30℃$，年日平均气温大于 $25℃$ 的日数为 $40 \sim 100$ 天；冬季湿冷，1 月平均气温 $0 \sim 10℃$，年平均气温小于 $5℃$ 的日数为 $0 \sim 90$ 天。气温的日较差较小，年降雨量大，日照偏少。这些地区的气候特点非常适合于应用空气源热泵。

（2）对于云南大部分，贵州、四川西南部，西藏南部一小部分地区：这些地区 1 月平均气温 $1 \sim 13℃$，年日平均气温小于 $5℃$ 的日数 $0 \sim 90$ 天。在这样的气候条件下，过去一般建筑物不设置采暖设备。但是，近年来随着现代化建筑的发展和向小康生活水平迈进，人们对居住和工作建筑环境要求越来越高，因此，这些地区的现代建筑和高级公寓等建筑也开始设置采暖系统。因此，在这种气候条件下，选用空气源热泵系统是非常合适的。

（3）传统的空气源热泵机组在室外空气温度高于 $-3℃$ 的情况下，均能安全可靠地运行。因此，空气源热泵机组的应用范围早已由长江流域北扩至黄河流域，即已进入气候区划标准的 II 区的部分地区内。这些地区气候特点是冬季气温较低，1 月平均气温为 $-10 \sim 0℃$，但是在采暖期里气温高于 $-3℃$ 的时数却占很大的比例，而气温低于 $-3℃$ 的时间多出现在夜间，因此，在这些地区以白天运行为主的建筑（如办公楼、商场、银行等建筑）选用空气源热泵，其运行是可行而可靠的。另外这些地区冬季气候干燥，最冷月室外相对湿度在 $45\% \sim 65\%$，因此，选用空气源热泵其结霜现象又不太严重。

按蒸发器和冷凝器介质的不同，空气源热泵可分为两类：即空气－空气热泵机组和空气－水热泵机组。前者以室外空气为热源，夏季制取室内需要的冷风，冬季制取室内需要的热风，其典型的例子就是常见的分体式空调机组；后者以室外空气为热源，制取建筑内空调系统所需的冷水或热水，其例子就是空气源热泵冷（热）水机组，其主要具有以下特点：

（1）用空气作为低品位热源，取之不尽，用之不竭，到处都有，可以无偿地获取；

（2）空调水系统中省去冷却水系统，无需另设锅炉房或热力站；

（3）要求尽可能将空气源热泵冷水机组布置在室外，如布置在裙房楼顶上，阳台上等，这样可以不占用建筑室内的有效面积；

（4）安装简单，运行管理方便；不污染使用场所的空气，有利于环保；

（5）空气是理想的热源，在各种不同温度下都能提供几乎任意数量的热量。

此外，有资料显示，地下水热泵平均性能系数约为 5.7，无能量调节的空气－空气热泵系数约为 3，有 50% 能量调节的空气－空气热泵系数约为 4，能实现连续能量调节的空气－空气热泵系数为 $6 \sim 7$。

但是，空气源热泵也受到一定的制约，例如，室外气温越低，热泵性能越差，制热量越小，与室内热负荷增大相矛盾；蒸发器表面结霜，融霜时，热泵不供热，反而常从建筑物内取热；空气中含有各种具有腐蚀性的物质，对蒸发器的材质有侵蚀作用，特别在海滨和工业区更加严重，因此室外蒸发器宜选用铜质的。

# 5.5  采暖空调节能案例

## 5.5.1  某勘察设计院新建科研综合楼 CEC 的计算

### 5.5.1.1  全年空调负荷的计算

采用温频法（BIN）模拟计算该建筑的全年空调负荷，此处用到的武汉地区逐时气象数据来自张晴原研究的标准年气象数据。将武汉地区标准年气象数据按月划分，以 2℃ 为温频段，每天 24h 分为 6 个时段，每个时段 4h，分别统计各温频段的小时数。表 5-4 为一班制的全年温频数（8:00～18:00）。

**表 5-4  武汉地区全年（8:00～18:00）BIN 参数**

| 干球温度/℃ | -2 | 0 | 2 | 4 | 6 | 8 | 10 | 12 | 14 | 16 | 18 |
|---|---|---|---|---|---|---|---|---|---|---|---|
| 湿球温度/℃ | -3.6 | -1.5 | 0.7 | 2.4 | 4.6 | 5.9 | 7.5 | 9.4 | 11.3 | 13.7 | 15.3 |
| 小时数 | 8 | 76 | 138 | 182 | 214 | 264 | 162 | 179 | 190 | 230 | 199 |
| 干球温度/℃ | 20 | 22 | 24 | 26 | 28 | 30 | 32 | 34 | 36 | 38 | 40 |
| 湿球温度/℃ | 17.2 | 18.7 | 20.6 | 23.0 | 24.4 | 25.5 | 26.8 | 27.1 | 27.3 | 28.7 | 30.4 |
| 小时数 | 208 | 235 | 265 | 272 | 259 | 224 | 199 | 108 | 34 | 4 | 20 |

有关研究结果表明，冷负荷、热负荷与干球温度 $T$ 的关系式可归纳为

$$CL = 4.18T - 64.30 \qquad HL = 3.74T - 65.21$$

式中，$CL$ 为单位面积空调冷负荷；$HL$ 为单位面积空调热负荷；$T$ 为室外空气干球温度，设武汉地区在室外温度低于 10℃ 时开始供暖，室外温度高于 23℃ 时开始供冷，用 BIN 参数进行供暖和供冷负荷计算，结果见表 5-5 和表 5-6。

**表 5-5  用 BIN 参数进行年供暖负荷计算**

| BIN/℃ | -2 | 0 | 2 | 4 | 6 | 8 | 10 |
|---|---|---|---|---|---|---|---|
| 时间频率/h | 8 | 76 | 138 | 182 | 214 | 264 | 162 |
| 湿球温度/℃ | -3.6 | -1.5 | 0.7 | 2.4 | 4.6 | 5.9 | 7.5 |
| $HL/\text{W·m}^{-2}$ | 72.69 | 65.21 | 57.73 | 50.26 | 42.78 | 35.30 | 27.83 |
| 热量/W·h·m$^{-2}$ | 581.52 | 4955.96 | 7966.74 | 9147.32 | 9154.92 | 9319.2 | 4508.46 |
| 综合/kW·h·m$^{-2}$ | | | | 45.63 | | | |

**表 5-6  用 BIN 参数进行年供冷负荷计算**

| BIN/℃ | 22 | 24 | 26 | 28 | 30 | 32 | 34 | 36 | 38 | 40 |
|---|---|---|---|---|---|---|---|---|---|---|
| 时间频率/h | 235 | 265 | 272 | 259 | 224 | 199 | 108 | 34 | 4 | 2 |
| 湿球温度/℃ | 18.7 | 20.6 | 23.0 | 24.4 | 25.5 | 26.8 | 27.1 | 27.3 | 28.7 | 30.4 |
| $CL/\text{W·m}^{-2}$ | 27.7 | 36.0 | 44.4 | 52.7 | 61.1 | 69.5 | 77.8 | 86.2 | 94.5 | 102.9 |
| 热量/W·h·m$^{-2}$ | 6.51 | 9.54 | 12.1 | 13.6 | 13.7 | 13.8 | 8.40 | 2.93 | 0.378 | 0.206 |
| 综合/kW·h·m$^{-2}$ | | | | | 81.16 | | | | | |

空调年总负荷为 $(45.63+81.16)\mathrm{kW} \cdot \mathrm{h/m^2} = 126.79\mathrm{kW} \cdot \mathrm{h/m^2}$，转化为一次能形式为 14.97TJ（$1\mathrm{TJ} = 10^{12}\mathrm{J}$）。

综合楼年能耗量的计算热泵机组的供暖年能耗量和制冷年能耗量计算结果分别见表 5-7 和表 5-8。

表 5-7　热泵机组的供暖年能耗量计算

| BIN/℃ | −2 | 0 | 2 | 4 | 6 | 8 | 10 |
|---|---|---|---|---|---|---|---|
| 时间频率/h | 8 | 76 | 138 | 182 | 214 | 264 | 162 |
| $HL/\mathrm{W} \cdot \mathrm{m^{-2}}$ | 72.69 | 65.21 | 57.73 | 50.26 | 42.78 | 35.30 | 27.83 |
| 室内负荷 $Q/\mathrm{kW}$ | 2383.5 | 2138.2 | 1893.0 | 1648.0 | 1402.8 | 1157.5 | 912.5 |
| 负荷率 $\varepsilon$ | 1 | 0.9 | 0.79 | 0.69 | 0.59 | 0.49 | 0.38 |
| 运行台数/台 | 3 | 3 | 2 | 2 | 2 | 2 | 1 |
| 热泵供暖负荷率/% | 75.38 | 67.62 | 89.80 | 78.18 | 66.55 | 54.91 | 86.57 |
| 功率比/% | 75 | 67 | 82 | 70 | 62 | 53 | 73 |
| 输入轴功率/kW | 482.4 | 430.9 | 351.6 | 300.2 | 265.9 | 227.3 | 156.5 |
| 耗电量/kW·h | 3859.2 | 32748.4 | 48520.8 | 53636.4 | 56902.6 | 60007.2 | 25353 |
| 期间耗电量/kW·h | 282027 | | | | | | |

表 5-8　热泵机组的制冷年能耗量计算

| BIN/℃ | 22 | 24 | 26 | 28 | 30 | 32 | 34 | 36 | 38 | 40 | 制冰 |
|---|---|---|---|---|---|---|---|---|---|---|---|
| 时间频率/h | 235 | 265 | 272 | 259 | 224 | 199 | 108 | 34 | 4 | 2 | 347 |
| $CL/\mathrm{W} \cdot \mathrm{m^{-2}}$ | 27.7 | 36.0 | 44.4 | 52.7 | 61.1 | 69.5 | 77.8 | 86.2 | 94.5 | 102.9 | — |
| 室内负荷 $Q/\mathrm{kW}$ | 908.3 | 1180.4 | 1455.9 | 1728.0 | 2003.5 | 496.9 | 777.6 | 1044.5 | 1316.7 | 1592.1 | 1782 |
| 负荷率 $\varepsilon$ | 0.27 | 0.35 | 0.43 | 0.51 | 0.59 | 0.68 | 0.76 | 0.84 | 0.92 | 1 | — |
| 运行台数/台 | 2 | 2 | 3 | 3 | 3 | 1 | 2 | 2 | 2 | 3 | 4 |
| 热泵供暖负荷率/% | 57 | 74 | 91 | 72 | 84 | 62 | 97 | 65 | 83 | 99 | 99 |
| 功率比/% | 44 | 58 | 78 | 63 | 80 | 60 | 100 | 72 | 95 | 100 | 100 |
| 输入轴功率/kW | 132.7 | 174.9 | 235.2 | 285.0 | 361.9 | 90.5 | 150.8 | 217.2 | 286.5 | 301.6 | 423.6 |
| 耗电量/kW·h | 31184.5 | 46348.5 | 63974.4 | 73815 | 81065.6 | 18009.5 | 16286.4 | 7384.8 | 1146 | 603.2 | 146989 |
| 期间耗电量/kW·h | 486807 | | | | | | | | | | |

从以上表格的计算可以得出办公大楼的热泵机组年供热能耗电量为 282027kW·h，年供冷耗电量为 486807kW·h，热泵机组年耗电量总共为 767834kW·h。

辅助设备的耗电量计算：

乙二醇泵：$N = 30\mathrm{kW}$，3 台两用一备（两台变频），冬夏季共用。

用户侧水泵：$N = 22\mathrm{kW}$，3 台两用一备（两台变频），冬夏季共用。

深井水泵：$N = 15\mathrm{kW}$，4 台三用一备（三台变频），冬夏季共用。

乙二醇补液泵：$N = 0.37\mathrm{kW}$，2 台一用一备，冬夏季共用。

冬季和夏季平均负荷率 $\varepsilon_\mathrm{w}$ 和 $\varepsilon_\mathrm{s}$：

$$\varepsilon_w = \sum(\varepsilon n)/\sum n = 628/1044 = 0.6$$

$$\varepsilon_s = \sum(\varepsilon n)/\sum n = 789/1602 = 0.49$$

$$\alpha_w = (1-\varepsilon_w)/n = (1-0.6)/7 = 0.057$$

$$\alpha_s = (1-\varepsilon_s)/n = (1-0.49)/7 = 0.073$$

$$P_p = (30\times2 + 22\times2 + 15\times3)\times[(0.6+0.057)\times1044 + (0.49+0.073)\times1602]\text{kW}\cdot\text{h} + (30\times2 + 15\times3)\times347\text{kW}\cdot\text{h} = 273022\text{kW}\cdot\text{h}$$

组合式空调:

$N = 1.1\text{kW}$, 两台; $N = 15\text{kW}$, 1台; $N = 4\text{kW}$, 1台; $N = 15\text{kW}$, 1台; $N = 4\text{kW}$, 1台; $N = 7.5\text{kW}$, 1台; $N = 18.5\text{kW}$, 1台; $N = 11\text{kW}$, 17台; $N = 5.5\text{kW}$, 1台; $N = 5.5\text{kW}$, 1台; $N = 7.5\text{kW}$, 1台; $N = 1.5\text{kW}$, 4台; 设空调机组累积运行时间 $TF = 10\times25\times11\text{h/a} = 2750\text{h/a}$。

纳米光子空气净化装置:

$N = 0.008\text{kW}$, 4个; $N = 0.012\text{kW}$, 4个; $N = 0.017\text{kW}$, 21个; $N = 0.024\text{kW}$, 3个

$$\varepsilon' = (\varepsilon_s T_s + \varepsilon_w T_w)/(T_s + T_w) = (0.49\times1602 + 0.6\times1044)/(1602+1044) = 0.54$$

$$\alpha' = 0.014$$

$$P = (1.1\times2 + 15\times1 + 4\times1 + 15\times1 + 4\times1 + 7.5\times1 + 18.5\times1 + 11\times17 + 5.5\times2 + 7.5\times1 + 1.5\times4)\times2750\times(0.54+0.014)\text{kW}\cdot\text{h} + (0.008\times4 + 0.012\times4 + 0.014\times21 + 0.024\times3)\times2750\text{kW}\cdot\text{h} = 424476\text{kW}\cdot\text{h}$$

中央空调系统的总耗电量为 $(768834 + 273022 + 424476)\text{kW}\cdot\text{h} = 1466332\text{kW}\cdot\text{h}$。

由于我国目前实际条件的限制,如发电站效率低等,我国每$1\text{kW}\cdot\text{h}$电实际耗费一次能较大。我国火电厂供电标煤耗量为330g(标准煤)/$(\text{kW}\cdot\text{h})$,即电能转化为一次能的换算率为9671.5kJ/$(\text{kW}\cdot\text{h})$。

故这座办公楼中央空调系统的总耗电量转化为一次能形式为$14.18\times10^{12}$J。

综合楼能耗系数 $CEC$ 的计算

$$CEC = \frac{\text{空调系统年能耗(一次能)}}{\text{空调负荷}} = \frac{14.18\times10^{12}}{14.97\times10^{12}} = 0.94$$

### 5.5.1.2　节能措施分析

(1) 冰蓄冷技术产生的经济效益。该系统将部分白天的冷负荷转移到夜间存储,充分利用了夜间的低谷电价,产生明显的经济效益。由上面的计算可知全年冷负荷中有347h由冰蓄冷提供,即可产生的经济效益为$146989\times(1.16-0.332)$元/a = 12万元/a。

(2) 水源热泵节能效果分析。水源热泵系统既可以供暖又可以制冷,取代了常规空调系统中的制冷机和锅炉两套装置或系统,省去了锅炉房和冷却塔,既有利于节省建筑空间,又有利于节能。

1) 水源热泵供暖与锅炉供暖的节能比较。水源热泵供暖消耗的是电能,而锅炉供暖则是直接燃烧的一次能源,两者消耗的能源品质不同,所以在此利用一次能利用率的概念来评价水源热泵的供暖节能效应。按国家的有关标准规定,全国的平均发配电效率$\beta = 0.3488$,则该工程水源热泵供暖季 $E = \dfrac{1496207.7}{282927/0.3488} = 1.85$。

目前国内的大型锅炉房取暖的 $E$ 值为$0.7\sim0.8$。有的锅炉房取暖能源利用系数更低。

若按 0.8 计算，则水源热泵节能 56.76%，即节能量为 370209kW·h。

2）水源热泵制冷与冷水机组的节能比较。前面已经计算出水源热泵的年供冷耗电量为 486807kW·h。下面计算采用电制冷冷水机组 + 冷却塔时的全年耗电量。

按照该工程的需要设选用电制冷冷水机组的参数为：制冷量 3397kW，输入功率 666kW；配备的冷却塔参数为：水量 700m²/h，温差 5℃，湿球温度 28℃，电动机功率 18.5kW。

电制冷冷水机组 + 冷却塔的全年耗电量为：$(666 \times 783 + 18.5 \times 783)$kW·h $= 535963$kW·h。

显然水源热泵节能$(535963 - 486807)$kW·h $= 49156$kW·h，即节能 10%。

（3）水输送系统的节能效果分析。该空调系统的水输送系统所用水泵均采用台数调节和变频调节相结合的方式来适应负荷的变化，前面已经计算出该空调系统的水泵年耗电量为 273022kW·h。下面将与定频水泵年耗电量进行比较。

若不加变频器则耗电量为

$(60 + 44 + 45) \times (1602 + 1044)$kW·h $+ (30 \times 2 + 15 \times 3) \times 347$kW·h $= 430689$kW·h

则水输送系统节能量为$(430689 - 273022)$kW·h $= 157667$kW·h，即节能 37%。

（4）风输送系统的节能效果分析。该工程中绝大部分的空调区域都采用低温送风变风量空调系统，且无动力变风量调节器（VAV box）占 97%，前面已经算出风系统年耗电量为 424476kW·h，下面将与不安装 VAV box 时的年耗电量进行比较。

不安装 VAV box 时的年耗电量为

$P = (1.1 \times 2 + 15 \times 1 + 4 \times 1 + 15 \times 1 + 4 \times 1 + 7.5 \times 1 + 18.5 \times 1 + 11 \times 17 + 5.5 \times 2 +$
$7.5 \times 1 + 1.5 \times 4 + 0.008 \times 4 + 0.012 \times 4 + 0.017 \times 21 + 0.024 \times 3) \times 2750$kW·h
$= 765075$kW·h

则风系统节能量为$(765075 - 424476)$kW·h $= 340598$kW·h，即节能 45%。

### 5.5.1.3 结论

将该空调工程所用各分项新技术与用常规空调技术时的用能情况进行对比分析得出其节能率，进而得出该工程综合各分项技术时的实际总用能相比于应用常规空调技术时的节能率，具体结论见表 5-9。

表 5-9 综合各分项技术实际总用能相比于应用常规空调技术时的节能率

| 空调总/子系统 | 所用技术 | 年耗能量/kW·h | 节能率/% | 备 注 |
|---|---|---|---|---|
| 冷源 | 水源热泵·蓄冰 | 486807 | 10 | 蓄冰技术每年可节约运行费用 12 万元 |
| | 电制冷冷水机组 | 535963 | | |
| 热源 | 水源热泵 | 282027 | 56.76 | |
| | 燃煤锅炉 | 531153 | | |
| 液态输送系统 | 变频 | 273022 | 37 | |
| | 定频 | 430689 | | |
| 风输送系统 | 变风量 | 424476 | 45 | |
| | 定风量 | 765075 | | |
| 空调总系统 | 实际耗能 | 1466332 | 35 | |
| | 常规技术耗能 | 2262880 | | |

#### 5.5.1.4　对策建议

该中央空调系统运用了多种节能技术，通过理论计算可以看出该系统具有良好的节能效果，但是这都是建立在较完善的自动控制系统和较健全的中央空调管理制度上，因此要实现该系统的节能，中央空调管理和操控人员必须进行专业技术培训，并持证上岗。建立操控人员每天值班、管理人员每天检查、每周巡查、半年检修、日常养护的工作责任制度，只有这样才能实现真正意义上的节能。

### 5.5.2　广州白天鹅宾馆改造工程暖通空调系统绿色节能设计

#### 5.5.2.1　项目概况

广州白天鹅宾馆地上 34 层，地下 1 层，主楼及裙楼总占地面积约 3 万平方米，本次进行更新改造的建筑面积为 87064m²。建筑的主要功能有酒店客房及附属的商业配套区、会议服务区、餐饮服务区、办公区等。更新改造工程主要包括结构补强工程、装修改造工程、室外配套工程、机电设备更新改造工程等四大部分。

该项目在《绿色建筑评价标准》（GB/T 50378—2006）的评价体系下，"节能与能源利用部分"的一般项达标数可满足绿色建筑三星要求，但优选项仅能满足一项。故满足绿色建筑二星设计标识的要求。

#### 5.5.2.2　项目改造前的能源使用状况和绿色设计原则

根据该项目 2010 年的能源审计报告，更新改造前，主要采用的能源是电和柴油，市政电作为电力来源，柴油作为锅炉房的热源，此外也使用液化石油气作为厨房炊事热源。锅炉房产生蒸汽，以满足厨房、洗衣房和生活热水以及冬季供暖的用热需求。

作为高端酒店，白天鹅宾馆的用能特点是：通风与空调系统能耗、厨房能耗、洗衣房能耗占了建筑总能耗中的很大一部分；热水能耗在常规能耗中也占较大的比例。

作为既有酒店改造项目，以下是该项目绿色建筑设计的主要原则。

（1）以节能为重点。（2）充分利用既有建筑的条件并考虑既有建筑的制约对建筑外立面、个别室内空间等都有相应的保护要求；既有建筑对空间、层高等都有一定的限制。

#### 5.5.2.3　主要绿色节能改造措施介绍

实际采用的绿色节能改造技术主要根据降低建筑实际使用能耗的程度、对既有建筑改造是否具有针对性和投资回报快等原则选用。

该项目改造后，外墙填充墙选用蒸压加气混凝土砌块为筑体实现自保温，钢筋混凝土墙部分采用发泡玻璃形成内保温系统的综合性外墙保温系统。外墙平均热惰性指标 $D_p$ = 3.40。外窗的材质根据房间是否为空调房间选用：非空调房间采用普通 6mm 白玻璃；空调房间采用 6mm 透光 Low-E + 12mm 空气 + 6mm 透明玻璃；天窗选用 10mm + 10mm 双层夹胶玻璃。对围护结构进行权衡计算，得到改造建筑的全年供暖和空调总能耗可比参照建筑降低 1%。通过围护结构的改造，单独考虑围护结构的节能贡献，改造建筑的全年供暖和空调总能耗比原建筑降低约 8%。

利用 DeST 软件，对白天鹅宾馆进行暖通空调负荷计算。发现建筑全年的累计冷负荷与累计热负荷之比约为 77∶1。由于冷负荷的来源包括围护结构、人员、灯光、设备和新风，在《公共建筑节能设计标准》（GB 50189—2005）的基础上进一步提升围护结构的隔热保温性能对节能的作用有限。相比而言，提升空调系统的能效对节能的作用会更为显著。

改造后，暖通空调系统的冷源采用蒸气压缩式电制冷冷水机组，热源采用燃气蒸汽锅炉。具体改造的重点内容如下：

（1）高效制冷机房系统。该项目的制冷机房系统设计全年能效比不低于5.4，比改造前的系统（全年能效比不高于3.0）节能44%以上。通过系统优化，达到该项目目标，具体做法如下：

1）选用高效冷水机组，3台2461kW离心式冷水机组和2台1234kW螺杆式机组。并在原标准产品的基础上对冷水机组进行设备优化，冷水设计温度为7℃/15℃，冷却水设计温度为30.5℃/35.5℃。其中，为了保证在室外设计工况下的冷却水温度，冷却塔的配置和设计均在此冷幅的基础上考虑。离心式冷水机组、螺杆式冷水机组的能效比在上述设计工况下分别为6.79和6.21。

2）冷却水系统水力优化。选用阻力小的局部阻力部件（包括过滤器、止回阀等），通过管路优化，如减少弯头、将直角连接改为钝角连接，适当放大部分管径，做好冷却塔之间的水力平衡等。通过详细的水力计算，选用的冷却水泵设计扬程为20m。

3）冷水系统水力优化。部分做法与冷却水系统的优化类似，不再赘述。选用的冷水泵设计扬程为24m。

4）其他。设置冷凝器在线清洗装置，保证冷凝器的换热能力不下降。在设计选型中，选择对填料面积、布水器、集水盘优化的冷却塔，以保证冷却塔布水均匀和高效换热。针对既有建筑改造项目制冷主机房空间有限的情况，采用建筑信息模型（BIM）对机房设备进行三维布置。其中，采取的技术措施包括：将水泵抬高以使制冷机水路出口与水泵入口处于同一高度，从而减少弯头；尽量避免采用90°弯头而采用45°或60°弯头等措施减少管道阻力等。针对制冷机房系统的监测系统做出规定，主要是针对监测的传感器、数据传输系统等做出精度的规定，要求在设计工况下制冷机房系统能效比的测量误差应在±5%以内，以保证高效率制冷机房的能耗和能效比测量的准确程度。

经计算，制冷机房系统在设计工况下满负荷的能效比为5.53。由于该项目必须达到"制冷机房系统全年能效比不低于5.4"的目标，实际建筑的使用情况多变，因此验算的方式是，固定冷却水温度一直处于设计工况30.5℃/35.5℃，根据机组、水泵、冷却塔等的运行策略和启停逻辑，对多个典型制冷量下的制冷机房系统能效比进行计算，其能效比均高于5.4。而根据一般酒店的运行使用规律，由于该系统中的冷却水温度可随室外湿球温度的降低而降低，实际能效比可进一步提升。

（2）空调末端设计。大空间（如大堂、餐饮、会议室等）采用全空气系统，全空气系统空调箱的风量、水量均可根据实际需求变化调节，能适应变频运行。客房采用风机盘管加新风系统，其中风机盘管采用直流无刷电动机，盘管根据7℃/15℃的大温差进行选型，同时根据酒店的层高状况采用厚度较薄的机组。采用末端温差控制的水力调控措施，空调末端的水量可通过末端水阀连续调节，从而保证在冷水泵变频时末端的换热量和各个末端之间的水力平衡。通过合理的系统分区，降低管路局部阻力损失，所有空调系统的风机机外余压均不高于300Pa；通过选择高效率的直流无刷电动机、风机设备，变频变速调节等措施，改造后的空调末端比改造前节能50%以上。

（3）生活热水系统。改造前的生活热水系统利用燃油蒸汽锅炉供应热水，改造后的生活热水系统以 2 台水－水热泵全热回收冷热两用机组为主要热源，机组热水量供应不足时，才使用燃气锅炉作为热源。水－水热泵机组同时将冷量供应给空调系统。即只要建筑内存在空调冷负荷，优先开启该套设备，以满足建筑的用热水需求；该系统不能满足冷负荷时，再进一步开启只有制冷功能的制冷机。由于该系统同时供冷供热，在生活热水进出水温度为 16℃/60℃、空调用冷水进出水温度为 15℃/7℃ 的工况下，机组的供冷量、供热量之和与耗电量之比为 8.3；这种制冷水和热水的方式，远比锅炉制热水的方式节能。水－水热泵机组通过设置分级压缩机、冷凝器逐级串联、蒸发器逐级串联等措施，使生活热水的温度从 16℃ 提升到 60℃，满足用水需求。采用蓄水式热水系统，其中热水罐的设计采用串联连接方式，使冷热水有效分层，避免掺混。

（4）锅炉房系统。改造前，锅炉房的锅炉为 3 台 8t/h 燃油蒸汽锅炉（两用一备），锅炉供热满足生活热水、厨房蒸汽、洗衣房蒸汽、冬季供暖蒸汽等；改造后，综合考虑锅炉房整体的能源转换效率和改造空间的限制，锅炉房系统采用多台立式燃气锅炉，包括 8 台 2t/h 燃气蒸汽锅炉、1 台 2t/h 油气两用蒸汽锅炉和 2 台 0.5t/h 的燃气蒸汽锅炉，蒸汽满足厨房蒸汽、生活热水辅助热源、洗衣房蒸汽、冬季供暖蒸汽等用途。总设计蒸汽用量为 16.8t/h，其中，厨房蒸汽用量 2t/h，生活热水蒸气用量 7.5t/h，洗衣房蒸汽用量 1.6t/h，供暖蒸汽用量 5.2t/h，新风加湿蒸汽用量 0.5t/h。在建筑整体改造后，生活热水主要由前文所述的热泵机组满足需求，生活热水用蒸汽、供暖蒸汽、新风加湿蒸汽等蒸汽需求集中在时间很短的冬季，夏季的蒸汽设计用途为厨房蒸汽和洗衣房蒸汽，设计用量约为 3.6t/h。

系统改造后，多台锅炉的搭配能满足各种用热场合，同时单台锅炉设计效率不低于 95%，要求锅炉房系统年实际运行效率不低于 90%。而 2t/h 的蒸汽锅炉，起蒸时间仅为 6~8min，负荷切换的时间短于 10s，负荷响应速度比改造前系统大大提高。通过采用这种改造技术方案，包括运用合理空气量供应、冷凝热回收、高效换热装置等技术措施，锅炉房产生单位蒸汽的用能强度下降 33%。在实际运行过程中，运行管理人员可以通过新设置的锅炉房监控系统掌握建筑用蒸汽规律，进一步使供需匹配，优化锅炉房系统的运行控制。

（5）能源管理系统。设置建筑的能源管理系统。能源管理系统对空调冷源系统、空调末端、空调新风系统、给排水系统、电梯、室内照明系统、泛光照明系统、锅炉房系统、生活热水系统、消防系统、电力监控系统等进行监控。能源管理系统针对宾馆建筑的用能特点，与客房管理系统充分对接，保证客房用能设备的合理开启；能源管理系统对机电设备进行智能化监测和控制，对建筑用能分使用类型、使用区域分别计量和统计，满足绿色建筑的运行管理需求。能源管理系统还针对空调系统、通风系统等的运行，采取了换热设备末端温差控制、固定两点间压差、根据天气情况调节、根据负荷情况调节等措施。

#### 5.5.2.4 分析与总结

通过采用以上改造方案，预计在改造前后同等建筑使用强度条件下，单位建筑面积年能源使用费用降低超过 25% 和 100 元/m²，产生很好的经济效益。在绿色节能改造的同时，进行了室内空间的调整，故难以界定酒店单纯由于绿色节能改造而产生的投资额。因此，对采用本书所述的高能效节能改造方案和一般的设计方案进行对比，得到改造方案的增量投资回收期不超过 3a。在该项目的实施过程中，总结得出以下经验和教训：

（1）绿色建筑设计和建造应注重实际的效果，应通过方案比选，采用效果好、见效快的方案。本书以节能为重点的酒店建筑绿色改造思路，对我国其他酒店建筑的设计和运营管理都有参考意义。

（2）针对宾馆酒店能耗大、用能系统多的特点，采用"水力优化，热力匹配"的系统设计思路，设置酒店的能源利用系统，通过合理采用高效设备和高效系统、能源综合利用、能量回收系统，能达到节能的目的。

（3）在绿色建筑的节能设计中，应更注重系统能效，而非单个设备能效的提升。如果不重视设备之间存在的相互制约的因素，仅通过选择单台高能效设备，不能达到很好的节能效果。

（4）对于夏热冬暖地区的酒店建筑或公共建筑而言，全年空调负荷累计值远大于供暖负荷的累计值，围护结构的保温隔热性能提升对建筑节能的影响有限，而机电系统的能效提升，节能效果明显。

### 5.5.3 萍乡五陂海绵小镇海绵会客厅——海绵论坛中心

#### 5.5.3.1 项目概况

本工程为萍乡五陂海绵小镇海绵会客厅——海绵论坛中心。主要为展厅、多功能厅、报告厅、会议室，建筑面积 9319 平方米，地上为四层建筑。总空调冷负荷 1460kW，空调热负荷 982kW。

考虑到本项目需评绿建二星级，采用地源热泵机组负担空调热负荷，其余不足部分的空调负荷由螺杆式冷水机组提供。甲方于 2018 年 7 月委托了江西省勘察设计研究院对本工程进行了地埋管热物性测试报告，测试报告的结论：考虑长期运行地温场的变化情况及区域地质、气候资料，拟建场地岩土体初始温度根据季节不同约为 18.5 ~ 21.5℃，根据实际计算出的相关岩土热物性参数，建议场区范围内整体区域岩土体导热系数约为 2.34W/(m·K)，区域钻孔深度范围内单位深度钻孔总热阻 $R_b$ 为 0.212m²·K/W，热扩散率为 0.090m²/d；本次测试夏季工况综合岩土换热量考虑为 42 ~ 45W/m，冬季工况综合岩土换热量为 45 ~ 48W/m，考虑到实际空调运行情况（30℃以上、12℃以下就有空调运行需要，此时温差较测试工况相比较小，岩土换热量要较试验工况相比有所降低），项目所在区域综合工况综合岩土换热量考虑为 40 ~ 43W/m。

由于海绵论坛中心的冬季热负荷较小，夏季冷负荷较大，考虑到投资成本因素，海绵论坛中心的空调热负荷由地源热泵机组提供，由冬季热负荷设计地源侧（室外）埋管数量，夏季冷负荷部分优先考虑地源侧换热，差额部分采用制冷量为 551kW 的水冷螺杆冷水机组提供。根据地埋管热物性测试报告，夏季地下换热量为 43W/m，冬季地下换热量为 40W/m，地源热泵机组（制冷量 929kW，制热量 959kW）的夏季的机组放热量为 1088kW，需设置 120m 深的地源换热孔 227 个。

随着供暖空调技术的发展，公共建筑的空调系统主要采用电制冷冷水机组 + 燃气锅炉、风冷热泵空调系统、地源热泵空调系统这三种空调冷热源形式。下面就三种冷热源形式进行如下的分析和比较。

### 5.5.3.2　三种空调冷热源系统方案的优缺点

**A　地源热泵空调系统**

地源热泵技术是通过"地下埋管换热器"，将用于室内空调系统冷却（或升温）的循环水引入地下，利用地下土层中较恒定的温度（南昌地区地下100m约18℃），与土壤进行热量交换，达到机组夏季制冷，冬季供热的节能运行需要。地源热泵系统作为一种有效安全的低位能源，十分适合作为楼宇空调系统的能源来源，它不仅可以高效提供空调所需的冷冻水和供暖热水（系统运行能效较集中式冷水机组 + 锅炉方案高20% ~ 30%），而且可以在夏季制冷时免费提供生活热水。地源热泵系统初投资较高，但能充分利用地下低位恒温热源，系统效率高、节能环保，属典型的可再生能源利用技术，符合国家节能减排的方针和绿色建筑发展战略，具有非常好的运行经济效益和环境效益。地源热泵系统的特点为：

（1）节能、运行费用低。全年土壤的温度波动小，冬季比环境空气温度高，夏季比环境空气温度低，是很好的热泵热源和热汇。地源热泵系统所具有的这种温度特性使其比传统空调系统运行效率要高约40%。另外，土壤温度较恒定的特性，使得热泵机组运行更可靠、稳定，整个系统的维护费用也较锅炉 – 制冷机系统大大减少，保证了系统的高效性和经济性。

（2）环保、洁净。地源热泵系统的运行没有燃烧，没有排烟，也没有废弃物，使城镇的大气污染得到根本的治理。地源热泵的污染物排放量，比空气源热泵的排放量减少40%以上，比电供暖的减少70%以上。

（3）节水省地。地源热泵系统以地下浅层地热能资源为冷、热源，向其吸收或排出热量，从而达到供暖或制冷的作用，既不消耗水资源，也不会对其造成污染。

（4）一机多用。地源热泵系统可供冷供热，同时热回收机组能为生活热水加热，做到一机多用，一套系统可以替换原来的锅炉和制冷机的两套装置系统。

（5）运行可靠。机组的运行情况稳定，几乎不受天气及环境、温度变化的影响，即使在寒冷的冬季制热量也不会衰减，更无结霜、除霜之虑；自动化程度高，系统由电脑控制，能够根据室外气温和室内气温自动调节运行，运行管理可靠性高；无储煤、储油罐等卫生及火灾安全隐患；机组使用寿命长，主要零部件少，维护费用低，主机运行寿命可达到20年以上；机组自动控制程度高，可无人值守。

不足之处：室外地埋井的初投资较高。

**B　电制冷冷水机组 + 燃气锅炉空调系统**

电驱动冷水机组是利用电作为动力源，制冷剂在蒸发器内蒸发吸收载冷剂水的热量进行制冷，蒸发吸热后的制冷剂湿蒸汽被压缩机压缩成高温高压气体，经水冷冷凝器冷凝后变成液体，经膨胀阀节流进入蒸发器再循环。从而制取7 ~ 12℃冷冻水供空调末端空气调节。水冷式冷水机组配置冷却塔，以水冷方式进行冷却，其原理示意图见图5-22。锅炉用来产生一次热源（热水或蒸汽），然后经板式换热器换热，得到供冬季空调使用的60℃/50℃的热水。电制冷冷水机组 + 燃气锅炉空调系统的特点如下：

系统简单，技术成熟，运行稳定可靠、效率较高，便于集中维护管理和控制且设备投资相对于其他系统较少。

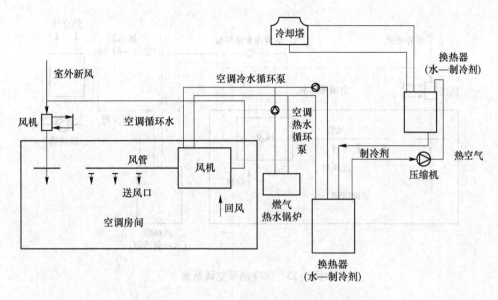

图 5-22 电制冷冷水机组 + 燃气锅炉空调系统

不足之处：

（1）需要分别设置制冷机房和锅炉房，设备用房面积是三个方案中最大的。

（2）燃气锅炉房不能毗邻人员密集场所，考虑到本项目位于主城区，周边均为城市主干道，其地下燃气锅炉房的泄爆口较难布置。燃气锅炉的烟囱升至主楼屋顶高空排放，需占用公寓核心筒的面积。

C 风冷热泵空调系统

在风冷热泵运行中，蒸发器从空气中的环境热能中吸取热量以蒸发传热工质，工质蒸汽经压缩机压缩后压力和温度上升，高温蒸汽通过永久黏结在贮水箱外表面的特制环形管冷凝器冷凝成液体时，释放出的热量传递给了空气源热泵贮水箱中的水。冷凝后的传热工质通过膨胀阀返回到蒸发器，然后再被蒸发，如此循环往复，其示意图见图 5-23。风冷有其独特的优越性，它既可制冷又可以制热，一机两用；省去了冷却塔、锅炉及配套设备，方便而且机房占地面积小。风冷热泵空调系统的特点为：

（1）在不考虑其对建筑外观和机组运行振动影响时，可以将机组放置于屋顶，不需要专门的空调机房。在小面积无冷冻机房的建筑比较适合。

（2）冷热一体，不需要配置其他热源。

（3）空气冷却，不需配置冷却塔。

不足之处：

（1）靠空气冷却，制冷、制热性能与室外环境温度密切相关。夏季室外温度较高，其制冷能力变差，冬季室外温度较低，其供热能力变差。

（2）靠空气冷却，制冷效率低（名义 COP 低于 3.2，而螺杆式和离心式冷水机组 COP 一般大于 5.0），运行费用高。

（3）由于制冷效率低，总用电负荷大，增加了常规空调系统本身就较大的变压器配电容量，配电设施费高。

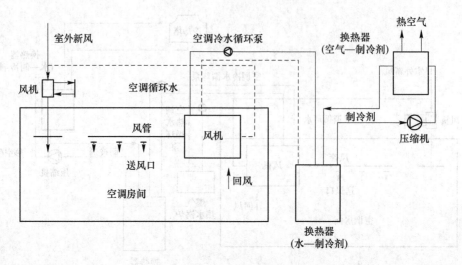

图 5-23　风冷热泵空调系统

（4）由于机组放置于室外，运行、管理、维护难度大，机组寿命比螺杆式或离心式冷水机组短。

**5.5.3.3　三种空调冷热源系统方案的运行费用比较**

夏天空调年使用天数按 120 天计算，冬天空调年使用天数按 100 天计算，每天运行 12h，由于空调的使用同环境温度密切相关，大部分时间运行在部分负荷工况下，因此计算制冷运行费用的时间按 100% 负荷日 14.4h，75% 负荷日 475h，50% 负荷日 576h，25% 负荷日 374.4h。计算供热运行费用的时间按 100% 负荷日 12h，75% 负荷日 396h，50% 负荷日 480h，25% 负荷日 312h。商业电价为 0.66 元/（kW·h），商业天然气价格 3.6 元/m³。表 5-10 ~ 表 5-12 是三种空调冷热源系统方案的运行费用表，表 5-13 是三种空调方案的主机设备年运行费用。

表 5-10　地源热泵 + 变频冷水机组制冷、供热的运行费用

| 运行模式 | 负荷/% | 冷热负荷/kW | 地源热泵主机 COP | 变频冷水主机 COP | 部分负荷运行时间比例/% | 运行时间/h | 电价/元·(kW·h)⁻¹ | 运行费用/元 |
|---|---|---|---|---|---|---|---|---|
| 夏季 | 25 | 365.00 | 9.70 | 8.1 | 26 | 374.40 | 0.66 | 9298.24 |
| | 50 | 730.00 | 7.79 | 8.35 | 40 | 576.00 | 0.66 | 35624.75 |
| | 75 | 1095.00 | 6.97 | 7.95 | 33 | 475.20 | 0.66 | 48351.39 |
| | 100 | 1460.00 | 5.84 | 5.78 | 1 | 14.40 | 0.66 | 2384.97 |
| 冬季 | 25 | 245.50 | 4.50 | — | 26 | 312.00 | 0.66 | 11234.08 |
| | 50 | 491.00 | 5.20 | | 40 | 480.00 | 0.66 | 29913.23 |
| | 75 | 736.50 | 5.20 | | 33 | 396.00 | 0.66 | 37017.62 |
| | 100 | 982.00 | 4.90 | | 1 | 12.00 | 0.66 | 1587.23 |
| 合计 | | | | | | | | 175411.52 |

**表5-11 电制冷冷水机组 + 燃气锅炉系统制冷、供热的运行费用**

| 运行模式 | 负荷/% | 冷热负荷/kW | 主机COP | 部分负荷运行时间比例/% | 运行时间/h | 电价/元·(kW·h)$^{-1}$ | 运行费用/元 |
|---|---|---|---|---|---|---|---|
| 夏季 | 25 | 365.00 | 5.10 | 26 | 374.40 | 0.66 | 17684.89 |
| | 50 | 730.00 | 7.20 | 40 | 576.00 | 0.66 | 38544.00 |
| | 75 | 1095.00 | 6.80 | 33 | 475.20 | 0.66 | 50503.98 |
| | 100 | 1460.00 | 5.50 | 1 | 14.40 | 0.66 | 2522.88 |

| 运行模式 | 负荷/% | 冷热负荷/kW | 锅炉用燃气/m³·h$^{-1}$ | 部分负荷运行时间比例/% | 运行时间/h | 天然气/元·m$^{-3}$ | 运行费用/元 |
|---|---|---|---|---|---|---|---|
| 冬季 | 25 | 245.50 | 26.25 | 26 | 312.00 | 3.60 | 29484.00 |
| | 50 | 491.00 | 52.50 | 40 | 480.00 | 3.60 | 90720.00 |
| | 75 | 736.50 | 78.75 | 33 | 396.00 | 3.60 | 112266.00 |
| | 100 | 982.00 | 105.00 | 1 | 12.00 | 3.60 | 4536.00 |
| 合计 | | | | | | | 346261.75 |

**表5-12 风冷热泵系统制冷、供热的运行费用**

| 运行模式 | 负荷/% | 冷热负荷/kW | 主机COP | 部分负荷运行时间比例/% | 运行时间/h | 电价/元·(kW·h)$^{-1}$ | 运行费用/元 |
|---|---|---|---|---|---|---|---|
| 夏季 | 25 | 365.00 | 3.30 | 26 | 374.40 | 0.66 | 27331.20 |
| | 50 | 730.00 | 3.30 | 40 | 576.00 | 0.66 | 84096.00 |
| | 75 | 1095.00 | 3.30 | 33 | 475.20 | 0.66 | 107320.95 |
| | 100 | 1460.00 | 2.90 | 1 | 14.40 | 0.66 | 4784.77 |
| 冬季 | 25 | 245.50 | 2.70 | 26 | 312.00 | 0.66 | 18723.47 |
| | 50 | 491.00 | 2.70 | 40 | 480.00 | 0.66 | 57610.67 |
| | 75 | 736.50 | 2.60 | 33 | 396.00 | 0.66 | 74035.25 |
| | 100 | 982.00 | 2.40 | 1 | 12.00 | 0.66 | 3240.60 |
| 合计 | | | | | | | 377142.90 |

**表5-13 三种空调方案的主机设备年运行费用** （万元/年）

| 系统形式 | 地源热泵 + 机组 | 电制冷冷水机组 + 燃气锅炉 | 风冷热泵机组 |
|---|---|---|---|
| 夏季运行费 | 9.56 | 10.9 | 22.5 |
| 冬季运行费 | 8 | 23.7 | 15.4 |
| 合计 | 17.56 | 34.6 | 37.9 |

从上表的年运行费用分析，空调系统冷热源运行费用最低的为地源热泵中央空调系统，其运行费用仅为电制冷冷水机组 + 燃气锅炉的51%，为风冷热泵机组的46%。近几年天然气价格一直在上涨，部分地区冬季还出现供气紧张，后期运行费用可能上升。

因此本工程采用地源热泵中央空调系统节能效果显著，具有良好的经济效益。

### 5.5.3.4　地源热泵提供的空调用冷量和热量比例

海绵论坛中心夏季总冷负荷是 1460kW，冬季总热负荷是 982kW。螺杆式地源热泵冷热水机组的制冷量为 929kW，制热量为 959kW。

$$R_{ch} = \frac{929 + 959}{1460 + 982} = 77.3\%$$

地源热泵提供的空调用冷量和热量比例为 77.3%。

## 5.5.4　广东迎宾馆白云楼节能改造项目

### 5.5.4.1　工程概况

广东迎宾馆白云楼位于广州市越秀区解放北路，总建筑面积 20451m²，空调面积 15600m²，建筑高度 33.9m，南北朝向，框架结构。该建筑地上 8 层，首层为大厅、餐厅和健身用房，二层为餐厅和会议室等，三～八层为客房，于 1952 年竣工并投入使用。项目改造前节能基本信息如表 5-14 所示。

表 5-14　改造前迎宾馆白云楼概况

| 项　　目 | | 建　筑　情　况 |
|---|---|---|
| 围护结构 | 墙体 | 采用面砖、石材作为外饰面材料 |
| | 屋面 | 年久失修，原隔热层受损严重，并出现渗水现象 |
| | 窗户 | 单层茶色玻璃铝合金窗，传热系数 5.0W/(m²·K)，遮阳系数 0.55 |
| 空调系统 | 空调主机 | 四台螺杆式冷水机组（两台三菱，1983 年装；两台日立，2009 年装） |
| | 空调末端 | 组合式或卧式空气处理机组 |
| 照明系统 | | 普通荧光灯、射灯 |
| 能源管理系统 | | 没有配置 |

经统计，该楼 2009 年消耗电力 3173779kW·h，管道煤气 100851m³，自来水 73418t；2010 年消耗电力 3284662kW·h，管道煤气 100024m³，自来水 58619t，单位面积年耗电量平均为 158kW·h，属于典型高耗能建筑。

### 5.5.4.2　节能改造技术措施

（1）围护结构改造。外墙采用浅黄色反射隔热涂料，经检测，该涂料太阳光直接吸收比仅为 22%，太阳光直接反射比为 78%，可见光反射比达 86%，大大降低了由外墙传热引起的冷负荷。外窗全部更换成 6+12A+6Low-E 中空玻璃铝合金窗，经检测，整窗传热系数 $K = 3.3W/(m^2 \cdot K)$，遮阳系数 $S_c = 0.378$，可见光透射比 $T_v = 0.412$，具有良好的隔热性能且能较好地满足采光要求。屋面重新铺设隔热层，采用导热系数 $K = 0.0288W/(m^2 \cdot K)$ 的挤塑聚苯板。

（2）空调系统节能改造。本次改造将空调主机进行更新改造，保留一台旧的制冷机组（三菱），新安装两台带冷凝热回收的日立牌水冷冷水机组，制冷量 971kW，输入功率 187kW，热回收量 388kW，冷凝热回收用于预热生活热水。原空调水系统二次输配管路非常复杂庞大，各支管和分支管的设计是同程式和异程式并存，存在严重水力失调现象。本次改造采取效果好，且易于调试的"动静"结合的全面水力平衡方案，解决方案示意图如图 5-24 所示。

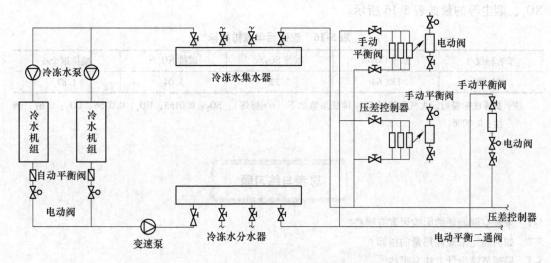

图 5-24　白云楼水力平衡解决方案示意图

（3）照明系统节能改造。白云楼采用节能效益分享型合同能源管理模式，委托节能服务公司将白云楼室内外照明灯具全部更换为 LED 节能灯，并安装照明自动监测系统，通过计算机实现客房照明系统的远程监控，提高照明质量，节省照明能耗。

（4）能源管理系统改造。白云楼原来没有配置建筑能源管理系统，本次改造配置相应的系统，实现对建筑物内机电设备的自动监控和控制，发挥设备整体的优势和潜力，提高利用率，优化设备的运行状态和时机，从而降低维护人员的劳动强度和工时数量，最终降低能源系统的运行成本。

白云楼于 2012 年列入"广州市公共建筑能耗分项计量试点"，按照《国家机关办公建筑和大型公共建筑能耗监测系统分项能耗数据采集技术导则》要求对白云楼配置分项计量仪表和安装能耗监测系统，并与广州市能耗监测平台联网，实现白云楼各部分能耗的分项计量。

### 5.5.4.3　项目的经济和社会效益

通过比对白云楼改造前后同期能耗，得出其空调系统年节省电耗为 462240kW·h，空调系统节能率为 17.62%；照明系统年节省电耗为 627902kW·h，节电率为 74.46%；生活用水节水量为 3305m³，节水率为 15.81%；天然气消耗节省量为 45660m³，节能率达 40.46%，具体数据如表 5-15 所示。

表 5-15　节能效益分析

| 项　　目 | 节 水 量 | 折 标 系 数 | 折标煤量/t |
|---|---|---|---|
| 电力 | 1090142.00kW·h | 0.1229kg/(kW·h)(标煤) | 133.98 |
| 天然气 | 45662.00m³ | 1.33kg/m³(标煤) | 60.73 |
| 水 | 3305.00m³ | 0.0857kg/t(标煤) | 0.28 |
| 合计 | | | 194.99 |

项目改造后，每年可节省标煤 194.99t。项目改造前全年能耗折算成标煤为 603.87t，经计算，改造后白云楼综合节能率为 32.29%。项目改造后，每年可减排 $CO_2$、$SO_2$、$NO_x$、烟尘等的量如表 5-16 所示。

表 5-16 改造后年减排指标

| 节省标煤/t | 减排 $CO_2$/t | 减排 $SO_2$/t | 减排 $NO_x$/t | 减排烟尘/t |
|---|---|---|---|---|
| 194.99 | 130.64 | 3.22 | 3.04 | 1.87 |

注：折算成标煤后，大气污染及 $CO_2$ 排放系数如下（t/t 标煤）：$SO_2$：0.0165；$NO_x$：0.0156；$CO_2$：0.67；烟尘：0.0096。

### 思考与练习题

5-1 采暖空调能耗的影响因素有哪些？

5-2 如何确定采暖耗热量的指标？

5-3 采暖节能设计方法有哪些？

5-4 采暖节能技术有哪些，如何选用？

5-5 什么是耗电输热比 HER，该值对热水采暖系统能耗有什么影响？

5-6 管道的敷设方式及保温有哪些要求？

5-7 辐射采暖的原理及特点。

5-8 集中供热运行调节方法有哪些，如何选择？

5-9 如何减少空调能耗，有哪些具体措施？

5-10 空调节能设计包括哪些方面？

5-11 中央空调系统工艺流程。

5-12 如何实施中央空调的运行管理？

5-13 空调系统的节能技术有哪些，如何选择？

5-14 热泵有哪些类型，各有什么特点？

5-15 空调蓄冷有哪些类型，各有什么特点？

5-16 被动式太阳房的原理及利用形式。

5-17 通过实例说明采暖系统的节能效果。

5-18 通过实例说明空调系统的节能效果。

### 参 考 文 献

[1] 符祥钊. 建筑节能原理与技术 [M]. 重庆：重庆大学出版社，2008.

[2] 游世清，许文发. 建筑物耗热量指标的相对值与绝对值 [C] //城市化进程中的建筑与城市物理环境：第十届全国建筑物理学术会议论文集，2008：313-316.

[3] 郭栋，张威. 影响建筑物耗热量指标的因素及其降低的途径 [J]. 东北水利水电，2002 (11)：21-22.

[4] 杨善勤. 降低住宅建筑耗热量指标的途径 [J]. 建筑技术，1996 (11)：744-746.

[5] 刘加平，董海荣，王怡，等. 关于采暖居住建筑耗热量指标的检验方法 [J]. 西安建筑科技大学学报（自然科学版），2001 (4)：361-364.

[6] 王瑞. 建筑节能设计 [M]. 武汉：华中科技大学出版社，2010.

[7] 肖贺，谢俊骏，魏庆芃. 公共建筑耗冷量指标体系与合理值推荐 [C] //全国暖通空调制冷2010年学术年会资料集，2010：1312-1316.

[8] 崔玉彬. 公共建筑空调系统能耗指标及其参数获取方法研究 [D]. 济南：山东大学，2011.

[9] 周辉. 办公建筑空调能耗指标的研究 [D]. 上海：同济大学，2005.

[10] 苑登阔，许鹏. 公共建筑能效指标及评价方法现状分析 [J]. 建筑节能，2014，42（4）76-81.

[11] 曾昭向，卢清华. 中央空调节能技术分析与探讨 [J]. 制冷与空调，2013，27（1）：45-48.

[12] 刘万峰. 建筑节能理论与技术 [M]. 宁夏：甘肃科学技术出版社，2006.

[13] 刘秋新. 暖通空调节能技术与工程应用 [M]. 北京：机械工业出版社，2016.

[14] 李联友. 暖通空调节能技术 [M]. 北京：中国电力出版社，2013.

[15] 刘艳华. 暖通空调节能技术 [M]. 北京：机械工业出版社，2019.

[16] 张建一. 制冷空调节能技术 [M]. 北京：机械工业出版社，2011.

[17] 何恒钊，屈国伦，谭海阳，等. 广州白天鹅宾馆改造工程暖通空调系统绿色节能设计 [J]. 暖通空调，2016，46（1）：33-37.

[18] 冷超群，李长城，曲梦露. 建筑节能设计 [M]. 北京：航空工业出版社，2016.

[19] 王兴龙. 采暖地区居住建筑内部得热量研究 [D]. 西安：西安建筑科技大学，2013.

[20] 黄杰，王向伟. 内部得热在供热负荷动态预测中的影响分析 [C]. 2021供热工程建设与高效运行研讨会论文集，2021：510-518.

[21] 武利利. 基于风力发电的复合热源高温热泵系统研究 [D]. 河北：华北理工大学，2017.

[22] 张文超. 在"双碳"背景下的暖通空调节能技术精细化设计浅析 [J]. 科技与创新，2022（13）：178-181.

[23] 柴海山. 城市集中供热管网的优化设计探讨 [J]. 山东工业技术，2018（24）：70.

[24] 中华人民共和国住房和城乡建设部. GB 50176—2016民用建筑热工设计规范 [S]. 北京：中国建筑工业出版社，2016.

[25] 国家市场监督管理总局. GB/T 1576—2018工业锅炉水质 [S]. 北京：中国标准出版社，2018.

[26] 中华人民共和国住房和城乡建设部. JGJ 36—2018严寒和寒冷地区居住建筑节能设计标准 [S]. 北京：中国建筑工业出版社，2018.

[27] 中华人民共和国住房和城乡建设部. GB 50189—2015公共建筑技能设计标准 [S]. 北京：中国建筑工业出版社，2015.

[28] 中华人民共和国国家质量监督检验检疫总局. GB/T 17981—2007空气调节系统经济运行 [S]. 北京：机械工业出版社，2007.

[29] 徐茜荣，张浩，王倩，等. 地板送风方式下室内甲醛的扩散模拟研究 [J]. 山东建筑大学学报，2021，36（4）：58-63.

[30] 邱少辉. 一种新型通风方式——条缝型送风口形成的竖壁贴附射流通风模式的2DPIV实验研究 [D]. 西安：西安建筑科技大学，2008.

[31] 朱彩霞，杨瑞梁. 建筑节能技术 [M]. 武汉：湖北科学技术出版社，2012.

# 6 建筑节能检测

目前，在工业、建筑、交通传统三大高能耗领域，建筑能耗所占的比重正不断上升，并趋向节能减排的核心领域，建筑节能已成为国家"十四五"期间的重要工作。为了实现国家"十四五"的节能目标，全面推进建筑节能，加快节能技术改造，加强节能管理，有效降低建筑能耗，提高建筑节能检测技术水平，促进建筑节能检测工作健康发展，为确保建筑节能工程质量符合国家标准和设计的要求，必须按照国家规定的检测标准和规定，通过相应的检测手段、检测设备和检测方法，来实施建筑节能工程施工质量的监督。建筑节能检测是竣工验收的重要内容，其目的是通过实测来评价建筑物的节能效果。国家相关部门先后颁布并实施《民用建筑节能工程质量监督工作导则》《民用建筑能效测评标识管理暂行办法》《民用建筑能效测评标识技术导则》《民用建筑节能条例》《民用建筑节能检测标准》《公共建筑节能检测标准》《节能建筑评价标准》《建筑节能工程施工质量验收标准》等系列政策法规和标准。这些政策法规和标准，对于开展建筑节能将起到有力的保障作用。

## 6.1 建筑节能检测定义、标准及分类

### 6.1.1 建筑节能检测的定义

建筑节能检测就是用标准的方法、合适的仪器设备和环境条件，由专业技术人员对节能建筑中使用原材料、设备、设施和建筑物等进行热工性能及热工性能有关的技术操作，它是保证节能建筑施工质量的重要手段，通过实测可评价建筑物的节能效果。建筑节能检测包括以下四个方面：

（1）建筑能耗监测。由于建筑节能的最终效果是节约建筑物使用过程中所消耗的能量，因而评价建筑节能是否达标，首先要得到建筑物的耗能量指标。目前得到建筑物耗能量指标可以采用两种方法，即直接法和间接法。在热（冷）源处直接测取采暖耗煤（电）量指标，然后求出建筑物的耗热（冷）量指标，称为热（冷）源法，又称为直接法；在建筑物处，通过检测建筑物热工指标和计算获得建筑物的耗热（冷）量指标，然后参阅当地气象数据、锅炉和管道的热效率，计算出所测建筑物的采暖耗煤（电）量指标，称为建筑热工法，又称为间接法。

（2）节能材料、产品测试。主要包括保温材料、涂料和玻璃等，其性能测试方法可以参照产品的国家标准。

（3）建筑构件检测。建筑节能构件产品主要包括门窗、幕墙和外墙保温系统。

（4）节能装置与设备测试。建筑节能装置与设备主要是为某项节能措施或系统的某项功能而安装在建筑上、需要单独测试的装置与设备，包括遮阳、通风装置和风机盘管等。

### 6.1.2 建筑节能检测的标准

随着我国对建筑节能工作的重视，于20世纪80年代，建筑科技工作者学习发达国家的做法，开始对建筑物的能耗进行检测。由于建筑节能检测是一项技术含量较高的工作，初期的工作属于科学研究性质，主要由科研单位和高等院校实施。

《采暖居住建筑节能检验标准》（JGJ 132—2001）的颁布实施，改变了我国十多年来采暖居住建筑节能效果检测评定无法可依的局面，首次提出现场对建筑节能的效果进行实际检测评定，也标志着我国建筑节能检测工作步入正规化、标准化的轨道，对推进我国建筑节能工作的深入开展具有重要的意义。

总结我国目前的建筑节能检测工作，所用建筑节能检测依据的标准，主要包括国家标准、行业标准和地方标准。

（1）国家标准。国家标准是指由国家标准化主管机构批准发布，对全国经济、技术发展有重大意义，且在全国范围内统一的标准。国家标准是在全国范围内统一的技术要求，由国务院标准化行政主管部门编制计划，协调项目分工，组织制定（含修订），统一审批、编号、发布。

目前在建筑节能工程检测中应用的主要有《居住建筑节能检测标准》（JGJ/T 132—2009）和《公共建筑节能检测标准》（JGJ/T 177—2009）、《建筑门窗工程检测技术规程》（JGJ/T 205—2010）、《建筑节能工程施工质量验收标准》（GB 50411—2019）等。

（2）行业标准。在全国某个行业范围内统一的标准。行业标准由国务院有关行政主管部门制定，并报国务院标准化行政主管部门备案。当同一内容的国家标准公布后，则该内容的行业标准即行废止。行业标准由行业标准归口部门统一管理。

行业标准的归口部门及其所管理的行业标准范围，由国务院有关行政主管部门提出申请报告，国务院标准化行政主管部门审查确定，并公布该行业的行业标准代号。例如：机械、电子、建筑、建材、化工、冶金、轻工、纺织、交通、能源、农业、林业、水利等都制订有行业标准。

（3）专业标准。建筑节能方面的行业标准，主要是建筑工程上节能材料、节能建筑构件和用能设备等，其检测依据是各个行业的专业技术标准。如采暖锅炉的效率检测标准《生活锅炉热效率及热工试验方法》（GB/T 10820—2011）；门窗的气密性、水密性和保温性能检测标准有《建筑外门窗气密、水密、抗风压性能分级及检测方法》（GB/T 7106—2008）和《建筑外门窗气密、水密、抗风压性能现场检测方法》（GB/T 7106—2019）等。

建筑节能构件传热性能的检测标准有：《绝热稳态传热性质的测定标定和防护热箱法》（GB/T 13475—2008）。节能材料导热性能检测标准有：《绝热材料稳态热阻及有关特性的测定防护热板法》（GB/T 10294—2008）、《绝热材料稳态热阻及有关特性的测定热流计法》（GB/T 10295—2008）等。

（4）地方标准。地方标准又称为区域标准，对没有国家标准和行业标准而又需要在省、自治区、直辖市范围内统一的工业产品的安全、卫生要求，可以制订地方标准。地方标准由省、自治区、直辖市标准化行政主管部门制定，并报国务院标准化行政主管部门和国务院有关行政主管部门备案，在公布国家标准或者行业标准之后，该地方标准即应废止。地方标准属于我国的四级标准之一。

随着建筑节能工作的开展，根据本地区的实际情况和需要，近年来，很多省、市、直辖市均编制了相应的建筑节能方面的检测标准，见表6-1。

表6-1　各省、市、直辖市建筑节能检测标准

| 省、市、直辖市 | 检 测 标 准 |
|---|---|
| 北京市 | 《民用建筑节能现场检验标准》(DB 11/T 555—2015)<br>《公共建筑节能工程施工质量验收规程》(DB 11/510—2017) |
| 上海市 | 《住宅建筑节能检测评估标准》(DG/TJ 08-801—2004) |
| 天津市 | 《居住建筑节能检测标准》(J 10431—2004)<br>《天津市公共建筑节能设计标准》(DB 29-153—2014) |
| 广西壮族自治区 | 《公共建筑节能检测标准》(DBJ/T 45-002—2015) |
| 江苏省 | 《民用建筑节能工程现场热工性能检测标准》(DGJ 32/J 23—2018) |
| 山东省 | 《建筑节能检测技术规范》(DB 37/T 724—2007) |
| 甘肃省 | 《采暖居住建筑围护结构节能检验评估标准》(DBJ/T 25-3036—2006) |
| 河北省 | 《居住建筑节能检测技术标准》(DB 13(J)/T 106—2010) |

### 6.1.3　建筑节能检测的分类

建筑节能检测根据检测场合划分为实验室检测和现场检测；根据施工质量控制过程又划分为进厂部品构件材料、保温、隔热节能系统及组成材料的型式检测和抽样检测，具体见表6-2。

表6-2　建筑节能检测分类

| 分 类 标 准 | | 内　　容 |
|---|---|---|
| 根据检测<br>场合划分 | 实验室检测 | 建筑结构材料、保温、隔热材料、建筑构件测试试件在试验室加工完成，相关检测参数均在试验室测出 |
| | 现场检测 | 测试对象或试件在施工现场，相关的测试参数在施工现场测出 |
| 根据施工<br>质量控制<br>过程划分 | 型式检测 | 建筑节能部品构件材料、保温、隔热节能等进入建筑工程施工现场的必要条件，进入施工工程现场的企业应具有检测参数齐全的有效型式检测报告 |
| | 抽样检测 | 因建筑工程使用的建筑节能部品构件材料量大，现场施工人员文化程度，对新的建筑节能新产品和系统均不熟悉，且缺乏相关的实际操作使用经验，故对进入现场的建筑节能部品构件材料、保温、隔热节能系统组成材料抽样进行复查抽检 |

在实验室检测与现场检测中，现场实体检测项目是我国特有的，也是在相当时期内必须存在的。传热系数、门窗气密性和水密性、围护结构构造层钻芯、保温材料等的黏结拉拔、抗冲击强度等，这部分技术主要是控制施工质量，同时要在监理工程师的监督下完成，必须真实可靠。当检测部位出现不合格情况时，应坚决杜绝建立与施工单位串通检测、挑选部位直至检测合格为止的现象。

# 6.2 建筑节能检测方法

## 6.2.1 建筑节能检测达标判断方法

建筑物是否节能的判定是一项非常重要的工作，其节能的判定是通过现场及实验室检测，或者通过建筑能耗计算软件得出建筑构件的传热性能指标或建筑物的能耗指标，将其与现行的建筑节能设计规范和标准的规定值进行比较，满足要求的即可判定被测建筑物是节能的，反之则是不节能的。

目前，用来判定目标建筑物节能性能有 4 种方法，即耗热量指标法、规定性指标法、性能指标法和与标准指标比较法。这 4 种方法采用的指标不尽相同，在实际建筑物节能达标判定工作中，针对具体的建筑物特点采取相应的判定方法。

### 6.2.1.1 耗热量指标法

建筑物耗热量指标是指在采暖期间平均温度条件下，为保持室内计算温度，单位建筑面积在单位时间内消耗的、需由室内采暖供给的热量。耗热量指标法判定的依据是建筑物的耗热量指标，并按照如下规定进行判定。

当采用直接法测量建筑物耗热量指标时，测得的建筑物耗热量指标，符合建筑节能设计标准要求的，则评定该建筑物为符合建筑节能设计标准，反之则评定为不符合。

当采用间接法检测和计算得到建筑物耗热量指标时，采用实测建筑物围护结构传热系数和房间的气密性，计算在标准规定的室内外计算温差条件下建筑物单位耗热量。符合建筑节能设计标准要求的，则评定该建筑物为符合建筑节能设计标准，反之则评定为不符合建筑节能的设计标准。

目前，建筑物耗热量指标也可以采用专门的软件计算得到，但软件计算必须符合以下要求：计算前对构件的热工性能要进行检验，这是软件计算的基础；建筑节能评估计算应采用国家认可的软件进行，这是计算结果符合要求的关键。

### 6.2.1.2 规定性指标法

规定性指标法也称为构件指标法，是指建筑物的体形系数和窗墙面积比在符合设计要求时，围护结构各构件的传热系数等各项指标达到设计标准，则该建筑为节能建筑，反之为不节能建筑。

围护结构的主要构件部位有：屋顶、外墙、不采暖楼梯间、窗户（含阳台门上部）、阳台门下部门芯板、楼梯间外门、地板、地面、变形缝等。

**A 屋顶**

（1）屋顶传热系数实验室检测。屋顶传热系数实验室检测是一种直接、准确的方法，检测所得到的传热系数，可直接作为评估屋顶传热系数的依据，检测的具体方法见《建筑物热工性能现场检测》。

（2）屋顶传热系数的现场检测。屋顶传热系数的现场检测是一种比较简单易行的方法，但检测所得到的传热系数，应按下式计算作为评估屋顶传热系数的依据。

$$K = 1/(R_i + R + R_e) \tag{6-1}$$

式中 $K$——围护结构的传热系数；

$R_i$——内表面换热阻，按表 6-3 的规定采用；

$R_e$——外表面换热阻，按表 6-4 的规定采用。

表 6-3　内表面换热系数 $a_i$ 及内表面换热阻 $R_i$

| 适用季节 | 表 面 特 征 | $a_i/W \cdot (m^2 \cdot K)^{-1}$ | $R_i/m^2 \cdot K \cdot W^{-1}$ |
|---|---|---|---|
| 冬季和夏季 | 墙面、地面、表面平整或有肋状突出物的顶棚，当 $h/s \leqslant 0.3$ 时 | 8.7 | 7.6 |
| | 有肋状突出物的顶棚，当 $h/s > 0.3$ 时 | 7.6 | 0.18 |

表 6-4　外表面换热系数 $a_e$ 及外表面换热阻 $R_e$

| 适用季节 | 表 面 特 征 | $a_e/W \cdot (m^2 \cdot K)^{-1}$ | $R_e/m^2 \cdot K \cdot W^{-1}$ |
|---|---|---|---|
| 冬季 | 外墙、屋顶、与空气直接接触的表面 | 23.0 | 0.04 |
| | 与室外空气相通的不供暖地下室上面的楼板 | 17.0 | 0.06 |
| | 闷顶、外墙上有窗的不供暖地下室上面的楼板 | 12.0 | 0.08 |
| | 外墙上无窗的不供暖地下室上面的楼板 | 6.0 | 0.17 |
| 夏季 | 外墙和屋顶 | 19.0 | 0.05 |

B　外墙

外墙包括不采暖楼梯间的隔墙。

（1）外墙传热系数实验室检测。外墙传热系数实验室检测，可按国家标准《绝热稳态传热性质的测定标定和防护热箱法》（GB/T 13475—2008）规定的方法，也可采用热流计法或控温箱－热流计法测量主墙体的传热系数，然后通过计算平均传热系数 $K_m$，作为外墙传热系数评估依据。

（2）外墙传热系数的现场检测。外墙传热系数的现场检测，应在检测主墙体的传热系数后，按式（6-1）计算评估。

然后再根据实际墙体的构件，通过计算平均传热系数 $K_m$，作为外墙传热系数评估依据。

C　外窗

外窗的节能检测包括外窗传热系数和外窗气密性两个方面。

（1）外窗传热系数应采用实验室检测数据作为评估的依据。其检测的具体方法见《建筑构件热工性能检测》。由于现场检测很复杂，且不能与窗框墙体有效传热隔绝，所以外窗传热系数不宜采用现场检测的方法。

（2）外窗气密性应采用实验室检测数据或者现场检测数据作为气密性是否达到标准要求的评估依据。

D　外门

外门与外窗一样，其节能检测包括外门传热系数和外门气密性两个方面：

外门传热系数应采用实验室检测数据作为评估的依据，但不宜采用现场检测的方法；外门气密性应采用实验室检测数据或者现场检测数据作为气密性是否达到标准要求的评估依据。

E 地板

地板的检测与评估，可以参照屋顶进行。

### 6.2.1.3 性能性指标法

性能性指标法由建筑热环境的质量指标和能耗指标两部分组成，对建筑的体形系数、窗墙面积比、围护结构的传热系数等不做硬性规定。设计人员可自行确定具体的技术参数，建筑物同时满足建筑热环境质量指标和能耗指标的要求，即为符合建筑节能要求。

### 6.2.1.4 标准指标比较法

在对构件的热工性能检测后，按建筑节能设计标准最低档参数（窗墙面积比，窗户、屋顶、外墙传热系数等），计算出标准建筑物的耗热量、耗冷量或耗能量指标；然后将测得的构件传热系数代入同样的计算公式，计算出建筑物的耗热量、耗冷量或者耗能量的指标。如果建筑物的指标小于标准建筑指标值，则该建筑即为节能达标建筑。

## 6.2.2 建筑节能检测方法

在一项工程中，人们常常对于已完工程的施工过程采取种种检测进行质量控制，但其节能效果到底如何，仍难以确认，现场检验是验证工程质量的有效手段之一，建筑节能工程现场检验必不可少。现场检测是指测试对象或试件在施工现场，相关的检测参数在施工现场测出的一种方法。

建筑节能工程现场检测的主要内容有外窗气密性检测、围护结构传热系数检测、保温板材与基层的黏结强度检测、锚固件锚固力检测、室内温湿度检测、围护结构热工缺陷检测、供热系统室外管网的水力平衡检测、供热系统的补水率检测、室外管网的热输送效率检测、风管系统各风口的风量检测、通风与空调系统的总风量检测、空调机组的水流量检测、空调系统冷热水、冷却水总流量检测以及平衡照度与照明功率密度检测等。

建筑节能工程现场检测采用热流计法、功率法、控温箱–热流计法、温度场响应等，见表 6-5。建筑节能实验室检测方法见表 6-6。

表 6-5　建筑节能现场检测方法

| 序号 | 名　称 | 方 法 要 点 |
|---|---|---|
| 1 | 热流计法 | 通过测出热流计冷端温度和热端温度，根据公式计算出被测对象的热阻和传热系数，这种方法必须在采暖期才能进行测试，因此，它的使用受到一定限制 |
| 2 | 功率法（热箱法） | 由检测单位面积上通过的热流量，计算出被测对象的热阻 |
| 3 | 控温箱 – 热流计法 | 将热流计法、功率法两种方法联合应用，综合了两种方法的特点 |
| 4 | 温度场响应法 | 通过记录被测对象温度值和响应时间，计算出被测对象的热阻或传热系数 |
| 5 | 常功率平面热源法 | 常功率平面热源法是非稳态法中一种比较常用的方法，适用于建筑材料和其他隔热材料热物理性的测试。其现场检测的方法是在墙体内表面人为地加上一个合适的平面恒定热源，对墙体进行一定时间的加热，通过测定墙体内外表面的温度响应值辨识出墙体的传热系数 |

表6-6　建筑节能实验室检测方法

| 序号 | 名　　称 | 方　法　要　点 |
|---|---|---|
| 1 | 外窗传热系数 | 传热系数检测原理，本试验基于稳定传热原理，通过标定热箱法对建筑门窗传热系数进行检测。试件一侧的热箱可以模拟采暖建筑冬季室内气候条件，另一侧的冷箱模拟冬季室外气温和气流速度。应该密封处理试件缝隙，试件两侧的空气温度、气流速度、热辐射条件应该趋于稳定状态，对试件一侧热箱中加热器的发热量进行测量，除去通过热箱外壁及试件框的热损失，除以试件面积和两侧空气温差的乘积，就能得出试件的传热系数 $K$ 值 |
| 2 | 门窗抗结露因子 | 基于稳定传热原理，通过标定热箱法对建筑门和窗抗结露因子进行检测。使试件一侧的热箱模拟采暖建筑冬季室内气候条件，相对湿度在20%以下；另一侧的冷箱模拟冬季室外气候条件。在传热比较稳定的状态下，对冷箱空气平均温度和试件热侧表面温度进行测量，计算试件的抗结露因子。由试件框表面温度的加权值或玻璃的平均温度与冷箱空气温度（$t_c$）的差值除以热箱空气温度（$t_h$）与冷箱空气温度（$t_c$）的差值计算得到抗结露因子，再乘以100后，在两个数值中取较低的一个值 |
| 3 | 门窗气密性 | 以10Pa压差下检测对象单位缝长空气渗透量或单位面积空气渗透量进行评价。利用密封板、围护结构和外窗形成静压箱，通过供风系统从静压箱吹风在检测对象两侧形成正压差或负压差。在静压箱引出测量孔测量压差，在管路上安装流量测量装置测量空气渗透量 |

## 6.2.3　建筑节能检测设备

主要设备包括实验室检测设备和现场检测设备。其中实验室检测设备包括材料导热系数检测设备和建筑构件热阻、耐候性、门窗性能等检测设备。现场检测设备包括墙体的传热系数、热工缺陷、门窗性能等检测设备。检测仪器设备包括导热系数测定仪、红外线摄像仪、外墙耐候性检测仪、拉拔仪、保温系统测定仪、门窗气密性测定装置、鼓风门气密性测试系统（建筑物气密性测试系统）、尘埃粒子计数器等，如表6-7所示。

表6-7　现场检测设备

| 序号 | 仪器名称 | 检测内容 | 备　注 |
|---|---|---|---|
| 1 | 导热系数测定仪 | 材料导热系数 | |
| 2 | 墙体保温性能试验装置 | 墙体热阻、传热系数 | |
| 3 | 电子天平 | 材料重量 | |
| 4 | 万能试验机 | 建筑材料力学性能 | |
| 5 | 便携式黏结强度检测仪 | 建筑材料黏结强度 | |
| 6 | 电热鼓风干燥箱 | 检测和控制温度 | |
| 7 | 低温箱 | 高温、低温或恒定试验的温度环境变化后的参数及性能，低温范围 0～80℃ | |
| 8 | 门窗保温性能试验装置 | 门窗传热系数 | |
| 9 | 外保温系统耐候性试验装置 | 耐候性能（抵抗热雨循环、热冷循环及冻融循环能力） | 建筑外墙外保温系统耐候性试验方法（GB/T 35169—2017） |
| 10 | 数据采集仪 | 温度、热流值采集储存 | |
| 11 | 外窗三性现场检验设备 | 抗风压性、气密性、水密性 | |
| 12 | 红外热像仪 | 热工缺陷 | |

| 序号 | 仪 器 名 称 | 检 测 内 容 | 备 注 |
|---|---|---|---|
| 13 | 热流计 | 热流值 | |
| 14 | 温度传感器 | 温度 | |
| 15 | 热球风速仪 | 风速 | |
| 16 | 流量计 | 流量 | |
| 17 | 鼓风门气密性测试系统 | 建筑气密性 | |
| 18 | 拉拔仪 | 锚固体的锚固力 | |
| 19 | 尘埃粒子计数器 | 单位体积内尘埃粒子数和粒径分布的仪器 | |

# 6.3　建筑节能检测内容

建筑节能检测内容包括保温系统主要组成材料性能检测、建筑设备系统性能检测、建筑节能工程现场检验和围护结构传热系数检测等。

## 6.3.1　保温材料性能检测

据统计，我国每年有约 36% 的能源消耗用于室内取暖或降温，因此建筑保温材料便成为专业人员不断研究开发的重点。在民用与工业建筑中使用保温材料，可以提高建筑物的保温、隔热效果，降低采暖空调能量损耗；又可以极大地改善使用者的生活、工作环境。因此，大力开发和利用各种高品质的保温建材，对于节约能源、降低能耗、保护生态环境具有深远的意义。

常用的建筑保温材料按材质分为无机保温材料（如岩棉、矿渣棉）、有机保温材料（如聚乙烯泡沫塑料）和复合保温材料（如吸热玻璃）；按形态可分为纤维状保温材料（如镀铝膜玻璃纤维布）、微孔状保温材料（如硅藻土）、气泡状保温材料（如膨胀珍珠岩）、膏浆状保温材料（如硅酸盐复合保温膏）等。

保温材料节能检测的主要内容包括导热系数、密度、抗压强度或压缩强度、燃烧性能等。

### 6.3.1.1　外墙保温系统检测

外墙保温系统类型及检测内容见表 6-8。

**表 6-8　外墙保温系统分类及检测内容**

| 保温系统类型 | 检 测 内 容 |
|---|---|
| 保温装饰板外墙外保温系统 | 耐候性、拉伸黏结强度、单点锚固力、热阻、水蒸气透过性能 |
| EPS 板薄抹灰外墙外保温系统 | 耐候性、抗风压值、抗冲击强度、吸水量、水蒸气透过湿流密度、耐冻融性、不透水性、热阻 |
| 胶粉 EPS 颗粒保温浆料外墙外保温系统 | 导热系数、材料密度、材料的黏结强度、抗压强度或压缩强度 |
| EPS 板现浇混凝土外墙外保温系统 | 耐候性、拉伸黏结强度、单点锚固力、热阻、水蒸气透过性能 |
| 有网现浇系统 | 网的力学性能、热工性能、抗腐蚀性能 |
| 机械固定 EPS 钢丝网架板外墙外保温系统 | 网的力学性能、抗腐蚀性能 |

在当前的建筑节能检测中，主要技术是能够快速准确地测定建筑外围护结构的热工性能，即得出外围护结构的传热系数。传热系数的测定方法主要有热流计法和热箱法两种。热流计是建筑热耗测定中常用仪表，其检测基本原理为：在被测部位至少布置两块热流计，测量通过建筑构件的热量，在热流计的周围和对应的冷表面上各布置4个热电偶测量温度，并直接传输入微机系统，通过计算可得出传热系数值。而热箱法的工作原理为：在试件两侧的箱体（冷箱和热箱）内，分别建立所需的温度、风速和辐射条件，达到稳定状态后，测量空气温度、试件和箱体内壁的表面温度及输入计量箱的功率，就可以计算出试件的传热系数，热箱法不适合于现场检测，适合于外墙、楼板、门窗的传热系数的实验室测量。目前较先进的方法还有红外线热像仪法。红外线热像仪是集先进的光电技术、红外探测器技术和红外图像处理技术于一体的高科技产品。热像仪测量物体表面温度是一种非接触式、快速的测量仪器，测量物体表面温度分布，能够直观地显示物体表面的温度分布范围。此外还有显示方法多、输出信息量大、可进行数据处理、操作简单、携带方便等优点。

### 6.3.1.2　门窗综合性能检测

建筑门窗进场后，对其外观、品种、规格及附件等应进行检查验收，对质量证明文件进行检查。建筑门窗工程施工中，对门窗框与墙体接缝处的保温填充做法应进行隐蔽工程验收，并应有隐蔽工程验收记录和必要的图像资料。

门窗性能检测内容包括空气渗透（气密性）、雨水渗透（水密性）、抗风压、保温、隔声、采光等性能，见表6-9。

表 6-9　门窗综合性能检测内容

| 项　目 | 内　容 |
|---|---|
| 气密性 | 外门窗在正常关闭状态时，阻止空气渗透的能力 |
| 水密性 | 外门窗在正常关闭状态时，阻止雨水渗透的能力 |
| 抗风压性 | 外门窗在正常关闭状态时，在风压作用下不发生损坏（如开裂、面板破损、局部屈服、黏结失效等）和五金件松动、开启困难等功能障碍的能力 |

表中检测内容是门窗形式检验中的必检项目（简称三性检测）。

另外，建筑外窗进入施工现场时，应按地区类别对其性能进行复验，复验项目应符合表6-10的规定（参见《建筑节能工程施工质量验收规范》(GB 50411—2019)）。

表 6-10　门窗进场复验项目

| 地　区 | 复　验　项　目 |
|---|---|
| 严寒、寒冷地区 | 气密性、传热系数和中空玻璃露点 |
| 夏热冬冷地区 | 气密性、传热系数、玻璃遮阳系数、可见光透射比、中空玻璃露点 |
| 夏热冬暖地区 | 气密性、玻璃遮阳系数、可见光透射比、中空玻璃露点 |

建筑外门窗的节能检测主要包括保温性和气密性的检测。

外门窗保温性能以传热系数为评定指标，其检测方法为标定热箱法，试件一侧为热箱，模拟采暖建筑冬季室内气候条件，另一侧为冷箱，模拟冬季室外气候条件，在对试件缝隙进行密封处理，试件两侧各自保持稳定的空气温度、气流速度和热辐射条件下，测量热箱中电暖气的发热量，减去通过热箱外壁和试件框的热损失，除以试件面积与两侧空气温差的乘积，即可得出试件的传热系数。

外门窗的气密性检测一般可采用压力法，就是利用风机等增压或减压的原理，使建筑外门窗内外之间人为造成的压力差，测定在该压力差条件下的空气渗透量。

### 6.3.2 围护结构传热系数检测

传热系数是建筑热工节能设计中的重要参数。建筑构件（如门、窗等）的传热系数，可在实验室条件下对其进行测试。而建筑围护结构是在建造过程中形成的，其传热系数需要现场检测才能确定。通过检测建筑的实际传热性能来判定建筑保温隔热系统的产品、技术是否符合节能设计要求，以此来鉴定新系统的产品、技术的优缺点等，同时对分析建筑物实际运行中的能耗状况和施工过程的偏差也起着非常重要的作用。

围护结构传热系数是表征围护结构传热量大小的一个物理量，是围护结构保温性能的评价指标，也是隔热性能的指标之一。为改善居住建筑室内热环境质量，提高人民居住水平，提高采暖、空调能源利用效率，贯彻执行国家可持续发展战略，2010 年《夏热冬冷地区居住建筑节能设计标准》（JGJ 134—2010）颁布实施。该标准在提出节能 50% 的同时，对建筑物围护结构的热工性能也进行了相应规定。

《夏热冬冷地区居住建筑节能设计标准》虽然能在设计阶段保证建筑物围护结构的热工性能达到目标要求，但并不能保证建筑物建造完后也能达到节能要求，因为围护结构的外墙和屋顶是在建筑物建造过程中形成的，由于施工过程的复杂性和诸多影响因素，所以建筑的施工质量同样非常关键。因此，判定建筑物围护结构热工性能是否达到标准要求，仅依靠设计和施工的技术资料并不能给出准确的结论，这就需要进行现场检测。

围护结构热工性能检测实践证明，在现场对其传热系数进行科学而精确的测量，是建筑节能检测验收的关键和重点。

#### 6.3.2.1 围护结构传热系数现场检测方法

目前现场检测围护结构（主要指检测外墙、屋顶和架空地板）的传热系数检测方法主要有热流计法、热箱法、控温箱-热流计法、非稳态法（常功率平面热源法）、遗传辨识算法 5 种。

**A 热流计法**

热流计是热能转移过程的量化检测仪器，也是目前现场检测围护结构传热系数的方法中应用最广泛的方法之一，国际标准《绝热建筑构件热阻和传热系数的现场测量 第 1 部分：热流计法》（ISO 9869—2014）、《建筑构件热阻和传热系数的现场测量》（ISO 9869—1994）、美国标准《建筑围护结构构件热流和温度的现场测量》（ASTM C1046—1995）和《由现场数据确定建筑围护结构构件热阻》（ASTM C1155—1995）中，对热流计法做了详细规定，并被多数国家接受。

我国根据建筑围护结构实际情况也颁布了国家标准《建筑物围护结构传热系数及采暖供热量检测方法》（GB/T 23483—2009）和《居住建筑节能检测标准》（JGJ/T 132—2009），实现了与国际标准的接轨。

（1）热流计法的基本原理。热流计法是通过检测被测对象的热流 $E$，冷端温度 $T_1$ 和热端温度 $T_2$，即可以根据式（6-2）~式（6-4）计算出被测对象的热阻和传热系数。热流计法现场检测原理如图 6-1 所示。

$$R = (T_2 - T_1)/(EC) \qquad (6\text{-}2)$$
$$R_0 = R_n + R + R_w \qquad (6\text{-}3)$$
$$K = 1/R_0 \qquad (6\text{-}4)$$

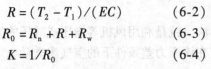

图 6-1　热流计法现场检测示意

式中　$R$——被测围护结构的热阻，$m^2 \cdot K/W$；

　　　$T_2$——被测围护结构的冷端温度，K；

　　　$T_1$——被测围护结构的热端温度，K；

　　　$E$——热流计的读数，mV；

　　　$C$——热流计测头系数，$W/(m^2 \cdot mV)$；

　　　$R_0$——被测围护结构的传热阻，$m^2 \cdot K/W$；

　　　$R_n$——被测围护结构的内表面换热阻，$m^2 \cdot K/W$，按照国家标准《民用建筑热工设计规范》（GB 50176—2015）中的规定取值；

　　　$R_w$——被测围护结构的外表面换热阻，$m^2 \cdot K/W$，按照国家标准《民用建筑热工设计规范》（GB 50176—2015）中的规定取值；

　　　$K$——被测围护结构的传热系数，$W/(m^2 \cdot K)$。

　　热流计法就是用热流计作为热流（温度）传感器，通过它来测量建筑物围护结构或各种保温材料的传热量及物理性能参数。热流计法的基本原理是：采用热流计、热电偶在现场检测被测围护结构的热流量和其内、外表面温度，通过数据采集系统处理计算出该围护结构的传热系数。

　　（2）热流计法的仪器设备。热流计法检测围护结构传热系数时用的仪器设备比较少，主要仪器设备包括温度传感器和数据采集系统等。

　　温度传感器是利用物质各种物理性质随温度变化的规律把温度转换为电量的传感器。温度传感器是温度测量仪表的核心部分，品种繁多。按测量方式可分为接触式和非接触式两大类，按照传感器材料及电子元件特性分为热电阻和热电偶两类。

　　数据采集是指从传感器和其他待测设备等模拟和数字被测单元中自动采集信息的过程。数据采集系统是结合基于计算机的测量软硬件产品来实现灵活的、用户自定义的测量系统。数据采集系统一般多采用温度热流巡回检测仪，其具体性能与控温箱热流计法中所用的数据采集仪相同。

　　（3）热流计法的检测方法。在被测部位布置热流计，在热流计的周围布置铜－康铜热电偶，对应的冷表面上也相应布置相同数量的热电偶，并将它们均连接到数据采集仪。其他检测步骤与控温箱－热流计法相同。通过瞬变期，达到稳定状态后，计量时间包括足够数量的测量周期，以获得所要求精度的测试数值。

　　为了使测试结果具有客观性，在测试时应在连续采暖稳定至少 7d 的房间中进行，检测时间宜选择在最冷的月份，并应避开气温剧烈变化的天气。

　　（4）热流计法的数据记录及处理。热流计法检测围护结构传热系数时，采用温度热流巡回检测仪在线、连续、自动采集和记录。温度热流巡回检测仪的温度值直接在巡检仪上显示，在采集围护结构的两侧环境温度、表面温度、通过墙体被测部位的热流后，即可用有关公式计算出被测围护结构的热阻 $R$、传热系数 $K$。

（5）热流计法的注意事项。

第一，太阳辐射对围护结构的传热系数影响较大，如某围护结构工程的东向外墙检测时，因太阳光直接照射电势值异常而升高，一直升高到16mV，而经遮挡后却回落到13mV，因此，在外墙围护结构检测过程中要注意遮挡。

第二，要精心选择粘贴热流计的黄油，太硬的黄油空气不容易排出，传热系数偏小；太软的黄油又容易被墙体吸收产生缝隙，会直接导致检测结果的失真。因此，所选用的黄油要预先进行试验，合适后才能用于热流计法的测试。

（6）热流计法的主要特点。热流计法是国内外现场检测围护结构传热系数的方法中应用最广泛的方法，也是我国建筑节能检测标准中首选的方法，热流计法主要的优点是仪器设备少、检测原理简单、易于理解掌握。但是，热流计法用于现场测试存在严重的局限性。这是因为使用热流计法的前提条件是必须在采暖期才能进行测试。我国的南方地区现实情况是基本不采暖、北方采暖地区的有些工程又在非采暖期竣工，即使在采暖期有的采用的是壁挂锅炉分户采暖等，这样就限制了热流计法的使用。

在《居住建筑节能检测标准》（JGJ/T 132—2009）中，对热流计法的使用重新作了规定，检测时间宜选在最冷月，且应避开气温剧烈变化的天气。对于设置采暖系统的地区，冬季检测应在采暖系统正常运行后进行；对于未设置采暖系统的地区，应在人为适当提高室内温度后进行检测。在其他季节，可采取人工加热或制冷的方式建立室内外温差。

围护结构高温侧的表面温度，应当高于低温侧10℃以上，且在检测过程中的任何时刻均不得等于或低于低温侧的表面温度。当导热系数$K$小于$1.0W/(m \cdot K)$时，高温侧表面温度宜高于低温侧10℃以上。检测持续时间不应少于96h。检测期间，室内空气温度应保持稳定，受检区域外表面宜避免雨雪侵袭和太阳光直射。

B　热箱法

热箱法作为实验室检测建筑构件的热工性能使用已久，是一种比较成熟的试验方法，已颁布有国际标准和国内标准。但是，热箱法用来进行现场检测建筑物热阻或传热系数是最近几年才出现的。近年来，我国的北京中建建筑科学技术研究院在热箱法研究方面取得了较大成果；2008年，我国又颁布了《绝热稳态传热性质的测定标定和防护热箱法》（GB/T 13475—2008），为进行热箱法检测提供了依据和标准。

a　热箱法的基本原理

图6-2是热箱法检测的示意图，热箱法是测定热箱内电加热器所发出的全部通过围护结构的热量及围护结构冷热表面温度。其基本检测原理是用人工制造一个一维传热环境，被测部位的内侧用热箱模拟采暖建筑室内条件并使热箱内和室内空气温度保持一致，另一侧为室外自然条件，维持热箱内温度高于室外温度8℃以上，这样被测部位的热流总是从室内向室外传递，当热箱内加热量与通过被测部位的传递热量达平衡时，通过测量热箱的加热量得到被测部位的传热量，经计算得到被测部位的传热系数。

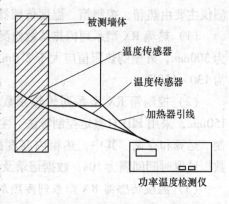

图6-2　热箱法现场检测传热系数示意

但是，在现场检测围护结构的热工性能，由于实验条件不确定，无法用标定的方法消除误差，只能用防护热箱法，这时被检测的房间就是防护箱。

热箱法传热系数检验仪是采用热箱法对围护结构传热系数进行检测的，这种检测仪基于"一维传热"的基本假定，即围护结构被测部位具有基本平行的两个表面，其长度和宽度远远大于其厚度，可以将其视为无限大平板。在人工制造的一个一维传热的环境下，被测部位的内侧用热箱模拟采暖建筑室内条件，并使热箱内和室内空气温度保持一致，另一侧为室外自然条件。维持热箱内的温度高于室外温度。这样，被测部位的热流总是从室内向室外传递，从而形成一维传热，当热箱内加热量与通过被测部位传递的热量达到平衡时，热箱的加热量就是被测部位的传热量。实时控制热箱内空气温度和室内温度，精确测量热箱内消耗的电能并进行积累，定时记录热箱的发热量及热箱内和室外温度，经运算就可以得到被测部位的传热系数值。

建筑物围护（墙体）结构的传热系数，可用式（6-5）和式（6-6）进行计算：

$$K = \sum K_n/n \qquad (6\text{-}5)$$

$$K_n = Q_n/[A_i(T_i - T_e)] \qquad (6\text{-}6)$$

式中　$K$——围护结构被测墙体的传热系数，$W/(m^2 \cdot K)$；

　　　$Q_n$——单位测试时间的传热量，W；

　　　$K_n$——单位测试时间的传热系数值，$W/(m^2 \cdot K)$；

　　　$A_i$——热箱开口处的面积，$m^2$；

　　　$T_i$——室内（热箱）空气温度，℃；

　　　$T_e$——室外空气温度，℃；

　　　$n$——连续测试的次数。

b　热箱法的仪器设备

热箱法现场检测所用的仪器设备主要有计量箱、温度传感器、功率表、数据记录仪，辅助设备有加热器等。先进的现场检测围护结构传热系数的热箱，是将以上几个仪器集成在一起，设备的集成化程度高，使用起来更加方便。

国内该项技术和配套检测设备，是由北京中建建筑科学技术研究院技术人员首先研究推出的，用于建筑围护结构的仪器为 RX 型系列传热系数检测仪。RX 型系列传热系数检测仪主要由热箱、控制箱、温度传感器、室内加热器和室外冷箱等组成。

（1）热箱 RX 型系列传热系数检测仪中的热箱，其开口尺寸 1000mm×1200mm，进深为 300mm，外壁的热阻值应大于 $2.0m^2 \cdot K/W$，内表面黑度 $\varepsilon$ 值应大于 0.85，加热功率为 130~150W。

（2）控制箱 RX 型系列传热系数检测仪中的控制箱，其尺寸为 400mm×300mm×150mm，采用 PID 自整定控制算法。主要是用来采集各测点温度、热箱功率等，并进行控制、运算和存储。其中，热箱内温度控制精度为 ±0.2℃，功率的计量精度为 ±1% FS，数据读取时间间隔为 10s，数据记录及计算时间间隔为 10min，通信接口为 RS232。

（3）温度传感器 RX 型系列传热系数检测仪，宜采用铂电阻温度传感器，其计量精度为 ±0.1℃。

（4）室内加热器是热箱法检测中不可缺少的仪器，室内加热器按照工作原理的不同，可分为红外辐射加热型和对流加热型两大类。

（5）室外冷箱。当室外温度高于25℃时，应将冷箱扣在热箱对应面，以降低围护结构的温度。

c　热箱法的检测方法

热箱法现场检测。在围护结构的被测部位内侧用热箱模拟建筑室内的条件，并使热箱内和室内空气温度保持一致，另一侧为室外自然条件，维持热箱内的温度高于室外温度在8℃以上，这样被测部位的热流总是从室内向室外进行传递，当热箱内的加热量与通过被测部位的传递热量达到平衡时，通过测量热箱的加热量得到围护结构（墙体）的传热量，经计算即可得到被测部位的传热系数 $K$。

d　热箱法的主要特点

（1）热箱法基本不受温度的限制，只要在室外空气平均温度25℃以下，相对湿度在60%以下，热箱内温度大于室外最高温度8℃以上就可以测试。

热箱法检测现场布置示意如图6-3所示。

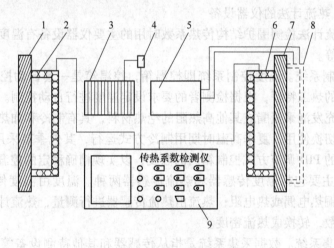

图6-3　热箱法检测现场布置示意

1—墙体1；2—热箱 A；3—室内加热器；4—加热控制器；5—冷箱水浴；
6—热箱 B；7—墙体2；8—冷箱；9—控制仪

（2）热箱法的检测设备比较简单，自动化程度比较高，目前热箱法已有定型成套的检测仪器，可以实现自动计算结果。

（3）由于现场采用的防护热箱法，这样就必须把整个被测房间当作防护箱，房间温度和箱体的温度要保持一致，如果房间的面积较大，则在检测时温度控制的难度更大，且有时会浪费大量的能源。

C　控温箱－热流计法

近年来，我国对建筑节能检测进行了广泛而深入的研究，其中控温箱－热流计法就是比较成功的案例。用这种方法进行了实际检测验证研究，在实验室通过与热箱法对比，检测多种材料和砌体的传热性能；并在不同季节对实际建筑物的围护结构传热系数进行了现场检测，与热流计法做了对比。实测结果证明，控温箱－热流计法的检测装置可以在现场准确地测量建筑围护结构的传热系数，不仅重复性很好，而且检测过程不受季节的影响，是一种值得推广的围护结构传热系数的检测方法。

　　a　控温箱－热流计法的基本原理

　　控温箱－热流计法的基本原理与热流计法相同，它利用控温箱控制温度，模拟采暖期建筑物的热工状况，用热流计法测定被测对象的传热系数。控温箱－热流计法综合了热流计法和热箱法两种方法的特点。用热流计法作为基本的检测方法，同时用热箱来人工制造一个模拟采暖期的热工环境，这样既避免了热流计法受季节限制的问题，又不用校准热箱的误差，因为此热箱仅是温度控制装置，不计算输入热箱和热箱向各个方向传递的功率。因此不用庞大的防护箱在现场消除边界热损失，也不用标定其边界热损失。从热量传递的物理过程来看，材料导热系数的测试过程和建筑物围护结构传热系数检测过程是相同的。这种方法问世时间较短，还需要严密的理论推导和实践检验。

　　在这个热环境中测量通过围护结构的热流量、箱体内的温度、墙体被测部位的内外表面温度、室内外环境温度，根据式（6-2）~式（6-4）计算被测部位的热阻、传热阻和传热系数。

　　b　控温箱－热流计法的仪器设备

　　控温箱－热流计法检测围护结构传热系数时用的主要仪器设备有温度控制系统传感器和数据采集系统等。

　　（1）温度控制系统。温度控制系统即控温箱，控温箱是一套自动控温装置，可以模拟采暖期建筑物的热工特征，根据检测者的要求设定温度进行自动控制。控温设备由双层框构成，层间填充发泡聚氨酯或其他高热阻的绝热材料，具有制冷和加热的功能，可以根据季节进行双向切换使用，夏季高温时期用制冷方式运行，其他季节采用加热方式运行。同时，采用先进的 PID 调节方式控制箱内的温度，以实现精确稳定的控温。

　　（2）传感器主要包括温度传感器和热流传感器两种。温度由温度传感器进行测量，通常采用铜－康铜热电偶或热电阻；热流由热流传感器进行测量，热流计测得的值是热电势，通过测头系数，转换成热流密度。

　　（3）数据采集系统。数据采集系统是指从传感器和其他待测设备等模拟和数字被测单元中自动采集信息的过程。温度值和热电势值是由与之连接的温度、热流自动巡回检测仪自动完成数据的采集记录，并可以设定巡检的时间间隔。

　　c　控温箱－热流计法的检测步骤

　　控温箱－热流计法的检测步骤比较简单。首先要选取有代表性的墙体，按要求粘贴温度传感器和热流计，在对应面的相应位置粘贴温度传感器，然后将温度控制仪箱体紧靠在墙体被测位置，使得热流计位于温度控制仪箱体的中心部位，并布置在墙体温度高的一侧。以上工作完成后，开机开始检测，在线或离线监控传热系数动态值，等达到稳定状态后，检测工作结束。

　　d　控温箱－热流计法的数据处理

　　控温箱－热流计法的数据处理过程与方法，主要与所使用的自动巡回检测仪的功能有关。有些自动巡回检测仪在盘式仪表的基础上进行了升级强化，在原有的功能上扩展存储、打印、计算功能，可以直接计算结果、打印检测报告。有些自动巡回检测仪自身没有这些功能，只是完成数据的采集和储存，这时候要用专用的通信软件将数据传给计算机，再用数据处理软件进行数据处理。用软件的函数计算功能，然后计算出被测部位的热阻、传热阻和传热系数。计算结果以表格、图表、曲线或数字的形式显示。

　　e　控温箱－热流计法的主要特点

　　控温箱－热流计法综合了热流计法和热箱法两种方法的优点，如图6-4所示。用热流计法作为基本的检测方法，同时用热箱来人工制造一个模拟采暖期的热工环境，这样既避免了热流计法受季节限制的缺陷，又不用校准热箱的误差。控温箱－热流计法中的热箱仅是一个温度控制装置，由于其发热功率不参与结果计算，因此不计算输入热箱和热箱向各个方向传递的功率。这样就不需要将整个房间加热至箱体同样的温度，也不用设置庞大的防护箱在现场消除边界热损失，也不用标定其边界热损失。

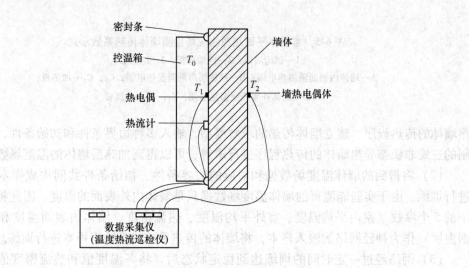

图6-4　控温箱－热流计法现场检测示意

　　D　常功率平面热源法

　　a　常功率平面热源法的检测原理

　　常功率平面热源法是非稳态法中一种比较常用的方法，适用于建筑材料和其他隔热材料热物理性能的测试。常功率平面热源法现场检测的方法，是在墙体内表面人为地加上一个合适的平面恒定热源，对墙体进行一定时间的加热，通过测定墙体内外表面的温度响应，辨识出墙体的传热系数，其基本原理如图6-5所示。

　　绝热盖板和墙体之间的加热部分由加热板 $C_1$、$C_2$ 和金属板 $E_1$、$E_2$ 组成。对称地各布置两块，控制绝热层两侧的温度相等，以保证加热板 $C_1$ 发出的热量都流向墙体，$E_1$ 板起到对墙体表面均匀加热的作用。墙体内表面测温热电偶 A 和墙体外表面测温热电偶 D 记录逐时温度值。

　　b　常功率平面热源法的检测步骤

　　常功率平面热源法系统是用人工神经网络方法（简称 ANN）仿真求解的，其过程分为以下三个步骤。

　　（1）常功率平面热源法系统设计的墙体传热过程是非稳态三维传热过程，这一过程受到墙体内侧平面热源的作用和室内外空气温度变化的影响，要有针对性地编制非稳态导

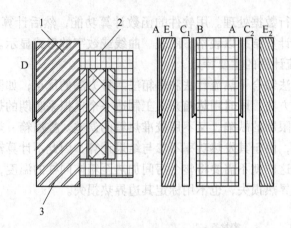

图 6-5　常功率平面热源法现场检测墙体传热系数示意
1—试验墙体；2—绝缘盖板；3—绝热层；
A—墙体内表面测温热电偶；B—绝热层两侧测温热电偶；$C_1$，$C_2$—加热板；
D—墙体外表面测温热电偶；$E_1$，$E_2$—金属板

热墙体的传热程序。建立墙体传热的求解模型，输入多种边界条件和初始条件，利用已编制的三维非稳态导热墙体的传热程序进行求解，可以得到加热后墙体的温度场数据。

（2）将得到的墙体温度场数据和对应的边界条件、初始条件共同构成样本集对网络进行训练。由于实验能测得的墙体温度场数据只是墙体内外表面的温度，因此将测试时间中的 5 个参数（室内平均温度、室外平均温度、热流密度、墙体内表面温度和墙体外表面温度）作为神经网络的输入样本，将墙体的传热系数作为输出样本进行训练。

（3）网络经过一定时间的训练达到稳定状态后，将各温度值和热流密度值输入，由网络即可映射出墙体的传热系数。

c　常功率平面热源法的主要特点

由于常功率平面热源法是非稳态法检测物体热性能的一种方法，所以不仅可以大大缩短实际检测的时间，而且能够减小室外空气温度变化给传热过程带来的影响。

采用常功率平面热源法在实验室检测材料热性能比较广泛，但是用来进行现场检测还需要做大量的工作才行，如设备开发、系统编程、神经网络训练和训练效果评定等，这些工作技术性都很高，对其要求相应也较高，其测试结果的稳定性和重复性，都要有大量、可靠的数据来支撑。

E　遗传辨识算法

遗传算法是一种基于自然选择和基因遗传学原理的优化搜索方法，它是模仿生物进化过程来进行寻优。遗传算法是将"优胜劣汰、适者生存"的生物进化原理引入优化参数形成的编码串联群体中，按所选择的适应度函数并通过遗传中的复制，交叉及变异对个体进行筛选，使适应度高的个体被保留下来，从而组成新的群体，新的群体既继承了上一代的信息，又优于上一代。这样周而复始，群体中个体适应度不断提高，直到满足一定的条件。遗传算法的算法简单，可并行处理，得到全局最优解。

a　遗传算法的特点

（1）遗传算法是对参数的编码进行操作，而非对参数本身，这就使得在优化计算过

程中可以借鉴生物学中染色体和基因等概念，模仿自然界中生物的遗传和进化等机理。

（2）遗传算法同时使用多个搜索点的搜索信息。传统的优化方法往往是从解空间的单个初始点开始最优解的迭代搜索过程，单个搜索点所提供的信息不多，搜索效率不高，有时甚至使搜索过程局限于局部最优解而停滞不前。

（3）遗传算法从由很多个体组成的一个初始群体开始最优解的搜索过程，而不是从一个单一的个体开始搜索，这是遗传算法所特有的一种隐含并行性，因此遗传算法的搜索效率较高。

（4）遗传算法直接以目标函数作为搜索信息。传统的优化算法不仅需要利用目标函数值，而且需要目标函数的导数值等辅助信息才能确定搜索方向，而遗传算法仅使用由目标函数值变换来的适应度函数值，就可以确定进一步的搜索方向和搜索范围，无需目标函数的导数值等其他一些辅助信息。遗传算法可应用于目标函数无法求导数或导数不存在的函数的优化问题，以及组合优化问题等。

（5）遗传算法使用概率搜索技术。遗传算法的选择、交叉、变异等运算都是以一种概率的方式来进行的，因而遗传算法的搜索过程具有很好的灵活性。随着进化过程的进行，遗传算法新的群体会更多地产生出许多新的优良的个体。

（6）遗传算法在解空间进行高效启发式搜索，而非盲目地穷举或完全随机搜索。

（7）遗传算法对于待寻优的函数基本无限制，它既不要求函数连续，也不要求函数可微，既可以是数学解析式所表示的显函数，又可以是映射矩阵甚至是神经网络的隐函数，因而应用范围较广。

（8）遗传算法具有并行计算的特点，因而可通过大规模并行计算来提高计算速度，适合大规模复杂问题的优化。

b 遗传辨识算法的方法原理

我国东南大学程建杰等人研制的围护结构传热系数快速测试仪，利用实测的数据，用遗传算法和最小二乘法辨识分别得到了墙体的传热系数估计值。由此可知遗传算法是一种利用墙体的动态实验数据获得墙体传热系数的有效方法，并且具有较高精度。

遗传辨识算法把围护结构的传热看成一个热力系统，输入输出的温度波、热流波，可以很方便地检测到，这样则对围护结构传热系数的检测就成为系统的辨识问题。

由于墙体传热受到许多因素的影响，检测和计算都非常复杂，为了简单起见，将传热过程看作一个黑盒模型，只关心其输入（墙体内外两侧表面温差）与输出（热流密度），通过辨识输入与输出之间的关系来确定墙体的传热系数 $K$。根据以上所述的原理，可建立如下数学模型：

$$A(Z^{-1})Q(k) = B(Z^{-1})\Delta T(k) \tag{6-7}$$

则

$$Q(k) = B(Z^{-1})\Delta T(k)/[A(Z^{-1})] + n(k) \tag{6-8}$$

即

$$Q(k) = G(Z^{-1})\Delta T(k) + n(k) \tag{6-9}$$

$$G(Z^{-1}) = \frac{(b_1 Z^{-1} + b_2 Z^{-2} + \lambda b_{nb} Z^{-nb})Z^{-nk}}{a_1 Z^{-1} + a_2 Z^{-2} + \lambda + a_{na} Z^{-na}} \tag{6-10}$$

$$K = \frac{B(Z^{-1})}{A(Z^{-1})}\bigg|_{Z=1} \tag{6-11}$$

式中      $Q(k)$——实验测得的墙体热流序列；

$\Delta T(k)$——实验测得的墙体内外表面温差热流序列；

$A(Z^{-1}),B(Z^{-1})$——各自对应过程 $Z$ 传递函数；

$Z^{-1}$——时间延迟算子，$s^{-1}$；

$n(k)$——白噪声；

$k$——墙体的传热系数，$W/(m^2\cdot K)$；

$na$、$nb$、$nk = 0$，1，2，3，…，且 $na < nk$。

东南大学的程建杰等人，对于遗传辨识算法介绍了两种方法来辨识墙体的传热系数，即传统的最小二乘法和遗传算法，并对两种方法的检测结果进行了比较。

c　遗传辨识算法的最小二乘法辨识

最小二乘法又称最小平方法，这是一种较好的数学优化技术。它通过最小化误差的平方和寻找数据的最佳函数匹配，利用最小二乘法可以简便地求得未知的数据，并使得这些求得的数据与实际数据之间误差的平方和最小。

最小二乘法是按照计算机的特点，对于收敛性好的模型使用递推的方法求得各个系数。采用最小二乘法的辨识过程如下：

（1）确定过程的初始状态，选择模型的阶次。

（2）选择终止条件，若模型所有的参数估计值达到比较稳定时可以终止计算。

（3）根据最小二乘法的公式计算数学模型各系数的估计值，直至完全符合终止条件。

（4）判断模型的阶次是否合理，如果不合理则重新选择模型的阶次，继续进行计算。

d　遗传辨识算法的遗传算法辨识

遗传算法（Genetic Algorithm）是模拟达尔文生物进化论的自然选择和遗传学机理的生物进化过程的计算模型，是一种通过模拟自然进化过程搜索最优解的方法。

遗传算法将问题的求解表示成"染色体"（在计算机内一般用二进制串表示），并将众多的求解构成一群"染色体"，将它们均置于问题的"环境"中，根据适者生存的原则从中选择出适应环境的"染色体"进行复制，通过交换、变异、倒序等操作，产生新一代更适应环境的"染色体群"，这样一代又一代不断地进化，最后收敛到一个最适应环境的个体上，从而求得问题的最优解。遗传算法的求解过程如下：

（1）基因的确定。按照检测工程应用的需要，假设数值精确到千分位。采用 8 位二进制数值表示整数部分，8 位表示小数部分，则一个数字可以用两个字节来表示，可以把这两个字节称为"染色体"，要求的系数一共 12 个，也就是 12 个染色体分别表示 12 个形状，它们共同作用下可以反映这个物种的优良。

（2）种群的初始化。假设这个物种的种群大小为 60，那么种群的初始化比较简单，就是随机填满这些二进制位即可。

（3）物种的淘汰与选择。在传统的遗传算法中，以适应度函数来判断个体的适应程度，用不适应度函数来判断个体的不适应程度。即用拟合值所组成的式（6-12）算得的热流密度 $Q$；与实测的热流密度 $Q$ 的均方差之和为目的排序，将排在最后的 20 个最不适应的基因淘汰掉，剩下 40 个个体两两交叉，基因再生出 20 个后代，同时按照一定的比率让某位发生变异，即翻转该位，以产生更好的后代，如式（6-12）所列：

$$\text{notfit} = \sum(\Delta Q^2) < \varepsilon \qquad (6\text{-}12)$$

其中
$$\Delta Q = Q_{理论} - Q_{实测}$$

（4）执行算法的各个算子，直到满足终止条件并得到最终结果为止。

e 对检测条件的具体要求

检测实践充分证明，系统辨识对室外气候的变化具有较好的适应性。在夏季进行测试时，门窗保持自然；在冬季进行测试时，将门窗关闭，测试房间如未采暖，则应设置必要的取暖器。因此，系统辨识法具有很强的使用灵活性，尤其是对气候的要求程度比较低。

同时，辨识用的输入和输出数据量不大，通常对于日周期温度波，围护结构的延时在8h以内，只要连续测试两个昼夜就可以覆盖6个传热周期。由于不存在起始工况，所以这6个周期的数据都是真实有效的，从而可以大大缩短测试时间。

f 遗传辨识算法的实验仪器

采用遗传辨识算法检测墙体的热工性能，所用的仪器主要有温度传感器（铜 – 康铜热电偶）；数据记录仪采用 DR090L 温度巡回检测仪。

g 遗传辨识算法的主要特点

遗传辨识算法的可靠性较高，不仅适合在复杂区域内寻找期望值较高的检测，而且可以达到很高的精度，是快速精确确定墙体热阻和传热系数的一种新方法。由于该方法理论性较强，不易被一般的工程监测人员所接受和应用，另外还需要专门的检测设备或计算软件，目前在建筑节能的检测中应用还不十分广泛。

### 6.3.2.2 围护结构传热系数的现场检测

围护结构传热系数的现场检测，主要包括外墙、屋顶和地板，其中外墙的检测比较复杂，屋面和地板的检测方法基本相同。

A 外墙的检测方法

（1）首先查看具体的建筑物，以便选择检测的位置。在选择检测房间时，既要符合随机抽样检测的原则（主要包括不同朝向外墙、楼梯间等有代表性的测点），又要充分考虑室外粘贴传感器的安全性。其次，对照图纸进一步确认测点的具体位置，不使其处在梁、板、柱节点、裂缝、空气渗透等位置。

（2）粘贴传感器。用适宜的黄油将热流计平整地粘贴在墙面上，并用胶带加以固定，热流计四周用双面胶带或黄油粘贴热电偶，并在墙的对应面用同样的方法粘贴热电偶。

（3）对各路热流计和热电偶进行编号，并按顺序号连接到巡检仪。热电偶从第2路开始依次接入，显示温度信号，单位为℃；热流计从第57路开始依次接入，显示热电阻，单位为 mV。

（4）安装温控仪。根据季节气候的特点，视不同的气温确定温控仪的安装方式和运行模式。如果室外温度高于25℃，应将温控仪安装在热流计的相对面，并要紧靠墙面，用泡沫绝热带密封周边，将运行模式开关置于制冷挡，根据具体环境设定控制温度为 −10 ~ −5℃。如果室外温度低于25℃，应将温控仪安装在热流计的同侧，并将热流计罩住，将运行模式开关置于加热挡，根据具体环境设定控制温度为 32 ~ 40℃。

（5）开机进行检测。依次开启温控仪、巡检仪，并开始记录各控制参数，巡检仪显示各路温度和热流数值，并每隔30min自动存储一次当前各路信号的参数，在线或离线跟踪监测温度和热流值的变化，达到稳定状态时停止检测。

**B　屋顶的检测方法**

屋顶传热系数的检测方法与外墙的检测方法基本相同。用热流计检测屋顶传热系数时，受现场条件的限制（如采用页岩颗粒防水卷材的屋顶不光滑），如果不进行处理就不能够精确测得外表面温度。有的用石膏、快硬水泥等材料先抹出一块光滑的表面，再粘贴温度传感器测量温度，这样不可避免地会带来附加热阻，并且由其引起的误差无法精确消除。

另外，还有一种较为可行的做法是在内外表面温度不易测定时，利用百叶箱测得内外环境温度 $T_a$、$T_b$，以及通过热流计的热流 $E$，检测屋顶两侧的环境温度，便可用环境温度以式（6-13）和式（6-14）计算传热阻 $R_0$ 和传热系数 $K$。

$$R_0 = (T_a - T_b)/(EC) \tag{6-13}$$

$$K = 1/R_0 \tag{6-14}$$

式中　$E$——热流计的读数，mV；

　　　$C$——热流计的测头系数，$W/(cm^2 \cdot mV)$；

　　　$T_a$——热端环境温度，℃；

　　　$T_b$——冷端环境温度，℃。

**C　围护结构传热系数的判定方法**

在进行围护结构传热系数的判定时，一般应遵守以下原则：

（1）当建筑物的围护结构传热系数有设计指标时，经检测得到的各部位的传热系数应当满足设计指标的要求。

（2）当建筑物的围护结构传热系数无设计指标时，经检测得到的各部位的传热系数应不大于当地建筑节能设计标准中规定的限值要求。

（3）对上部为住宅建筑，下部为商业建筑的综合商住楼进行节能判定时，应分别满足住宅建筑和公共建筑节能设计要求。

**D　围护结构传热系数的结果评定**

（1）当受检住户或房间内围护结构主体部位传热系数的检测值，均分别满足以上判定原则的规定时，则判该申请检验批合格。

（2）如果检测结果不能满足以上判定原则中的规定时，应对不合格的部位重新进行检测。受检面仍维持不变，但具体检测的部位可以变化。如果重新受检部位的检测结果均满足以上判定原则中的规定时，则判该申请检验批合格。如果仍有受检部位的检测结果不满足以上判定原则中的规定时，则应计算不合格部位数占受检部位数的比例，若该比例值不超过15%，则判该申请检验批合格，否则判该申请检验批不合格。

**E　围护结构传热系数的检测报告**

**a　检测报告的内容**

围护结构传热系数的检测报告，主要应包含以下内容：

（1）机构信息。设计单位、建设单位、施工单位、监理单位及本次委托单位的名称，建筑围护结构检测单位名称、资质、地址等方面的信息。

（2）工程特征。工程名称、建设地址、建筑面积、建筑高度、建筑层数、体形系数、窗墙面积比、窗户规格类型、设计节能措施、执行的节能标准等。

（3）检测条件。围护结构传热系数的检测条件，主要包括项目编号、检测依据、检测方法、检测设备、检测项目和检测时间等。

（4）检测结果。围护结构传热系数的检测结果，主要是指围护结构传热系数 $K$ 和其他需要说明的情况。

（5）检测结果计算过程。

（6）报告责任人。报告责任人主要包括测试人、审核人及签发人等有关人员。

b　检验报告的示例

建筑物围护结构传热系数检测报告没有固定的样式，可以根据各检测单位的实践经验和委托方要求列出。总的原则是内容齐全、形式简单、数据准确、符合规定。一般情况下，可按表 6-11 所示示例的报告格式列出。

**表 6-11　建筑物围护结构传热系数检测报告**

| 检测项目 | 围护结构传热系数 | | | | |
|---|---|---|---|---|---|
| 工程名称 | ×××住宅楼 | | | | |
| 检测依据 | 《居住建筑节能检测标准》（JGJ/T 132—2009） | | 检测时间 | ×××年××月××日~×××年××月××日 | |
| 检测位置 | 热流密度/W·m$^{-2}$ | $\Delta T/\mathrm{℃}$ | 传热系数/W·(m$^2$·K)$^{-1}$ | | |
| | | | 标准限值 | 设计值 | 实测值 |
| 外墙 | | | | | |
| 内墙 | | | | | |
| 屋顶 | | | | | |
| 底板 | | | | | |
| 楼梯间 | | | | | |
| 分户墙 | | | | | |
| | | | | | |
| 检测结论 | 经现场检测该建筑围护结构的传热系数达到×××（标准）设计要求。<br><br>（检测报告专用章）<br>×××年××月××日 | | | | |
| 备注 | | | | | |

批准人：　　　　　　　　审核人：　　　　　　　　试验人：

建筑物围护结构传热系数检测报告的内容：

受××××单位的委托，××××检测站（中心、公司）对××××工程的围护结构传热系数 $K$ 进行现场检测，检测报告主要包括以下内容：

（1）检测依据。

1）《居住建筑节能检测标准》（JGJ/T 132—2009）；

2）《严寒和寒冷地区居住建筑节能设计标准》（JGJ 26—2010）；

3）《民用建筑热工设计规范》（GB 50176—2015）。

（2）检测方法。本工程的围护结构传热系数 $K$ 采用热流计法进行现场检测。

（3）检测仪器。本工程的围护结构传热系数 $K$，所用的主要检测仪器有温度热流巡回自动检测仪、热流计、温度传感器、便携式数字温度计。

1）温度热流巡回自动检测仪。采用北京××仪器有限公司生产的温度与热流巡回自动检测仪，这种检测仪的特点之一是能存储昼夜的测量数据及其处理结果。特点之二是采用了国际上通用的铜－康铜热电偶作为测温传感元件，这种热电偶测温元件经久耐用，粘贴方便，价格低廉。

本仪器可测量 76 路信号，其中 56 路测量温度；第 1 路应用 Pt100 铂热电阻，该铂热电阻用于测量热电偶冷端温度（即室温），作为另外 55 路热电偶测量的冷端温度补偿用；其余 20 路测量热流，可直接测量热流计的热电势值。

2）BYTSI-1A 型热流计。这种热流计是与热流传感器配套使用的手持仪表，将其测得数据经过换算后，显示单位热流的值。其具有检测精度高、便携式设计、性能稳定、功能丰富等特点，是对热流测试方面的理想仪器。

BYTSI-1A 型热流计性能指标为：①测试范围 $0 \sim 500 \mathrm{W/m^2}$；②检测精度 $<5\%$；③显示数值为 4 位液晶显示；④使用温度 $-20 \sim 50 ℃$；⑤电池供电为 9V 电池，连续使用小于 7d；⑥相对湿度为 80%；⑦质量 $<600\mathrm{g}$。

3）温度传感器。采用数字温度传感器，这种传感器就是能把温度物理量和湿度物理量，通过温度、湿度敏感元件和相应电路转换成方便计算机、PLC、智能仪表等数据采集设备直接读取。

4）便携式数字温度计。便携式数字温度计为接触式测温仪表，测量的前提是传感器和敏感部位（多在前端 10mm 以内）要与被测物体充分接触以迅速传导热量，使传感器敏感元件的温度与被测物的温度尽快相同，并输出相应物体温度的电信号，从而达到测温的目的。

（4）检测日期。根据工程委托单位对检测的要求，确定检测日期为：××××年××月××日～××××年××月××日。

（5）建筑物简介。

1）建筑物简介。建筑物简介主要包括：①建设地址；②设计单位；③建设单位；④施工单位；⑤监理单位；⑥建筑总面积；⑦建筑层数；⑧建筑高度；⑨窗墙面积比；⑩体形系数等。

2）设计围护结构保温方案。设计围护结构保温方案主要包括：①外墙保温方案；②屋顶保温方案；③外窗保温方案；④楼梯间墙保温方案。

3）检测位置示意图。检测位置示意图主要包括：①建筑物平面图；②检测房间布置位置图；③传感器布置位置图。

（6）计算方法。

围护结构热阻计算

$$R = \frac{\sum\limits_{j=1}^{n}(T_{ij} - T_{ej})}{\sum\limits_{j=1}^{n} q_j} \tag{6-15}$$

式中　$R$——围护结构热阻值，$\mathrm{m^2 \cdot K/W}$；

$T_{ij}$——围护结构内表面温度第 $j$ 次测量值，℃；

$T_{ej}$——围护结构外表面温度第 $j$ 次测量值，℃；

$q_j$——热流量第 $j$ 次测量值，W/m²。

围护结构传热阻计算

$$R_0 = R_i + R + R_e \tag{6-16}$$

式中  $R_0$——围护结构传热阻，m² · K/W；

$R_i$——维护结构内表面换热阻，m² · K/W；

$R_e$——围护结构外表面换热阻，m² · K/W。

围护结构传热系数计算

$$K = 1/R_0 \tag{6-17}$$

式中  $K$——围护结构传热系数，W/(m² · K)。

（7）各种关系曲线。

×××× 工程的围护结构传热系数 $K$ 进行现场检测后，可根据检测结果绘制如下关系曲线。1）外墙传热系数 – 时间关系曲线；2）屋顶传热系数 – 时间关系曲线；3）分户墙传热系数 – 时间关系曲线；4）楼梯间传热系数 – 时间关系曲线。

建筑节能现场检测技术是推行建筑节能政策、标准的重要内容，因为我国地域广阔，各地气候条件和建筑特色各异，且传热复杂，容易受环境影响，各地都针对地方特点展开了积极而深入的研究，从测试到数据处理均逐步得到改进，测试条件也由稳态向非稳态，由复杂限制条件到适合现场测试的简单条件，由忽略环境影响到研究环境影响发展。虽然目前还没有一种受到大家广泛认可、简便易行、设备投资小、适合现场检测的方法，但也取得了一定的成果，这些成果必将对落实建筑节能起到一定的促进作用。

#### 6.3.2.3 围护结构主体部位传热系数检测

（1）适用范围。适用于建筑物围护结构主体部位传热系数的检测。

（2）试验标准：

1）《建筑物围护结构传热系数及采暖供热量的检测方法》（GB/T 23483—2009）。

2）《居住建筑节能检测标准》（JGJ/T 132—2009）。

3）《公共建筑节能检测标准》（JGJ/T 177—2009）。

（3）检测条件。

1）建筑物围护结构的检测宜选在最冷月，且应避开气温剧烈变化的天气。

2）宜在受检围护结构施工完成至少 12 个月后进行。

（4）检测设备。

1）热流计。

2）自动数据采集记录仪：时钟误差不应大于 0.5s/d，应支持根据手动采集和定时采集两种数据采集模式，且定时采集周期可以从 10min 到 60min 灵活配置，扫描速率不应低于 60 通道/s。

3）温度传感器：测量温度范围应为 −50 ~ 100℃，分辨率为 0.1℃，误差不应大于 0.5℃。

（5）检测方法。建筑物围护结构传热系数的测定：

1）测点位置的确定。测量主体部位的传热系数时，测点位置应避免靠近热桥、裂缝和有空气渗漏的部位，不应受加热、制冷装置和风扇的直接影响。被测区域的外表面要避免雨雪侵袭和阳光直射。

2）热流计和温度传感器的安装。

① 热流计应直接安装在被测围护结构的内表面上，且应与表面完全接触；热流计不应受阳光直射。

② 温度传感器应在被测围护结构两侧表面安装。内表面温度传感器应靠近热流计安装，外表面温度传感器宜在与热流计相对应的位置安装。温度传感器安装位置不应受到太阳辐射或室内热源的直接影响，温度传感器连同0.1m长引线应与被测表面紧密接触。

③ 检测期间室内空气温度应保持基本稳定，测试时室内空气温度的波动范围在±3K之内，围护结构高温侧表面温度与低温侧表面温度应满足表6-12的要求。在检测过程中的任何时刻高温侧表面温度应高于低温侧表面温度。

表6-12　温差要求

| $K/\mathrm{W} \cdot (\mathrm{m}^2 \cdot \mathrm{K})^{-1}$ | $T_\mathrm{h} - T_\mathrm{l}/\mathrm{K}$ | $K/\mathrm{W} \cdot (\mathrm{m}^2 \cdot \mathrm{K})^{-1}$ | $T_\mathrm{h} - T_\mathrm{l}/\mathrm{K}$ |
| --- | --- | --- | --- |
| $K \geqslant 0.8$ | $\geqslant 12$ | $K < 0.4$ | $\geqslant 20$ |
| $0.4 \leqslant K < 0.8$ | $\geqslant 15$ | | |

注：$K$ 为设计值；$T_\mathrm{h}$ 为测试期间高温侧表面平均温度；$T_\mathrm{l}$ 为测试期间低温侧表面平均温度。

④ 热流密度和内、外表面温度应同步记录，记录时间间隙不应大于30min，可以取多次采样数据的平均值，采样间隔宜短于传感器最小时间常数的1/2。

（6）数据分析。

1）数据分析可采用算术平均法

① 采用算术平均法进行数据分析时，应按式（6-15）计算围护结构的热阻。

② 对于轻型围护结构，宜使用夜间采集的数据计算围护结构的热阻。当经过连续四个夜间测量之后，相邻两测量的计算结果相差不大于5%时，即可结束测量。

③ 对于重型围护结构，应使用全天数据计算围护结构的热阻，且只有在下列条件得到满足时方可结束测量。

末次 $R$ 计算值与24h之前的 $R$ 计算值相差不大于5%。

检测期间内第一个周期内与最后一个同样周期内的 $R$ 计算值相差不大于5%，且每个周期天数采用2/3检测持续天数的取整值。

2）围护结构的传热系数计算

围护结构的传热系数按式（6-1）计算。

（7）结果评定。

1）受检围护结构主体部位传热系数应满足设计图纸的规定；当设计图纸未作具体规定时，应符合国家现行有关标准的规定。

2）当受检围护结构主体部位传热系数的检测结果满足上条规定时，应判为合格，否则应判为不合格。

（8）注意事项。

1）试验结束后应关闭电源，注意清洁和防锈的维护。

2）环境及设备应保持总体清洁，记录环境温度和相对湿度。

3）整机长时间停用时，应断开总电源插头，并注意防锈、防尘。

4）定期对仪器设备进行维护、检定。

5）如果计算机由于病毒侵染或人为删除某些文件，造成系统无法运行，请恢复系统，重新安装软件。

#### 6.3.2.4 外围护结构热工缺陷检测

（1）适用范围。适用于建筑物外围护结构外表面热工缺陷和内表面热工缺陷的检测。

（2）试验标准。

1）《居住建筑节能检测标准》（JGJ/T 132—2009）。

2）《公共建筑节能检测标准》（JGJ/T 177—2009）。

（3）检测条件。

1）检测前至少 24h 内室外空气温度的逐时值与开始检测时的室外空气温度相比，其变化不应大于 10℃。

2）检测前至少 24h 内和检测期间，建筑物外围护结构内外平均空气温度差不宜小于 10℃。

3）检测期间与开始检测时的空气温度相比，室外空气温度的逐时值变化不应大于 5℃，室内空气温度逐时值变化不应大于 2℃。

4）1h 内室外风速（采样时间间隔为 30min）变化不应大于 2 级（含 2 级）。

5）检测开始前至少 12h 内受检的外表面不应受到太阳直接照射，受检的内表面不应受到灯光的直接照射。

6）室外空气相对湿度不应大于 75%，空气中粉尘含量不应异常。

（4）检测设备。

红外热像仪：波长范围为 8.0～14.0μm，传感器温度分辨率不应大于 0.08℃，温差检测不确定度不应大于 0.5℃，红外热像仪的像素不应少于 76800 点。

（5）检测方法。

1）检测前宜采用表面式温度计在受检表面上测出参照温度，调整红外热像仪的发射率，使红外热像仪的测定结果等于该参照温度；宜在与目标距离相等的不同方位扫描同一个部位，并评估临近物体对受检外围护结构表面造成的影响；必要时可采取遮挡措施或关闭室内辐射源，或在合适的时间段进行检测。

2）受检表面同一个部位的红外热像图不应少于 2 张。当拍摄的红外热像图中，主体区域过小时，应单独拍摄一张以上（含 1 张）主体部位红外热像图。应用图说明受检部位的红外热像图在建筑中的位置，并应附上可见光照片。红外热像图上应标明参照温度的位置，并应随红外热像图一起提供参照温度的数据。

3）受检外表面的热工缺陷应采用相对面积评价，受检内表面的热工缺陷应采用能耗增加比评价。

（6）结果评定。

1）受检外表面缺陷区域与主体区域面积的比值应小于 20%，且单块缺陷面积应小于 0.5m²。

2）受检内表面因缺陷区域导致的能耗增加比值应小于 5%，且单块缺陷面积应小于 0.5m²。

### 6.3.3 建筑设备系统性能检测

#### 6.3.3.1 采暖供热系统检测内容

建筑物除建筑结构外，附属的设备还有很多，包括采暖、热水供应、电力供应、灯光照明等。这些设备在建筑节能方面发挥着重要的作用。建筑物的围护结构是建筑节能的基础，但最终能源消耗在各种设备上。《建筑节能工程施工质量验收规范》（GB 50411—2019）中指出，采暖、通风与空调、配电与照明工程安装完成后，应进行系统节能性能的检测，受季节影响未进行的节能性能检测项目，还应在保修期内补做。要求检测的项目见表6-13。

**表6-13　采暖供热系统节能检测项目和要求**

| 序号 | 检测项目 | 抽样数量 | 允许偏差或规定值 |
|------|---------|---------|----------------|
| 1 | 室内温度 | 居住建筑每户抽测卧室或起居室1间，其他建筑按房间总数抽测10% | 冬季不得低于设计计算温度2℃，且不应高于1℃ 夏季不得高于设计计算温度2℃，且不应高于1℃ |
| 2 | 供热系统室外管网的水力平衡度 | 每个热源与换热站均不少于1个独立的供热系统 | 0.9～1.2 |
| 3 | 供暖系统的补水率/% | 每个热源与换热站均不少于1个独立的供热系统 | 0.5～1 |
| 4 | 室外管网的热输送效率 | 每个热源与换热站均不少于1个独立的供热系统 | ≥0.92 |

#### 6.3.3.2 中央空调工程节能检测内容

中央空调工程节能检测项目及要求见表6-14。

**表6-14　中央空调工程节能检测项目及要求**

| 序号 | 检测项目 | 抽样数量要求 | 允许偏差或规定值/% |
|------|---------|-------------|------------------|
| 1 | 各风口的风量 | 按风管系统数量抽查10%，且不得少于1个系统 | ≤15 |
| 2 | 通风与空调的总风量 | 按风管系统数量抽查10%，且不得少于1个系统 | ≤10 |
| 3 | 空调机组的水流量 | 按系统数量抽查10%，且不得少于1个系统 | ≤20 |
| 4 | 空调系统冷热水、冷却水总流量 | 全数 | ≤10 |

### 6.3.4 建筑节能工程现场检测

建筑物的热工性能受许多因素的影响。如建筑材料的化学成分、质量、密度、温度、湿度等。建筑物在实际使用中，由于受气候、施工、生产和使用状况等各方面的影响，建筑材料往往会含有一定水分，这样将会导致建筑物的热工性能发生变化。

目前，建筑材料的热工性能检测主要在实验室完成，在稳定状态下测试材料的热工性能，实验室测试数据是建筑材料干燥至恒重状态下的测试结果，而工程实际使用的材料因使用环境的不同，其热工性能及节能效果会有很大差异。因此，为验证建筑物的节能效果，对建筑物的热工性能进行现场检测是非常必要的。

建筑节能工作从流程上可分为设计审查、现场检测、竣工验收3个大的阶段。对节能建筑的评价，从建设前期对施工图纸审查计算阶段向现场检测和竣工验收转移是大势所趋。建筑节能现场检测也是落实建筑节能政策的重要保证手段。

通常说的建筑物现场热工检测是指围护结构热阻（传热系数）检测，除有关标准外出现下列情况才进行围护结构热阻检测：（1）现场实体检测出现不符合要求的情况；（2）有证据显示节能工程质量可能存在某些严重问题；（3）出于某种原因需要直接得到围护结构的传热系数。

目前，全国范围内建筑节能检测都执行《居住建筑节能检验标准》（JGJ 132—2008），在国家标准尚未颁布前，它是最具权威性的检测方法。《居住建筑节能检验标准》的发布实施，为建筑节能政策的执行提供了一个科学的依据，使建筑节能由传统的间接计算、目测定性评判到现在的现场直接测量，从此这项工作进入了由定性到定量、由间接到直接、由感性判断到科学检测的新阶段。

### 6.3.4.1 热工性能现场检测内容

按照我国现行的建筑节能现场检测标准《居住建筑节能检验标准》（JGJ 132—2008）中的规定，建筑物的热工性能现场检测的项目主要包括以下内容：（1）年采暖耗热量以及建筑物绿色建筑节能工程检测单位面积采暖耗热量；（2）小区单位面积采暖耗煤量；（3）建筑物室内平均温度；（4）建筑物围护结构的传热系数；（5）建筑物围护结构热桥部位内表面温度；（6）建筑物围护结构热工缺陷；（7）窗口整体气密性能；（8）外围护结构隔热性能；（9）建筑物外窗遮阳设施等。

### 6.3.4.2 建筑物室内外温度检测

建筑节能现场温度的检测，是评价建筑物节能效果的主要技术指标，也是进行建筑物节能检测的一项重要工作，室内外温度检测主要包括室内平均温度、外围结构热桥部位内表面温度和室外温度等的检测。

#### A 室内平均温度检测

室内温度是衡量建筑物热舒适度和节能效果的重要指标，是判定建筑物系统供热（或供冷）质量的决定性指标，也是对能耗用户供热（或供冷）计量收费的基础性指标，因此室内温度的检测是一项非常重要的工作。

#### B 室内温度的检测方法

建筑物的平均温度应以户内平均室温的检测为基础，以房间室温计算出户内室温，进而再计算出建筑物的平均室温。户内平均室温的检测时段和持续时间应符合表6-15中的规定。如果该项检测是为了配合其他物理量的检测而进行的，则其检测的起止时间和要求应当符合现行标准的有关规定。

表6-15    户内平均室温的检测时段和持续时间

| 序号 | 范 围 分 类 | 时    段 | 持续时间 |
|---|---|---|---|
| 1 | 试点居住建筑/试点居住小区 | 整个采暖期 | 整个采暖期 |
| 2 | 非试点居住建筑/非试点居住小区 | 冬季最冷月份 | ≥72h |

C    室内温度的检测仪表

检测室内温度时所用的仪表,主要是温度传感器和温度记录仪。温度传感器一般用铜-康铜热电偶。用于温度测量时,热电偶的不确定度应小于0.5℃;用一对温度传感器直接测量温差时,其不确定度应小于2%;用两个温度值相减求取温差时,其不确定度应小于0.2℃。

近年来,研制成的单点自记式温度记录仪具有温度传感器和数据记录仪的双重功能,利用电池进行供电,温度采集时间可调,数据存储量比较大,特别适合于电力不能保证的现场检测室内外的温度。

D    室温检测对象的确定

(1)室温检测面积不应少于总建筑面积的0.5%;当总建筑面积不超过200m² 时,应全数进行检测;当建筑面积超过200m² 时,应随机抽取受检房间或受检住户,但受检房间或受检住户的建筑面积之积不应少于200m²。

(2)对于3层以下的居住建筑,应逐层布置测点;3层和3层以上的居住建筑,首层、中间层和顶层均应布置测点。

(3)室温检测对象的数量应适宜,不得过少,每层应至少选取3个代表房间或代表户。

(4)在检测户内平均温度时,除厨房、设有浴盆或淋浴器的卫生间、淋浴室、储物间、封闭阳台和使用面积不足5m² 的自然间外,其他每个自然间内均应布置测点,单间使用面积大于或等于30m² 的宜设置两个测点。

(5)户内平均温度应以房间平均室温的检测为基础。房间平均室温应采用温度巡检仪进行连续检测,数据记录时间间隔最长不得超过60min。

(6)房间内平均室温测点应设置于室内活动区域内,且距楼面700~1800mm 的范围内恰当的位置,但不应受太阳辐射或室内热源的直接影响。

E    建筑物的室温计算

建筑物平均室温是通过检测和计算得到的。首先对随机抽样的住户房间直接检测得到房间的室温,然后计算出该住户的平均室温,再通过计算得到该建筑物的平均室温,在计算中应按照式(6-18)~式(6-20)进行。

$$t_{rm} = \frac{\sum_{i=1}^{p} \left( \sum_{j=1}^{n} t_{i,j} \right)}{p \cdot n} \tag{6-18}$$

$$t_{hh} = \frac{\sum_{k=1}^{m} t_{rm,k} \cdot A_{rm,k}}{\sum_{k=1}^{m} A_{rm,k}} \tag{6-19}$$

$$t_{ia} = \frac{\sum\limits_{L=1}^{M} t_{hh,L} \cdot A_{hh,L}}{\sum\limits_{L=1}^{M} A_{hh,L}} \tag{6-20}$$

式中　$t_{ia}$——检测持续时间内建筑物的平均温度，℃；

　　　　$t_{hh}$——检测持续时间内户内的平均温度，℃；

　　　　$t_{rm}$——检测持续时间内房间的平均温度，℃；

　　　$t_{hh,L}$——检测持续时间内第 $L$ 户受检户的户内平均温度，℃；

　　　　$t_{i,j}$——检测持续时间内某房间内第 $j$ 个测点第 $i$ 个逐时温度检测值，℃；

　　　　$n$——检测持续时间内某一房间某一测点的有效检测温度值的个数；

　　　　$p$——检测持续时间内某一房间布置的温度检测点的数量；

　　　　$m$——某一住户内受检房间个数；

　　　　$M$——某栋居住建筑内受检住户的个数；

　　　$A_{rm,k}$——第 $k$ 间受检房间的建筑面积，$m^2$；

　　　$A_{hh,L}$——第 $L$ 户受检住户的建筑面积，$m^2$；

　　　　$i$——某受检房间内布置的温度检测点的顺序号；

　　　　$j$——某温度巡检仪记录的注释温度检测值的顺序号；

　　　　$k$——某受检住户中受检房间的顺序号；

　　　　$L$——居住建筑中受检住户的顺序号。

**F　建筑物室温结果评定**

建筑物冬季平均室温应在设计范围内，且所有的受检房间逐时平均温度的最低值不应低于16℃（对于已实行按热量计费、室内散热设施装有恒温阀且住户出于经济的考虑，自觉调低室内温度的除外），同时检测持续时间内房间平均室温不得大于23℃。

如果受检居住建筑的建筑物平均室温检测结果满足以上规定，则判该受检居住建筑室温合格。如果所有受检居住建筑的建筑物平均室温均检测合格，则判该申请检验批的居住建筑室温合格，否则判不合格。

**6.3.4.3　热桥部位内表面温度检测**

热桥是指围护结构中包含金属、钢筋混凝土梁（如圈梁、门窗过梁、钢框架梁等）、柱、挑阳台、遮阳板、挑出线条，以钢筋混凝土或金属屋面板中的边肋或小肋、金属玻璃窗幕墙中和金属窗中的金属框和框料，也包括因保温层施工所产生的缝隙和设置过多的金属构件等部位。这些部位为热量容易通过的桥梁，传热能力强，热流较密集，内表面温度较低，故称为热桥。热桥对室内温度有很大的影响，所以应对热桥部位内表面温度进行检测。

**A　热桥部位内表面温度检测方法**

热桥部位内表面温度可以直接采用热电偶等温度传感器贴于受检表面上进行检测。室内外计算温度条件下，热桥部位内表面温度应按式（6-22）计算得到：

$$\theta_I = t_{di} - \frac{t_{rm} - \theta_{Im}}{t_{rm} - t_{em}}(t_{di} - t_{de}) \tag{6-22}$$

式中　$\theta_I$——室内外计算温度下热桥部位的表面温度，℃；

$\theta_{\text{Im}}$——检测持续时间内热桥部位的表面温度逐次测量值的算术平均值，℃；

$t_{\text{em}}$——检测持续时间内室外空气温度逐次测量值的算术平均值，℃；

$t_{\text{di}}$——室内计算温度，℃，应根据具体设计图纸确定或按国家标准《民用建筑热工设计规范》（GB 50176—2015）中的规定采用；

$t_{\text{de}}$——室外计算温度，℃，应根据具体设计图纸确定或按国家标准《民用建筑热工设计规范》（GB 50176—2015）中的规定采用；

$t_{\text{rm}}$——检测持续时间内房间的平均温度，℃。

B　热桥部位内表面温度检测仪器

热桥部位内表面温度所用的检测仪表，主要有温度传感器和温度记录仪。温度传感器一般应采用铜－康铜热电偶。用于温度测量时，热电偶的不确定度应小于0.5℃；用一对温度传感器直接测量温差时，热电偶的不确定度应小于2.0%；用两个温度值相减求取温差时，热电偶的不确定度应小于0.2℃。

温度记录仪应采用巡检仪，数据存储方式应当适用于计算机分析。测量仪表的附加误差应小于4μV或0.1℃。

C　热桥内表面温度检测对象确定

（1）热桥内表面温度检测数量，应以一个检测批中住户套数或间数为单位进行随机抽取确定。

（2）对于住宅，一个检测批中的检测数量不宜超过总套（间）数的1%，对于住宅以外的其他居住建筑，不宜超过总套（间）数的0.2%，但不得少于3套（间）。当检验批中住宅套数或间数不足3套（间）时，应全额进行检测，顶层不得少于1套（间）。

（3）热桥内表面温度检测部位，应在受检住户或房间内综合选取，每一受检住户或房间的检测部位不得少于1处。

（4）在检测热桥内表面温度时，内表面温度测点应选在热桥部位温度最低处，具体位置可采用红外热像仪协助确定。

（5）热桥部位内表面温度检测，应在采暖系统正常运行工况下进行，检测时间宜选在最冷月份，并应避开气温剧烈变化的天气。热桥部位内表面温度检测持续时间不应少于72h，数据应每小时记录一次。

D　热桥部位内表面温度检测步骤

（1）进行室内空气平均温度检测，室内空气平均温度测点布置和方法参见《居住建筑节能检测标准》（JGJ/T 132—2009）。

（2）进行室外空气温度检测，室外空气温度的检测方法参见《居住建筑节能检测标准》（JGJ/T 132—2009）。

（3）将热桥部位内表面温度传感器（铜－康铜热电偶）连同0.1m长引线与受检表面紧密接触，传感器表面的辐射系数应与受检表面基本相同。

E　热桥部位内表面温度检测判定

在室内外计算温度条件下，围护结构热桥部位的内表面温度，不应低于室内空气相对湿度按60%计算时的室内空气露点温度。

　　当所有的受检部位的检测结果均分别满足上述规定时，则判定该申请检验批合格，否则判定不合格。

### 6.3.4.4　室外空气温度的检测

　　室外空气温度的检测，应采用温度巡检仪，并逐时进行采集和记录。采集时间间隔宜短于传感器最小时间常数，数据记录时间间隔不应长于20min。

　　室外空气温度传感器应设置在外表面为白色的百叶箱内，百叶箱应当放置在距离建筑物5~10m的范围内。当无百叶箱时，室外空气温度传感器应设置防辐射罩，安装位置距外墙外表面应大于0.20m，且宜在建筑物两个不同方向同时设置测点。

　　对于超过十层的建筑宜在屋顶加设1~2个测点。温度传感器距地面的高度宜在1.5~2.0m的范围内，且应避免直接照射和室外固有冷热源的影响。在正式开始采集数据之前，温度传感器在现场应有不少于30min的环境适应时间。

## 思考与练习题

6-1　建筑节能检测的基本方法是什么，有什么区别？

6-2　如何判断建筑节能检测结果是否达标？

6-3　建筑节能工程现场检测采用哪些方法？

6-4　建筑节能检测具体包括哪些内容？

6-5　采暖供热系统节能检测有哪些项目？

6-6　中央空调工程节能检测有哪些项目？

6-7　热流计法的基本原理。

6-8　热箱法的基本原理。

6-9　控温箱-热流计法的主要特点是什么？

6-10　围护结构传热系数的现场检测流程。

## 参 考 文 献

[1] 李继业. 绿色节能建筑工程检测 [M]. 北京：化学工业出版社，2018.

[2] 田斌守. 建筑节能检测技术 [M]. 北京：中国建筑工业出版社，2010.

[3] 中国建筑业协会建筑节能专业委员会. 建筑节能技术 [M]. 北京：中国计划出版社，1996.

[4] 王小军. 防护热箱法现场检测外墙传热系数 [J]. 上海建材，2005 (4)：26-27.

[5] 李洪凤. 基于频率法的建筑围护结构热工性能现场检测技术 [D]. 绵阳：西南科技大学，2016.

[6] 秦静. 民用建筑节能检测技术的应用与研究 [D]. 南京：南京理工大学，2016.

[7] 潘立. 热流计法在建筑节能检测中的应用分析 [J]. 新型建筑材料，2019，46 (11)：99-101.

[8] 杜璘. 建筑围护结构外墙传热系数现场检测方法研究 [D]. 南昌：南昌大学，2017.

[9] 康俊儒. 某公共建筑空调系统能效实测与分析 [D]. 北京：北京建筑大学，2017.

[10] 柯瑞锋. 墙体热阻现场测试仪器开发及双面热流计法的应用 [D]. 上海：东华大学，2017.

[11] 朱敏. 建筑节能检测实用手册 [M]. 北京：中国建筑工业出版社，2014.

[12] 中华人民共和国国家质量监督检验检疫总局. GB/T 13475—2008 绝热稳态传热性质的测定标定和防护热箱法 [S]. 北京：凤凰出版社，2008.

[13] 中华人民共和国住房和城乡建设部. GB 50411—2019 建筑节能工程施工质量验收标准 [S]. 北京：中国建筑工业出版社，2019.

［14］中华人民共和国住房和城乡建设部. JGJ/T 132—2009 居住建筑节能检测标准［S］. 北京：中国建筑工业出版社，2009.

［15］中华人民共和国住房和城乡建设部. GB 50176—2016 民用建筑热工设计规范［S］. 北京：中国建筑工业出版社，2016.

# 7 建筑节能评估

## 7.1 建筑节能评估标准

### 7.1.1 评估标准分类

民用建筑节能评估，是指根据节能法规、标准，对被评估建筑的能源利用是否科学合理进行分析评估，主要目的是使新建建筑达到节能建筑的标准，控制其能源消耗总量。评估内容主要由三个部分组成，即能耗总量的估算、节能方案的评估及能评阶段提出的节能措施及建议。

国际上关于建筑节能方面的相关评估以列表清单法、生命周期评估方法及基于建筑能耗计算和模拟法三类为主。列表清单法实际上是将不同的问题进行标记并赋予这些问题相应的权重，然后分项评分，最终结果就会根据各项问题计算出来；生命周期评估方法是对建筑的物质和能量的输入和输出作清单分析；以建筑能耗计算和模拟为基础的建筑评估方法通常以建筑运行阶段的能耗作为最终的评估指标，如单位面积能耗指标等，在此基础上进行评估。

对建筑的节能评估，应当遵循特定的法律法规及标准规范。这里提到的标准、规范统称为建筑节能标准。建筑节能标准可以分为五个大类：

（1）规定性方法：对建筑围护结构、主要设备等分别限定能效水平，如瑞士就采用这种方法对新建公共建筑的照明以及空调负荷限值做出了相关规定。

（2）能耗限额法：用一个整体的数值规定建筑的最大能耗限额，但不强制实现单项的指标值，加拿大（1995~2003）、英国（1984）、奥地利（1998）、瑞典（1994）、荷兰（1996）、挪威（1998）和新西兰（1992）的建筑节能标准使用了这种方法。

（3）权衡判断法：对建筑的各个部分都有限定值，但是可以对这些规定的遵守情况进行权衡判断。

（4）参照建筑法：参照建筑里的参数选择服从权衡规定，通过一套计算方案来判断实际建筑是否和参照建筑一样满足节能要求。

（5）复合规定法：以上几种方法的综合使用。各国对建筑节能标准的执行情况存在很大差异。规定性标准比整体性能标准更加易于实行，现在多数国家却更加倾向于使用整体性能标准。

### 7.1.2 国内外节能评估发展状况

国际上一些欧美发达国家都已形成了完善的建筑节能评估体系，其中包括基于清单列表法的建筑能效评价方法：

（1）美国的能源与环境设计先导 LEED（Leadership in Energy and Environmental Design）；

（2）英国的建筑环境评估 BREEAM（British Research Establishment Environmental Assessment Method）；

（3）日本的建筑物综合环境性能评估体系 CASBEE（Comprehensive Assessment System for Building Environmental Efficiency）；

（4）澳大利亚绿色建筑委员会的绿之星（Green Star）；

（5）德国的 ECO-PRO；

（6）加拿大 Energy Guide。

基于生命周期评价方法：

（1）美国的 BEE；

（2）中国香港商业建筑生命周期能量分析 LCEA（Life Cycle Energy Analysis）；

（3）加拿大的 Athena；

（4）法国的 EOUER。

基于建筑运行能耗计算方法或者建筑运行能耗计算机模拟软件为基础的建筑能效评估方法：

（1）欧盟 EPBD2010/31/EU 框架下的建筑能耗证书制度；

（2）英国基于标准评估程序 SAP 的新建住宅能耗标识。

世界各国建筑节能标准，基本从以下三个方面来实现建筑节能的目标：

（1）建筑外形规定，包括对建筑系数及窗墙比等的规定；

（2）围护结构性能指标规定，包括对非透明围护结构和透明围护结构的传热系数等热工性能指标、透明围护结构的遮阳系数、围护结构的气密性指标等的规定；

（3）建筑设备系统规定，包括对暖通空调系统、热水系统、动力、照明系统方案和设备能效、核实及标识要求等的规定。

### 7.1.3  节能评估存在的问题

首先，人们对节能评估工作的认识还未完全转变，对以建筑节能设计标准为评价体系的建筑节能设计比较重视，一般认为只有到了施工图阶段，才对建筑的外围护结构、暖通空调系统等相关节能指标进行合规设计。而节能评估工作的开展却打破了这一模式，它要求在建筑的规划和策划阶段，节能工作就可以提前介入，甚至在没有详细施工图设计的基础上，就要得出建筑的全年能耗量或是建筑的整体能效水平。这样的转变，令许多专业人员费解，同时认为评估工作难以进行。

其次，评估标准不明确。计算建筑物的能耗指标及全年能耗总量是建筑节能评估工作的一项重要组成部分。而能效对标也是评价建筑物节能水平的重要方法。目前，我国少数地区制定针对部分公共建筑，如学校、商场、超市等的能耗限额标准，但是由于建筑本身是唯一的，单体存在较大差异。在实际评估工作中，遇上指标远低于标准或是高于标准是常见的，但是并不能以此就作为评估建筑节能与否的唯一凭证。所以评估标准的不确定性也存在于节能评估工作中。

再有，缺乏科学可行的评估方法。大多数评估人员在计算建筑负荷时，采用相关规范的推荐指标，利用负荷指标法进行冷热负荷估算，而又错误地将最终的计算指标返回去与这些规范所列的指标进行对照，进而得出建筑符合规范的结论，这无疑是犯了以标准评价标准的错误。各类资料所推荐的数据都是经过统计回归后的建议值，虽然具有普遍性，但是缺乏针对性，可能会与被评估建筑的情况相差甚远，而限制节能评估的进行。

最后，缺乏系统的综合评估。建筑节能作为一个系统，我们不仅对建筑进行单项评价，还应进行综合评价。所谓的综合评价是指根据设立的指标体系，逐层分析各层指标评价值，进而根据权重分析确定方案的总体评估结论。目前，在节能评估中对建筑的综合评估鲜有见到，导致评估结论缺乏综合性指标，而只是对各单项指标分别评估，未能将各表面上因性质、量纲不同而不具可比性的指标进行综合评估。

# 7.2　建筑节能评估原则与方法

## 7.2.1　建筑节能评估原则

（1）科学性原则。在建筑节能评估中，由于影响因素多，为了提高采集数据与信息的可靠性、客观性与公正性，只有秉承科学性的原则，才能够保证分析过程与结果的准确性，从而准确反映建筑物的用能和节能情况。

（2）可行性原则。在建筑节能评定指标中，性质各异而且数据采集难度不一，为了保证建筑节能评估工作的正常进行，需要选择便于操作的指标，同时还应该保证评价过程简单可行，避免因测量过程复杂，造成评价结果失真。

（3）全面性原则。为了保证建筑节能评估结果的综合全面，在指标选择过程中，应该选择具有代表性的特征指标。因此对于特定的建筑节能项目，应该全面考察评价对象，从各个方面进行论证分析，选择合理的指标，从而做到因素的全面性与多样性。

（4）差异性原则。受到地域性的影响，建筑节能指标也表现出巨大的差异性。我国的国土面积较为广阔，各个建筑气候分区之间或者之内的气候特点也表现出巨大的差异性。因此在选择节能评估指标时，不能照搬其他区域的评估方法或者指标选择，需要按照地域特点，做出适应性选择，从而才能建立起合理的评估体系。

（5）稳定性原则。建筑节能指标的选择应该保证其具有稳定性，不受外界偶然因素影响，否则在偶然情况下，造成结果失效。

基于上述评估方法和原则，针对特定的建筑节能项目，具体分析其实际情况，建立正确的建筑节能评估指标体系。

## 7.2.2　建筑节能评估方法

建筑节能评估方法主要分为以下 5 种。

（1）政策导向判断法。根据国家及地方的能源发展政策及相关规划，结合项目所在地的自然条件及能源利用条件对项目的用能方案进行分析评价。

（2）标准规范对照法。对照项目应执行的节能标准和规范进行分析与评价，特别是强制性标准、规范及条款应严格执行。适用于项目的用能方案、建筑热工设计方案、设备选型、节能措施等评价。项目的用能方案应满足相关标准规范的规定；项目的建筑设计、围护结构的热工指标、采暖及空调室内设计温度等应满足相关标准的规定；设备的选择应满足相关标准规范对性能系数及能效比的规定；是否按照相关标准规范的规定采取了适用的节能措施。

（3）专家经验判断法。利用专家在专业方面的经验、知识和技能，通过直观经验分析的判断方法。适用于项目用能方案、技术方案、能耗计算中经验数据的取值、节能措施的评价。根据项目所涉及的相关专业，组织相应的专家，对项目采取的用能方案是否合理可行、是否有利于提高能源利用效率进行分析评价；对能耗计算中经验数据的取值是否合理可靠进行分析判断；对项目拟选用节能措施是否适用及可行进行分析评价。

（4）单位面积指标法。民用建筑项目可以根据不同使用功能分别计算单位面积的能耗指标，与类似项目的能耗指标进行对比。如差异较大，则说明拟建项目的方案设计或用能系统等存在问题，然后可根据分品种的单位面积能耗指标进行详细分析，找出用能系统存在的问题并提出改进建议。

（5）能量平衡分析法。能量平衡是以拟建项目为对象的能量平衡，包括各种能量的收入与支出的平衡，消耗与有效利用及损失之间的数量平衡。能量平衡分析就是根据项目能量平衡的结果，对项目用能情况进行全面、系统地分析，以便明确项目能量利用效率，能量损失的大小、分布与损失发生的原因，以利于确定节能目标，寻找切实可行的节能措施。

### 7.2.3 建筑节能影响因素

影响建筑节能效果的因素很多，图7-1中列举了既有大型公共建筑节能影响因素。通过参照大型公共建筑节能影响因素，整理归纳后可以从以下方面分析建筑节能评估的影响因素。

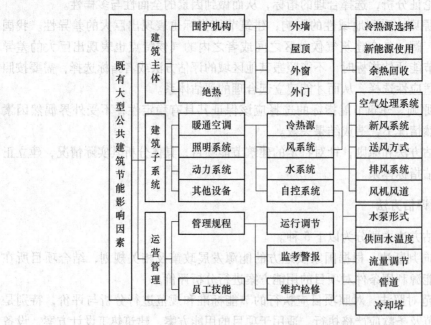

图7-1　建筑节能评估影响因素

### 7.2.3.1　气候参数

气候因素对建筑节能有重要的影响。在不同的地区，因为气候因素差异，同种建筑的能耗特点也会大不相同。按照建筑热工条件分类，我国可以分为五个建筑气候区，即严寒地区、寒冷地区、夏热冬冷地区、夏热冬暖地区与温和地区。在我国严寒地区，具有冬季持续时间长，夏季时间较短，冬季严寒，夏季温和的特点，因此一年中的建筑能耗主要以采暖为主。而在我国夏热冬暖地区，具有夏季持续时间长且温度较高的特点，因此一年中建筑能耗主要以空调耗能为主。同样地，在同一地区，由于不同年限的气候差异较大，同一建筑的能耗也具有不同的特点。因此在进行建筑节能评估时，首先要考虑气候因素，这是提高建筑节能评估精确度和可靠度的首要因素。

现如今，在建筑节能评估中对气候因素的影响主要是采取结果修正的方法，主要基于以下假设：

（1）建筑能耗是气候因素的函数。这一部分的能耗主要包括空调能耗和采暖能耗，这部分与气候条件，例如采暖和空调使用天数，呈线性关系。

（2）建筑能耗包括恒定函数，例如室内照明，办公设施运行耗能，这一部分的能耗常年处于同一水平。

为了计算气候因素对建筑能耗的影响，人们基于稳态传热理论，建立了度日法，用于计算采暖期内室外温度逐日低于室内温度的方法。随着人们对建筑能耗数值要求精度的提高，人们又提出动态能耗计算法，能够逐时地计算建筑能耗。

### 7.2.3.2　建筑类型

我国的建筑可以分为工业建筑和民用建筑，而民用建筑又可以分为公共建筑和住宅建筑，这些建筑的能耗强度具有很大差异。据统计公共建筑的能耗强度约为住宅建筑的4～5倍。公共建筑主要包括办公建筑、商业建筑、教育建筑、文化体育建筑、公共交通和医院建筑等，这些建筑的能耗水平有很大差异，因此在建筑节能设计中对这些建筑的能耗有着不同的要求。为了计算分析这些建筑的能耗水平，主要包括两种方法：一是基于历史监测数据进行统计分析，但是存在着以下困难，例如建筑测量方法不同，测量数据不精确；测量数据较为陈旧，不能保证其现在适用性；此外可以通过已有监测数据进行评估模型校验，但是现场能耗监测是一个较为复杂的过程，对人力、物力和财力的要求较高。第二种方法是建立标准建筑，监测产生标准节能计算值，然而对于如何建立合理的标准建筑，是建筑节能评估中的难题。此外，对于形状较为复杂的建筑，例如卫生间、交通枢纽的建筑形状较为复杂，因此这些建筑的能耗难以评估计算。

### 7.2.3.3　运行状况

建筑节能评估的直接途径是建筑能源的实时监测。在建筑能耗的实际测量过程中，一般采用各类能源在单位建筑面积上的消耗量来表征建筑能效高低。通过建筑能耗调查发现，即便是同一建筑在不同的时间段，能耗也会有很大的区别，这主要取决于室内人员数量及其活动，室内照明强度和时间、空调运行时间和强度以及其他设备的强度。以宾馆建筑为例，整栋建筑的能耗水平与宾馆的入住率有直接关系。办公建筑在白天正常工作期间的能源消耗强度较大，但是在夜晚建筑的能耗水平较低；同时在正常工作日，消耗能源量较大，而在周末或者节假日的能耗将明显降低。对于同一类型的建筑，伴随着空调设备的安装率的提升，其能源消耗量也表现出很大的差异。此外建筑能耗也会随着空调形式有较大差异，公共建筑一般的中央空调安装数量将会对建筑的能耗有显著影响。

#### 7.2.3.4　室内热舒适性要求

室内的空气温度、相对湿度和清新度对室内舒适度有很大影响。目前，国际上通用的良好室内空气质量的定义为"空气中污染物的浓度低于权威机构公布的有害污染物浓度，同时居住在室内的 80% 的人员对室内空气表示满意"。这种室内空气质量定义法结合了人们的主观感受与客观的有害物质浓度，是当今比较科学全面的方法，丹麦工业大学的范杰（Fanger）教授提出的预测人体热感觉指标得到了全世界学者的认可与应用，与 PMV 相似的室内热湿舒适度指标还包括有效温度指标和标准有效温度指标两种。

在上文中给定的能源效率的定义为在不降低同等能源服务水平的前提下，降低能源使用，也就是说建筑能效水平的提高不能降低室内舒适度。2003 年，我国颁布的室内空气质量标准明确地提出了室内空气质量的概念，并且要求室内空气无毒、无害而且无色无味。由于人体表皮舒适度与人体和环境的热湿交换平衡有关，主要是受到室内温度、体表温度、相对湿度、空气运动速度、室内热辐射强度、人体的新陈代谢和着衣水平的影响。

由于公共建筑主要是采用空调通风采暖的方法来提高室内舒适度，因此造成了大量的能源消耗。不同建筑物的功能与使用效率不同，因此其室内热湿舒适度也有很大的差异。我国办公建筑设计规范中对建筑的使用年限和耐火等级做了详细说明。从能耗的角度来看，不同类型的建筑的舒适度不同，室内能耗也不同。此外，建筑室内照明也会对建筑物能耗和舒适度造成一定的影响。

#### 7.2.3.5　其他因素

可再生能源的利用已经成为当今建筑发展的主流方向之一，因此在建筑节能评估中，需要考虑可再生能源的重要性，并对其实行能效评估制度。现如今，人们对公共建筑能耗的要求越来越高，但是公共建筑的建造年代具有很大差异，如何对旧既有公共建筑进行能效评估是一个难题。这主要是因为新建建筑的节能水平要求较高，如何降低对公共建筑节能水平的要求，将不利于新建建筑节能的提高。如果增加对既有公共建筑节能水平的要求，将不利于既有公共建筑的改造。

## 7.3　建筑节能评估体系

建筑节能包括建筑物围护结构绝热设计、建材节能材料选用规划、采暖空调节能设计、照明与动力优化设计、冷热水合理化设计、建筑施工节能、建筑节能测量与监控、建筑物业管理节能等多个方面。建筑节能评估体系是反映和评价建筑节能效果的依据，是由若干单项指标组成的整体，是由相互关联、相互制约、不同层次的指标群构成的一个有机整体，这将能较全面反映该地区建筑节能设计内涵的基本特征。评价指标不完全等同于节能设计指标。节能设计分项指标过于具体，而且各指标相对独立，缺乏有效的关联，无法进行建筑各部分能耗直接的平衡分析；节能设计综合指标计算方法繁杂，不能得到有效的应用。评价指标将是节能分项指标的综合和对节能综合指标的简化。

### 7.3.1 建筑节能评估体系内容

（1）我国建筑节能评估体系。借鉴欧美等国家的成熟经验，结合我国现阶段的社会、经济发展水平，我国的建筑节能评估体系应包括以下内容：

1）计算建筑一定时间段内的总能耗量是否符合能耗限额标准，能耗限额标准是否达到国内或国际先进水平，是否采用节能新技术用于对现有建筑的能量利用效率进行分析和评估。

2）计算建筑外围护结构的传热系数、窗户的渗透系数、挑檐等的遮阳系数。用于检测建筑外墙传热系数，外窗封闭性能是否达到标准或规范的要求。

3）计算室内气流的流动状况，室内空气的温湿度分布状况，得出室内环境的舒适度评价指数。用于评价建筑的室内空气品质。

4）计算不同自然采光方案和人工照明方案组合下的室内光环境指数，来评价室内光照是否达到规定的标准。

5）计算系统周期运行能耗、寿命周期成本，进行经济效益分析。

6）通过对室外干、湿球温度的分析计算，太阳活动对建筑热工状况的影响，确定最合适的室外气象设计参数和最有效的太阳能利用方案。

7）根据当地气象条件、建筑周围环境和建筑围护结构的分析，给出可再生能源的利用方案；或者对已有的可再生能源利用方案做出评估。包括是否可利用可再生能源降低建筑能耗需求，是否可利用可再生能源提高建筑能耗系统效率，对可再生能源作投资回报分析、寿命周期成本分析等。

8）将计算结果量化为我国现有的建筑节能相关标准规范所规定的指标，并与标准规范项比较，最后给出建筑的节能率和节能评估报告书。

（2）英国的 BREEAM 评估体系。BREEAM 评价条目包括九大方面：管理：总体的政策和规程；健康和舒适：室内和室外环境；能源：能耗和 $CO_2$ 排放；运输：有关场地规划和运输时 $CO_2$ 的排放；水：消耗和渗漏问题；原材料：原料选择及对环境的作用；土地使用：绿地和褐地使用；地区生态：场地的生态价值；污染：（除 $CO_2$ 外的）空气和水污染。每一条目下分若干子条目，各对应不同的得分点，分别从建筑性能，或是设计与建造，或是管理与运行这 3 个方面对建筑进行评价，满足要求即可得到相应的分数。

（3）美国的 LEED 评估体系。美国绿色建筑委员会（USGBC）在 1995 年建立了一套自愿性的国家标准 LEED（Leadership in Energy and Environmental Design，领导型的能源与环境设计），该体系用于开发高性能的可持续性建筑及进行绿色建筑的评级。整个项目包括培训、专业人员认可、提供资源支持和进行绿色评估。包括：可持续的场地设计、有效利用水资源、能源与环境、材料与资源、室内环境质量和革新设计。其中，合理的建筑选址约占总评分的 20%，有效利用水资源占 7%，能源与大气占 25%，材料和资源占 19%，室内环境质量占 22%，革新设计占 7%。

（4）加拿大 GB Tool 评级系统。绿色建筑挑战（Green Building Challenge）是由加拿大自然资源部（Natural Re-sources Canada）发起并领导的。至 2000 年 10 月有 19 个国家参与制定的一种评价方法，用以评价建筑的环境性能。GBC2000 评估范围包括新建和改建翻新建筑，评估手册共有 4 卷，包括：总论，办公建筑，学校建筑，集合住宅。

评价的标准共分 8 个部分：环境的可持续发展指标；资源消耗；环境负荷；室内空气质量；可维护性；经济性；运行管理和术语表。GBC2000 采用定性和定量的评价依据结合的方法，其评价操作系统称为 GB Tool，也采用的是评分制。

（5）日本的 CASBEE 评价体系。日本的 CASBEE（建筑物综合环境性能评价体系，Comprehensive Assessment System for Building Environmental Efficiency），评分时把评估条例分为 Q 和 L 两类：Q（Quality）指建筑物的质量，包括室内环境、服务设施质量和占地内的室外环境三项；L（Load）指环境负荷，包括能源、资源与材料、占地以外的环境。CASBEE 旨在追求消耗最小的 L 而获取最大的 Q 的建筑。

### 7.3.2　建筑能效标识

#### 7.3.2.1　基本概念、分类及其作用

自 20 世纪 70 年代的能源危机以来，人们意识到建筑节能的重要性，并提出了 Energy Conservation 用于标识节约能源。经过长期的研究，世界能源委员会在 1995 年指出提高能源效率 Energy Efficiency 的重要性，并给出了其具体含义：减少同等服务条件下的能源消耗。为了表征能耗产品具有提高能源效率的能力，人们提出了能效标识来区分用能产品的能效等级。经过多年的发展，能效标识已经得到了人们的认可，是一种科学化的能效信息标识。建筑能效标识分为两类，即自愿标识和强制标识。

建筑能效标识在推进建筑节能市场发展中具有重要的作用，能够促进政府积极实施节能管理、提高能源利用率并保证节能市场能够健康有序的发展。通过建筑能效标识的实施可知，节能标识制度能够提高用能终端的能源利用率，减少能耗需求，从而能够减少温室气体的产生，具有显著的经济、环境和社会效益。从建筑节能产品的角度来讲，建筑能耗标识能够为消费者购买节能产品提供正确的引导，并促进生产商生产制造能效较高的产品，政策制定部门和政府部门则能够宏观调控节能市场，从而完成市场的转化升级。

建筑能效标识在运用方面主要分为三种类型。

第一种为保证标识，用于为符合某一节能标准的设备、产品或者材料提供一种权威的、具有统一参数和功能的信息标识，但是在保证标识上，并没有提供产品的其他信息。因此这只能用于能效水平比较高的产品和设备，从而帮助消费者区分其与普通产品的差异性，使之得到大众的评价认可。

第二种为比较标识，主要为消费者提供节能产品或设备的具体信息，例如能耗强度和运行成本，从而帮助消费者了解节能产品的性能。比较标识的表现方式为离散或者连续的节能水平和标尺，因此按照这种方法，又可以将比较标识划分为能效等级标识和连续性比较标识。

第三种建筑能效标识为单一信息标识，这种标识形式主要为消费者提供建筑节能产品的技术性能，包括产品的耗能强度、年消耗量、运行成本等参数。但是这种标识方式不能反映节能产品的能效水平，因此不具有比较性，不适合用于节能产品的对比选择。目前，在世界各国范围内，这种能耗标识的应用量较小。

总之，建筑能效标识在全世界范围的推广速度较快，成本较低但是效益较为显著，因

此也受到消费者的青睐。目前能效标识已经广泛地应用于多种设备和产品，包括电冰箱、空调设施、洗衣机等。

### 7.3.2.2 建筑能效标识应用

建筑能源效率能够从根本上反映建筑在运行期间的能源利用效率及其节能效率。建筑能效标识则用来反映建筑物、建筑材料、建筑产品或者设备的能源效率，是围护结构热工性能、节能水平以及其他与能耗相关的信息的侧面体现。在我国建筑市场中，能效标识最初用于建筑节能产品，例如洗衣机、电冰箱、空调设备和照明设施等，而建筑物的能效标识并不多见。近年来，建筑节能的重要性凸显，很多国家将能效标识作为制度并以立法的形式促进其实施，目前在建筑行业也逐渐成熟起来。

西方发达国家的建筑能效标识起源于 20 世纪 70 年代，德国和法国最早在国内强制性地采取了能效标识制度，用于促进建筑市场节能的发展。之后加拿大、美国、澳大利亚等国在德国能效标识的基础上，总结其经验教训，采取了建筑能效标识。目前最为成功的能效标识制度为欧盟建筑能效指令。

为了提高建筑能源利用率，完成节能减排的目标，促进可再生能源的利用，保证能源安全，欧洲最早将建筑节能视为欧盟能源政策的四大目标。随着气候和经济水平的发展，欧洲居民对室内舒适度的要求提升，造成建筑能耗急剧增加，约占全社会能耗的 40% 以上。因此，建筑节能对于欧洲降低欧洲能耗和减少温室气体排放具有重要的意义，这样也可以缓解欧洲的能源压力并降低对能源的依赖程度。

2002 年，欧盟在布鲁塞尔公布了建筑能效指令，简称 EPBD，用于提高建筑能源利用效率。EPBD 的主要适用范围为办公建筑、教育建筑、医院建筑、旅馆和餐厅等公共建筑类型。为了能够切实提高建筑能源利用率，欧洲理事会基于各国的气候特征、能耗水平、环境特点、经济水平在 EPBD 中提出了多项建议。建筑能效指令的主要内容：

（1）建筑物能效计算方法；（2）不同新建建筑的能效水平；（3）既有建筑节能改造最低能效标准；（4）能效证书（Energy Performance Certificate）；（5）定期检查建筑物的锅炉和空调系统。

在采取 EPBD 指令的过程中，能够对建筑物进行方便快捷的能耗评价，首先该方法引入了科学统一的能效计算方法，从而保证了能效评估中参数指标的一致性。通过 EPBD 进行建筑能效的定期检查和评估，有助于提高建筑物的节能水平，从而为建筑节能改造提供依据。为了实现上述建筑节能评估目标，需要建筑师和设备师能够充分掌握建筑采暖、室内照明和空调系统节能的技术措施。为了实现上述目的，欧盟采用了提高建筑产品和设备的效率，这是其主要特点之一。

此外，在建筑商业活动中，房地产商在建筑销售和出租过程中，需要向消费者或租户提供能效标识证书。一般地，建筑能效标识证书的年限为 10 年。当建筑面积达到 $1000m^2$ 时，如果消费者或租户为政府部门或者公共机构，那么需要将建筑节能标识放置在比较显眼的位置，从而能够向其他消费者提供基础资料。

建筑节能标识证书应该包括建筑的基本信息、建筑能效水平、建筑物的节能潜力以及提高建筑能效水平的改进措施等。在英国的建筑能效证书改革中，特地将建筑能效标识与电气的能效标识设置一致，从而便于向公众普及能效标识知识，并促进其利用。

### 7.3.2.3　我国建筑能效标识

我国最初在建筑能效测评标识方面进行了一些探索，主要包括绿色奥运建筑评估体系、住宅性能评价体系和绿色建筑评价体系等。我国国内第一个有关绿色建筑的评价、论证体系是 2003 年底由清华大学、中国建筑科学研究院、北京市建筑设计研究院等科研机构组成的课题组公布的"绿色奥运建筑评估体系"。2005 年，我国颁布了第一个关于绿色建筑的技术规范，由建设部与科技部联合发布的《绿色建筑技术导则》和《绿色建筑评估标准》。2006 年 6 月，欧盟与中国建筑科学研究院联合举办了《建筑节能评估及能效标识国际研讨会》，来自美国、丹麦、德国、法国等国的专家分别讲解了其国家的能效标识体系并对我国的建筑能效标识体系提出了意见和建议。亚太清洁机制合作计划也将建筑能效标识列为中国、美国、日本等五国优先合作发展主题，加强了国际间的交流与合作，也为我国建立建筑能效标识的相关制度拉开了序幕。2008 年 5 月住房和城乡建设部开始试行建筑能效测评标识制度，出台了《民用建筑能效测评标识管理暂行办法》《民用建筑能效测评机构管理暂行办法》和《民用建筑能效测评标识技术导则（试行）》等相关管理文件和技术文件，并认定了国家级测评机构。按照《关于试行民用建筑能效测评标识制度的通知》（建科〔2008〕80 号）要求，核定了第一批民用建筑能效测评标识项目及测评标识等级（理论值），在 20 个省市进行试点，并于 2009 年 4 月 9 日正式以公告形式公布。同时，为了加强民用建筑节能管理，降低民用建筑使用能源消耗，提高能源利用效率，2008 年《民用建筑节能条例》（国务院令第 530 号）第二十一条对民用建筑能效测评进行规定："国家机关办公建筑和大型公共建筑的所有权建筑的能源利用效率进行测评和标识，并按照国家有关测评结果予以公示，接受社会监督"，为我国建筑能效测评标识制度的顺利开展奠定了基础。目前建筑能效测评标识制度已在我国大部分地区推行实施，对我国建筑节能工作的稳步推进将起到重要作用。

## 7.3.3　复杂气候的建筑节能效果评价

能源短缺和环境污染是当今世界的难题之一，各国正在积极探寻科学合理的方法实现经济、环境与社会的可持续发展。在我国，节能减排已成为我国的基本国策。据统计，我国建筑用能已超过全国能源消费总量的 30%，因此建筑业已成为节能减排中的重点领域之一。为了降低新建建筑与既有建筑能耗，我国已经发布了对应的建筑节能标准，但是达到节能要求的建筑仍很少，我国仍有 95% 以上的建筑属于高能耗建筑。这主要的原因是没有完善的建筑节能考核评估体系来综合评价建筑节能效果，因此并不能实际地促使建设单位与房地产开发商积极采用节能技术和措施。

目前，我国提出的建筑节能效果评价的指标，主要是针对某一种气候条件建立，不适用多样气候地区的建筑节能评价。此外常用的建筑节能综合评价方法模糊综合评判法准确性不高。因此，建立适合复杂多样气候条件的建筑节能效果评估体系与方法，对建筑节能进行客观、科学的评价，促使新建建筑采用节能技术与措施，降低建筑能耗，节约能源资源是十分必要的。

比如云南地理特征复杂，气候条件独特，具有热带、温带、寒带三种气候区。为了建立适合云南复杂多样气候条件的建筑节能效果评价指标体系，需要分析云南地理气候的特点与建筑节能的形式。

### 7.3.3.1 云南气候及建筑节能形式

云南地区位于我国西南边陲，属于高原季风气候和热带雨林气候。一年中，受到东南季风和西南季风的影响，又受到青藏高原的影响，形成了复杂多样的自然地理环境。云南省兼有热带、温带、寒带三带气候。云南寒冷及严寒地区，海拔高度大，气候变化剧烈，昼夜温差大，冬季寒冷、空气干燥，太阳辐射强度大。在这些地区，为了提高建筑的保温隔热能力，建筑通常具有外墙厚、开洞小的特点。

云南热带地区，高温多雨，太阳辐射强，气候炎热，湿度很大。云南热带建筑以傣族的"干栏"建筑为代表，是指居住面架设在桩柱上的房屋，具有防潮避湿、散热排烟的功能。楼层离开地面，利于通风散热、散湿。云南温带建筑以昆明地区的"一颗印"民居最为典型，平面呈方形，由正房、厢房和倒座组成，围成封闭的小院落（满足通风、采光、换气、排水的需要，其外形封闭坚固，适于昆明地区风大、紫外线强的特点）。房屋朝向、布局上很注意避风。其气候不太寒冷，屋顶较北方薄。

### 7.3.3.2 建筑节能评价指标体系的建立

通过对云南地区热带、寒带和温带的气候特征和建筑能耗状况分析，建立了云南地区建筑节能评价指标体系，如表7-1所示。该建筑节能评价体系共包括三级指标，首要指标是要进行建筑节能，其次通过建筑围护结构、能源消耗和建筑自身特性等五类指标。第三级指标则是从建筑材料、朝向、体形系数、保温方式、窗墙比以及新能源的利用形式与设备进行评估。

**表7-1 云南复杂气候下建筑节能评价指标体系**

| 一级指标 | 二级指标 | 三级指标 | | |
| --- | --- | --- | --- | --- |
| | | 热带地区 | 温带地区 | 寒带地区 |
| 建筑节能 | 墙体 | 墙体隔热材料 | 墙体保温材料 | 墙体保温材料 |
| | | 墙体隔热构造 | 墙体保温方式 | 墙体保温方式 |
| | | 外墙饰面颜色 | — | — |
| 建筑节能 | 窗户 | 遮阳形式 | 窗框材料 | 窗框材料 |
| | | 遮阳材料 | 窗墙比 | 玻璃品种 |
| | | 窗墙比 | — | 窗墙比 |
| | 屋顶 | 屋顶隔热材料 | 屋顶隔热材料 | 屋顶保温材料 |
| | | 屋顶隔热构造 | 屋顶隔热构造 | 屋顶保温构造 |
| | 建筑形式和位置 | 建筑朝向 | 建筑朝向 | 建筑朝向 |
| | | 建筑形状 | 建筑间距 | 建筑间距 |
| | | — | — | 建筑体形系数 |
| | 能源 | 太阳能利用形式 | 太阳能利用形式 | 太阳能利用形式 |
| | | 太阳能利用设备 | 太阳能利用设备 | 太阳能利用设备 |

### 7.3.3.3　评价指标的评分说明

对于建筑节能效果可以分为优良中差四种等级，具体的三个地区的二级指标分析如下：

（1）云南热带地区。该地区夏季炎热多雨，太阳辐射较强，因此需要注重建筑夏季隔热与遮阳措施，自然通风有助于降低建筑室内温度，促进建筑空气流通，提高室内舒适度，也是建筑节能的一大策略。建筑节能评价指标具体可从以下几个方面考虑：

1）墙体：可以考虑采用性能较好的隔热材料，降低建筑热传导系数，降低室内温度；同时墙体需要采取科学合理的构造措施，有助于建筑施工与节能改造；外墙需要采用颜色较浅的涂料或者饰面，从而减少热量的吸收，提高热辐射反射能力。

2）窗户：建筑遮阳是炎热地区必不可少的节能策略。为了便于施工，需要采用较为灵活的布置方法与措施，同时需要采用构造简单的造型降低成本。建筑遮阳也可以采用新型玻璃材料，如双层玻璃和 Low-E 玻璃。此外还需要控制窗墙比在合理的范围内，一般不大于 0.5。

3）屋顶：宜用新型轻质隔热材料以及通风美化的结构形式。

4）建筑形式和位置：建筑朝向、形状要有利于自然通风。

5）能源：考虑充分有效地利用太阳能，采用新型的太阳能的设备，以达到降低建筑能耗的目的。

（2）云南温带地区。该地区的太阳辐射强，风大，温度适宜，应考虑避风，冬季保温。

1）墙体：块材应采用多孔黏土空心砖或多排孔轻骨料混凝土空心砌块墙体，板材采用新型轻质板或复合板；墙体保温形式及构造方法合理。

2）窗户：要求窗框选用耐久、耐火、防潮和环保的非金属材料；由于温带地区一年四季普遍有开窗通风的习惯，窗墙比一般控制在 0.35 以内，如提高窗的热工性能、窗墙比可适当提高。

3）屋顶：宜用新型轻质隔热和吸水率低的材料；屋顶的结构形式合理。建筑形式和位置：建筑朝向、布局要注意避风。

4）能源：考虑充分有效地利用太阳能，采用新型的太阳能设备。

（3）云南寒冷及严寒地区。该地区的昼夜温差大，冬季寒冷，空气干燥，太阳辐射强，主要考虑冬季保温。墙体：应使用具有高效保温性能的新型墙体保温材料和保温措施。

窗户：要求窗框选用耐久、耐火、防潮、环保和密闭性好的非金属材料；玻璃采用低辐射玻璃；窗墙比一般控制在 0.30 以内。

屋顶：宜用新型轻质高效的保温材料，保温构造合理、施工便利。

建筑形式和位置：建筑朝向、布局原则是冬季获得足够的光照并避开主导风向；降低体形系数，体形系数控制在 0.3 以下。

能源：应考虑充分利用主动、被动太阳能应用技术，改善建筑的采暖，以改变能源消耗结构，减少环境污染。

### 7.3.4 建筑类项目节能评估报告

固定资产投资项目节能审查是我国节能管理制度体系的重要组成部分，是提高项目能源利用效率、从源头上减少能源浪费的一项重要制度。国家发展改革委印发《固定资产投资项目节能审查办法》（国家发展改革委 2023 年第 2 号令），从节能审查制度实施以来，在提高项目能效水平、遏制高耗能高排放低水平项目盲目发展等方面发挥了重要作用。在开展节能审查时，审查机关以强制性能耗限额标准、产品设备能效标准等作为重要评价依据，引导项目在可研或设计阶段积极开展行业对标，加强和改进节能措施，优化技术路线并采用先进高效用能设备。同时，核算分析、科学评价项目能源消费、单位增加值能耗、与本地区节能降碳任务衔接等情况。

建设单位所编制的节能报告中应包括下列内容：

（1）项目概况。详细介绍编制依据和项目基本情况，包括法律、法规、产业政策和项目规模、目标、总投资、经济技术指标等，并在此基础上，强调项目能源评估、能源应对策略，明确项目节能对地区能源消费的影响。

（2）分析评价依据。节能分析应对建筑设计方案、暖通空调、供配电、照明、给排水等方面进行节能评估，根据实际能耗分析节能方式和效果，从而进行节能评估。通过标准对照法和类比分析法等明确建筑类项目节能效果和经济效益。

1）建筑设计方案节能评估的本质是对拟采取的建筑方案进行分析，评估其节能效果，并给出建议，其中，外围护结构是建筑节能的重点。外围护结构包括建筑体形系数、外墙、屋顶、地面、门窗、外遮阳等部分。应对各部分用材及材料参数进行说明，如传热系统、外遮阳系数、窗墙比等，并对照相关节能标准，分析达标性，说明具体方案对能源消耗的影响。

2）暖通空调系统节能评估。空调系统是耗能大户，需对空调系统的技术方案进行详细说明，如空调室内外设计参数、空调主要设备及其参数、各功能分区空调设置方案、空调冷热负荷、智能化控制系统等。有的功能分区较多，应合理设置空调运行负荷和时间，使其具有实际操作意义。

3）供配电系统节能评估项目用电负荷估算是确定变压器容量的依据，关系到变压器容量配置是否满足项目用电需求。通常变压器负荷率在 65%～80% 之间较合适，可通过项目用电负荷一览表计算出。

4）照明系统节能评估。照明系统通常缺少详细的设计方案。从节能角度出发，照明灯具的选型建议采用 T5 高效双端荧光灯替代 T8 低效双端荧光灯，LED 替代非办公照明，充分利用自然照明等。

5）给排水系统节能评估。该部分可增加太阳能光热利用在生活热水系统中的应用，可根据城市的建设要求，充分利用雨水、中水。

（3）项目建设及运营方案节能分析和比选，包括总平面布置、生产工艺、用能工艺、用能设备和能源计量器具等方面。

（4）节能措施及其技术、经济论证。

（5）项目能效水平、能源消费情况，包括单位产品能耗、单位产品化石能源消耗、单位增加值（产值）能耗、单位增加值（产值）化石能源消耗、能源消费量、能源消费结构、化石能源消费量、可再生能源消费量和供给保障情况、原料用能消费量；有关数据与国家、地方、行业标准及国际、国内行业水平的全面比较。

（6）项目实施对所在地完成节能目标任务的影响分析。具备碳排放统计核算条件的项目，应在节能报告中核算碳排放量、碳排放强度指标，提出节能降碳措施，分析项目碳排放情况对所在地完成降碳目标任务的影响。

（7）结论。对项目开展前后能源利用情况进行针对性总结，得出能耗消费方面的具体结论，对项目节能效果进行综合分析。

# 7.4　节能评估的三个阶段

我国已经制订了建筑节能标准设计，并提供了具体的操作步骤，将根据建筑全寿命的原则进行分析。首先，实现建筑节能目标可以从建筑自身的构造入手，从围护结构、暖通空调、建筑照明等方面进行建筑节能层次分析。其次，也可以按照建筑的全寿命周期，从建筑的设计阶段、施工阶段到拆除阶段进行全方位的节能、节水、节材分析。

## 7.4.1　设计阶段

建筑规划设计是整个建筑项目的开始。在该过程中的决策对以后建筑耗能具有重要影响。设计阶段的主要任务是初步确定建筑结构形式、装饰标准以及材料和设备。从建筑节能的角度，该阶段就涉及了建筑围护结构的设计、建筑物的结构体系设计等，因此在该阶段就应该考虑围护结构热工性能、建筑物结构体系、节能投资回收。

改善围护结构热工性能是指通过对围护结构的设计减少建筑物能耗。使用节能材料加强保温等。为了简化分析，主要从屋顶、外墙和窗户三个方面分析建筑围护结构的热工性能，其中将门和楼梯间内墙当作外墙近似处理。包括的指标有外墙传热系数、屋面传热系数、外窗传热系数。

建筑物结构体系包括的评价指标有建筑物结构体形系数和窗墙面积比。建筑物结构体形系数是指建筑物横截面周长与面积的比值，它反映了建筑物横截面形状对节能综合指标的影响。窗墙面积比是指建筑外墙面上的窗和透明幕墙的总面积与建筑外墙面的总面积之比，它能够反映整个建筑的采光与保温。

节能投资包括节能初期投资（对非节能建筑所增加的投资）、暖通系统投资。对于效果好的节能设计，暖通空调的运行能耗与费用会减少，而由此带来的收益与投资之间会出现平衡的时间点。所涉及的评价指标有净现值和投资回收期。

## 7.4.2　施工阶段

施工阶段涉及建筑材料的开发、运输、建筑装配以及施工机械的能耗，这部分能耗与材料开发、施工过程的方法和运输距离有关。在实施过程中，应将建筑节能、建筑节能材料与施工技术整合起来，在建筑生命周期内系统地考虑评价能源的消耗。所涉及的评价指标有建材费用降低率、机械耗能降低率。建筑部分节能施工操作如下：（1）墙体部分。采用外墙外保温系统，保温材料采用 XPS 挤塑聚苯板，板材厚度为 50mm。耐碱玻纤网格布（热镀锌电焊网）为增强材料，外墙外保温层专用粘接砂浆和外墙外保温专用罩面抗裂砂浆作面层，饰面层为粘贴饰面砖和干挂花岗石幕墙。设计对材料性能的要求：XPS 挤塑聚苯板性能：干密度 $> 25 \sim 32 \text{kg/m}^3$，导热系数 $< 0.029 \text{W/(m·K)}$，抗压强度 $\geq 150 \text{kPa}$。（2）幕墙部分。设计对材料性能的要求：花岗石 25mm，抗弯强度 $f \geq 80 \text{Pa}$，吸水率 $< 0.8\%$。（3）门窗部分。采用透明钢化中空玻璃（5 + 9 + 5）mm 热断桥铝合金门窗。设计对材料性能的要求：外窗气密性等级不得低于 3 级。（4）屋面部分。屋面为保温上人屋面，保温材料接纳 30mm XPS 挤塑聚苯板保温、500 级陶粒找坡节能形式。设计对材料性能的要求：总传热系数为 $0.865 \text{W/(m}^2 \text{·K)}$。

### 7.4.3 使用阶段

使用阶段就是对设计节能和施工节能的一个最终反映。公共建筑包含办公建筑（包括写字楼、政府部门办公室等）、商业建筑（如商场、金融建筑等）、旅游建筑（如旅馆饭店、娱乐场所等）、科教文卫建筑（包括文化、教育、科研、医疗、卫生、体育建筑等）、通信建筑（如邮电、广播用房等）以及交通运输类建筑（如机场、车站建筑、桥梁等）。公共建筑建成后，主要是通过空调制冷、采暖、采光等方面产生能量的消耗。所以，选择相应的衡量指标时，应将相关参数（如室内温度、换气次数和能效比等）蕴藏于建筑能耗的分析之中，间接地反映了室内环境品质和暖通空调系统性能。同时，还要对该公共建筑内部新能源的使用率及人们的节能意识等行为运用指标进行评价。

由于建筑围护结构热工性能差异性较大，在节能监测过程测量难度较大，建筑能耗的计算方法有所不同，在评价过程中采用的指标和方法也不相同。因此，在同一地区的不同位置上进行节能评价，节能效果也存在很大差异。即便是在同一地区上采用同一种节能设计方法，也会因为建筑所处的地理位置和建筑体形系数的不同，造成能耗水平有巨大差异。因此建筑节能评价指标体系应该根据建筑物的情况以及周围环境作为科学性评价，同时需要采用与之对应的节能标准和指标体系。对于同一建筑，从规划设计开始，到施工运行期间，随着建筑服役时间的增加，建筑耗能水平也会逐渐发生变化，因此需要针对不同阶段给出相应的评价指标。

# 7.5 建筑节能经济分析

### 7.5.1 建筑节能经济评价

从概念上讲，建筑节能评价是对建筑能耗水平从多个方面进行的，论证统一，直到得到满意可行的节能方案的过程。从技术角度对建筑中采用的节能技术进行分析、评价与论证的过程就称为节能技术评价。建筑节能技术评价的主要内容包括节能正效果与负效果、节能技术的适应性与先进性、节能技术的合理性与经济性以及节能技术的可靠性与安全性等。

在理解建筑节能技术与节能评价的前提下，引入经济学原理，建立建筑技术与经济性模型，寻求这两者的关系，形成建筑技术经济学的理念，为节能评价提供理论基础与实践基础。技术经济学主要包括技术效益、经济指标与指标体系等内容。

节能技术的技术效益是指在生产过程中，对某种材料的生产劳动投入量与劳动效益产出量的差值，主要包括人们在建筑经济方面的效率、效果以及经济效益等方面。可以采取一般的定量分析，又可以采用专题性的定量分析。在一般的定量分析中，直接对比经济个体之间存在的直接或者间接的效益指标，这也就叫作对比分析法。在此过程中，可以给出建筑节能的多种建筑节能设计方案，寻找方案之间的差异，开发建筑节能潜力。需要注意的是建筑节能的计算需要建立在正确的含义、口径、范围与计算方法的基础上，因此正确选择节能评估指标具有重要意义。

节能技术的经济指标通过建筑材料的利用程度与工程质量等指标反映了建筑节能的技术水平、管理水平与经济效益等。因此建筑节能技术的经济指标体系是指上述一系列的经济指标的总称，这些指标既相互制约又相互联系。建筑节能指标及其体系是评价建筑节能活动的重要技术手段，也是评估节能水平的标准和重要依据。

对于特定建筑节能投资项目，时间指标是建筑节能效益评估的又一重要指标。对于建筑来说，监测系统空调系统，从经济学的角度讲，其生命周期主要包括建设期、服务期和计算期三个阶段。建设期是指从建筑的规划设计开始，经过施工与调试运行阶段以至全部投入运行之间所经历的时间。服务期与建设期紧密相连，是建筑项目发挥其基本功能与产生经济效益的阶段。计算期是指项目经济回收需要所规定的时限，因此又称为技术服务时限（表7-2）。

**表7-2 建筑投资项目的技术服务期限**

| 绿色技术措施 | 经 济 效 益 | 万元 | 年 |
|---|---|---|---|
| 节能照明 | 年节省成本 | 12 | |
| | 静态回收周期 | | 4.2 |
| 围护结构节能 | 年节省成本 | 10 | |
| | 静态回收周期 | | 12.5 |
| 可再生能源利用（太阳能光能） | 年节省成本 | 33 | |
| | 静态回收周期 | | 12.1 |
| 非传统水源利用 | 年节省成本 | 10 | |
| | 静态回收周期 | | 8 |

在建筑节能投资项目中的比较原理和优选原理构成了技术经济学的基本原理。这些原理主要包括以下原则：

（1）替代方案的优选原则；

（2）坚持实事求是的原则；

（3）必须反映事物的本质，要求从中找出关键的差异，而反映内在本质的差异；

（4）遵守可比原则。

经过比较原理和优选原理的结合可以得到静态最优模式和动态最优模式。静态最优模式是指在不考虑时间因素的前提下，获得的最佳方案；动态最优模式则是指在考虑了时间因素后的最优模式。在建筑节能评估中，如果采用静态最优和动态最优模式得到的结果不一致，那么建议采用动态最优的计算结果。

### 7.5.2 建筑节能效果评价

评价节能建筑的节能效果主要是对其节能效益进行评估,衡量指标主要有 3 项:(1) 节能效果;(2) 节能率 $a(\%)$;(3) 回收期 $n(年)$。

节能建筑的节能率是评价建筑通过采用各项技术措施后所节约的能量与相同类型建筑能耗的比值,节能率越大说明建筑节能效果越明显、措施得当,反之则节能效益较差。

节能建筑回收期反映节能建筑建造过程中用于增加节能措施的一次投资,通过若干年的能量节约所折合出来的费用,到一定期限将与投资达到抵消、平衡,该一定期限就是投资回收期。节能建筑的回收期一般不超过 8 年。

以采暖节能为例,建立可比条件:

(1) 以当地住宅通用设计的围护结构构造和建筑物耗热量指标作为对比基准。

(2) 评价对象与对比基准设计,两者应具有相同或相近的建筑面积、层数、层高、体形系数和朝向,相同的设防等级,并采用同一地区的预算定额和价格水平。

评价指标包括:建筑物耗热量指标 $q_n$ 及采暖耗煤量指标 $q_c$;建筑物耗热量计算(以下未计入屋顶向天空的长波辐射热损失)。

(1) 通过建筑围护结构的传热耗热量 $Q_{H.T}$:

$$Q_{H.T} = (t_i - t_e)K_i F_i \tag{7-1}$$

式中　$t_i - t_e$——室内外温度差,℃;

$K_i$——围护结构的传热系数,$W/(m^2 \cdot K)$;

$F_i$——围护结构的面积,$m^2$。

(2) 空气渗透耗热量 $Q_{inf}$ 计算:

$$Q_{inf} = (t_i - t_e)c_p \rho NV(t_i - t_e) \tag{7-2}$$

式中　$N$——每小时换气次数;

$V$——换气体积,$m^3$。

(3) 总耗热量 $Q_i$ 计算:

$$Q_i = Q_{H.T} + Q_{inf} = (K_i F_i + 0.36NV)(t_i - t_e) \tag{7-3}$$

### 7.5.3 建筑物得热量计算

(1) 通过南向窗口的太阳辐射得热量 $Q_t$:

$$Q_t = AET_c I_c \tag{7-4}$$

式中　$A$——南向窗口面积(包括窗框);

$E$——窗的有效面积系数(可查表);

$T_c$——玻璃的透射率(3mm 厚标准玻璃为 0.8);

$I_c$——南向墙面太阳辐射照度(可查表)。

(2) 通过围护结构太阳辐射得热及对室内的传热量 $Q_d$:

$$Q_d = 0.75K_i F_i \rho_s I_c / a_e \tag{7-5}$$

式中　$\rho_s$——围护结构外表面对太阳辐射热的吸收系数(查表);

$a_e$——外表面热系数。

（3）总得热 $Q_z$:

$$Q_z = Q_t + Q_d = AET_c I_c + 0.75K_i F_i \rho_s I_c / a_e = (AET_c + 0.75K_i F_i \rho_s / a_e) I_c \qquad (7-6)$$

## 7.5.4　经济效果分析

（1）$Q_i > Q_z$，表明建筑虽然采取节能技术措施，但从自然提供的热量无法满足室内温度要求，还需要通过辅助热源达到舒适条件。

（2）$Q_i = Q_z$ 表明通过技术措施，利用自然能源能满足室内温度要求，室内舒适条件良好。

（3）$Q_i < Q_z$ 表明得热过剩，可以增加储热体面积，以获取多余热量为夜间所用。

（4）节煤量 $\Delta q_c$ 的计算：节煤量 $\Delta q_c$ 按下式计算：

$$\Delta q_c = q_{c,1} - q_{c,2} \qquad (7-7)$$

式中　$\Delta q_c$——节煤量，$kg/m^2$;

　　　$q_{c,1}$——非节能建筑的耗煤量，$kg/m^2$;

　　　$q_{c,2}$——节能建筑的耗煤量，$kg/m^2$。

（5）节能率 $a$ 的计算：节能率 $a$ 按下式计算：

$$a = \Delta q_c / q_{c,1} \times 100\% \qquad (7-8)$$

（6）节能投资：节能投资是指为实现节能目标而增加的工程造价，可按下式计算：

$$I = I_2 - I_1 \qquad (7-9)$$

式中　$I$——节能投资，$元/m^2$;

　　　$I_2$——节能建筑工程造价，$元/m^2$;

　　　$I_1$——非节能建筑工程造价，$元/m^2$。

（7）投资回收期：投资回收期也称投资返本期，是以逐年收益去偿还原始投资，计算出需要偿还的年限。回收期越短，经济效果越好。考虑到资金的时间价值，动态投资回收期可按下式进行计算：

$$n = \lg \frac{A}{A - I_i} / \lg(I + i) \qquad (7-10)$$

式中　$n$——动态投资回收期，年;

　　　$A$——节能收益，元/年;

　　　$I$——节能投资，元;

　　　$i$——节能投资年利率，%。

## 7.5.5　建筑节能的效益评价

（1）优惠的建筑节能政策提供的经济效益：为实现建筑节能目标，国家颁布了建筑节能住宅的优惠政策。

（2）建筑节能实现环境效益：全国若按每年新建 1 亿平方米节能住宅计算，每年可节约 $150 \times 10^4 t$ 标准煤；减少 $SO_2$ 排放量 $12.7 \times 10^4 t/年$、灰渣 $217 \times 10^4 t/年$，有着十分可观的社会、经济和环境效益。

（3）节能技术经济性评价：节能技术经济评价的目标主要有两类，一类是对某一节能技术改造项目进行评价，即计算其经济上是否合理，或者是几个技术方案中选择一个较优方案。另一类是对关键的能源设备的更新项目进行技术经济评价。从而为设备更新提供决策依据。节能技术经济评价常用的方法有以下四种：

1）投资回收年限法。投资回收年限法主要考虑节能措施在投资和收益两方面的因素，以每年节能回收的金额偿还一次性投资的年限作为评价指标。如某项节能措施的一次性投资为 $K$（元），每年节能获得的净收益为 $S$（元），则投资回收的年限 $\tau$ 为

$$\tau = \frac{K}{S} \tag{7-11}$$

若某项节能措施有多个技术方案可供选择，显然投资回收年限 $\tau$ 最小的那个方案应该首选。

投资回收年限法概念清楚，计算简单，是比较常用的一种经济评价方法。然而，从经济学的观点看，这一方法没有考虑资金的利率及设备使用年限这两个主要因素，所以投资回收年限法不适合用于不同利率、不同使用年限的投资方案的比较。另外，投资回收年限法只能反映各节能方案之间的相对经济效益，因此这种简单的投资回收年限法只常用于节能工程初步设计阶段的审查。

2）投资回收率法。若某项节能措施投产后，在确定的使用年限 $N$ 内，逐年取得的收益为 $R$，该项投资的总的一次性投资为 $K$，则使总收益的限值等于一次性投资 $K$ 时的相应利率 $r$ 就成为投资回收率。投资回收率可通过下式计算出来，即

$$K = \frac{(1+r)^N - 1}{r(1+r)^N} \times R \tag{7-12}$$

3）等效年成本法。一项节能措施的投资 $K$，可以按给定的利率 $i$ 和使用年限 $N$ 折算成一定的金额，用于在使用期内每年还本息，以保证投资在使用期全部还清，这就是所谓的资金费用。如果资金费用再加上每年的运行维护费用 $S$，就构成了等效年成本。当计及投资在使用期满的残值 $A$ 时，应将残值从投资中扣除，另加残值的利息。因此节能措施的等效年成本 $C$ 可按下式计算，即

$$C = (K - A)\frac{i(1+i)^n}{(1+i) - 1} + Ai + S \tag{7-13}$$

4）纯收入法。纯收入法是根据节能项目的纯收入进行比较，纯收入高，该方案经济效果就好。具体做法是：根据合理的计算生产年限，先把每个方案的初期投资、流动资金和折旧费用综合起来，求出投资当年的折算投资；将折算投资乘以资金的年利率并与成本费用相加，即得出年支出；最后从年收入减去上述年支出就得到各方案的年纯收入，其中年收入最高的方案即为最优方案。

用纯收入法进行节能技术经济评价的关键，是如何从初期投资、流动资金及折旧费来求得投产当年的折算投资 $K_x$。通常 $K_x$ 可按下式计算，即

$$K_x = \frac{K(1+i)^{n_0+n} - 1}{(1+i)^n - 1} + F - \sum_{\tau=1}^{n} \frac{(1+i)^{n-r} - 1}{(1+i)^n - 1} \cdot R \tag{7-14}$$

式中，$K$ 为初期投资；$n_0$、$n$ 分别为节能措施的建设年限和计算生产年限；$F$ 为流动资金；$R$ 为年折旧费。

（4）评价指标的计算。为确定 1995～2000 年节能建筑在采用节能措施的基础上达到节能 50% 时，单位建筑面积造价可能增加的幅度和投资回收期，选取北方地区北京市、沈阳市和哈尔滨市非节能设计作为基准设计，在该设计的基础上均采用内保温节能措施（砖墙内加饰面石膏聚苯板和石膏岩棉板两种构造），分别做成节能 50% 的节能设计方案，按照修订的节能设计标准的有关规定、限值以及选用的计算参数等，分别计算出各自的耗热量、节煤量、节能投资、节能收益以及投资回收期等经济技术指标（表 7-3）。从表中可以看出，三个地区节能 50% 的设计方案，当建筑物为 4 个单元 6 层楼，体形系数为 0.28～0.30 时，节能投资占工程造价的 6.7%～7%，投资回收期为 4～6 年。当建筑为 4 个单元 3 层楼，体形系数为 0.34～0.36 时，节能投资占工程造价的 7.7%～9.8%，投资回收期为 5.5～8 年。节能投资占工程造价的百分比增大，这是因为体形系数加大，若保持建筑物耗热量指标不变，则必须加大保温层厚度，同时还要考虑周边热桥的影响，通过计算，保温层厚度确定为：北京地区聚苯板厚 70mm；沈阳地区聚苯板厚 170mm；哈尔滨地区岩棉板厚 260mm。只有这样才能满足耗热量指标不变的要求。因此，认为在体形系数加大到 0.35 以上时，采用内保温方案在技术经济方面就不合理，它不仅增加了节能投资，也大大缩小了室内使用面积，给居民带来了很多不便。

外保温是目前国内节能设计采用的一种复合墙体。虽然目前在材料及施工工艺方面尚需进一步研究和完善，但不可否认外保温比内保温更具有多方面优点。例如，外保温可以防止恶劣气候条件对主体结构的损害，有助于防止墙体内部梁、柱产生的热桥，可提高墙体整体保温性和密闭性，减少热损失，从而使内保温和外保温在相同耗热量的情况下，可相对放宽体形系数（表 7-3～表 7-5）。

**表 7-3　饰面石膏板（或岩棉板）24 砖墙内保温复合墙体技术经济指标**

| 被测工程 | | 体形系数 | 建筑面积 /m² | 耗热量 $q_H$/W·m⁻² | | 耗煤量 $q_c$ /kg·m⁻² | 节煤量 $\Delta q$ /kg·m⁻² | 节能投资 $I$ /元·m⁻² | 节能收益 $A$ /元·m⁻² | 回收期 $n$ /年 |
|---|---|---|---|---|---|---|---|---|---|---|
| | | | | 非节能 | 节能 50% | 非节能 | 节能 50% | 节能 50% | 节能 50% | 节能 50% |
| 北京 1980 年 住宅 | 6 层 | 0.28 | 3258.8 | 31.68 | 20.6 | 24.98 | 12.41 | 28.74 (6.7%) | 7.92 | 5 |
| | 3 层 | 0.34 | 1629.4 | 35.6 | 20.6 | 28.10 | 12.41 | 34.41 (7.7%) | 9.87 | 5.5 |
| 沈阳 1981 年 住宅 | 6 层 | 0.30 | 3553.9 | 32.40 | 21.2 | 31.06 | 15.52 | 36.88 (7%) | 10.51 | 6 |
| | 3 层 | 0.36 | 1777.0 | 36.30 | 21.2 | 34.80 | 15.52 | 53.5 (9.8%) | 13.04 | 8 |
| 哈尔滨 1981 年 住宅 | 6 层 | 0.30 | 3409.6 | 33.70 | 21.9 | 37.62 | 18.67 | 35.34 (6.7%) | 15.11 | 4 |
| | 3 层 | 0.36 | 1704.7 | 38.20 | 21.9 | 42.64 | 18.67 | — | — | — |

表 7-4　纤维增强聚苯板外保温复合墙体技术经济指标

| 项　目 | 节能投资 $I$/元·m$^{-2}$（建筑面积） | 节能收益 $A$/元·m$^{-2}$（建筑面积） | 回收期 $n$/年 |
| --- | --- | --- | --- |
| | 节能 50% | 节能 50% | 节能 50% |
| 北京 1980 年住宅体形系数 0.34 | 31.21（7.4%） | 7.92 | 6.6 |
| 沈阳 1981 年住宅体形系数 0.36 | 45.38（8.6%） | 10.51 | 7 |
| 哈尔滨 1981 年住宅体形系数 0.36 | 51（9.6%） | 15.11 | 5.3 |

表 7-5　水泥聚苯板外保温复合墙技术经济指标

| 项　目 | 节能投资 $I$/元·m$^{-2}$（建筑面积） | 节能收益 $A$/元·m$^{-2}$（建筑面积） | 回收期 $n$/年 |
| --- | --- | --- | --- |
| | 节能 50% | 节能 50% | 节能 50% |
| 北京 1980 年住宅体形系数 0.34 | 36.60（8.7%） | 7.92 | 6.2 |
| 沈阳 1981 年住宅体形系数 0.36 | 53.12（9.9%） | 10.51 | 8.9 |
| 哈尔滨 1981 年住宅体形系数 0.36 | 55.30（10%） | 15.11 | 6 |

采用外保温墙体，不但能够基本消除热桥，提高建筑物的整体保温性能，节约保温材料用量，而且可以增加使用面积，其技术经济效果是显而易见的，关键是在大面积推广应用时，要严格控制材料和施工质量。

## 7.6　建筑碳排放与低碳技术

### 7.6.1　碳排放标准的由来

长期以来，大气中的 $CO_2$ 平均浓度始终维持在 $(1.9 \sim 2.9) \times 10^{-4}$；而受人类活动的影响，工业革命后的 $CO_2$ 浓度急剧增加。政府间气候变化专门委员会的评估报告（IPCCAR5）指出，由于温室气体浓度增加，1880 ~ 2012 年全球平均升温 0.8℃。资料显示，若按目前的增长速度，21 世纪末大气中的 $CO_2$ 浓度将增至 $5.5 \times 10^{-4}$，届时全球将增温 $(3 \pm 1.5)$℃，从而对生态环境造成毁灭性打击，如冰川融化致使海平面上升淹没沿海城市，全球水循环变化致使植物生长与物种多样性遭到严重威胁等。

自 20 世纪 90 年代以来，随着对温室气体排放与温室效应的深入认知，全球范围内掀起了"节能减排"的浪潮。1992 年，联合国气候变化专门委员会历经艰难谈判通过了《联合国气候变化框架公约》（UNFCCC）；1997 年，在日本京都通过了 UNFCCC 的附加协议《京都议定书》，为各主要工业国的 $CO_2$ 排放量规定了限值，并于 2005 年强制生效；2006 年，《国家温室气体清单指南》（IPCC2006）发布，为温室气体的清单分析与核算提供指导；2009 年，UNFCCC 的 192 个缔约方于哥本哈根会议对全球气候变化问题进行了深入研究，并提出"全球增温控制在 2℃ 以内"的警戒线。2015 年，联合国气候变化会议讨论了旨在控制全球气候变化的巴黎协议；2016 年，176 个国家签署了这一协议并制定了相应的减排政策。

　　建筑业能源消耗与碳排放分别占全球总量的40%和36%，且建筑节能减排的成本相对较低，故成为了目前的重点减排领域之一。发达国家由于建设量小，更为关注运行过程减排，并致力于被动房、太阳能利用等方面的研究；而我国近年来通过节能改造、利用新能源等途径，建筑运行减排亦初见成效。但与欧美发达国家相比，我国建筑生产与运行节能技术水平相对落后；与此同时，对于人口众多、经济快速发展的中国，为满足生产与生活需要，每年新增工程建设量高达十几亿平方米，由此引起的资源、能源消耗，以及环境问题尤为突出，使得我国碳排放总量高居世界榜首。鉴于目前我国建筑业的巨大体量，控制当前建造过程碳排放对实现短期减排目标具有重要意义，亦不容忽视。

　　面对全球节能减排的严峻形势，我国直面经济发展与环境保护的双重挑战，做出了坚持不懈的努力。2009年，我国承诺2020年单位GDP的二氧化碳排放量与2005年相比降低40%~45%；"国民经济和社会发展规划纲要"将节能减排作为一项重要任务，"十二五"期间提出了单位GDP减排二氧化碳17%的约束性目标，"十三五"期间又提出了单位GDP减排二氧化碳18%的新要求；2015年，中央政治局会议正式提出了"绿色化"概念，将"低碳节能"上升至国家发展的战略层面，在新的经济形式下对生态文明建设提出了更高要求；2016年，"'十三五'节能减排综合工作方案"提出了强化建筑节能，推行绿色施工，推广节能绿色建材、装配式和钢结构建筑的目标；2017年，"建筑节能与绿色建筑发展'十三五'规划"对上述目标进行了进一步细化。2022年，"十四五"节能减排综合工作方案提出了到2025年，全国单位国内生产总值能源消耗比2020年下降13.5%，内容包括：（1）重点行业绿色升级工程。通过实施节能降碳行动，重点行业产能和数据中心达到能效标杆水平的比例超过30%。（2）园区节能环保提升工程。到2025年，建成一批节能环保示范园区。（3）城镇绿色节能改造工程。到2025年，城镇新建建筑全面执行绿色建筑标准，城镇清洁取暖比例和绿色高效制冷产品市场占有率大幅提升。（4）交通物流节能减排工程。到2025年，新能源汽车新车销售量达到汽车新车销售总量的20%左右，铁路、水路货运量占比进一步提升。（5）农业农村节能减排工程。（6）公共机构能效提升工程。到2025年，创建2000家节约型公共机构示范单位，遴选200家公共机构能效领跑者等。

　　《京都议定书》将"排放权"纳入市场体系作为解决碳排放问题的途径，由此碳排放权交易机制应运而生。随着全球减排形势的日益严峻，碳排放权交易呈现爆炸式的增长，并在世界范围内迅速发展了相应的交易机构，如2005年以来陆续建立并运行的欧盟排放权交易体系（EU-ETS）、英国排放权交易体系（ETG）、美国芝加哥气候交易所（CCX）、澳大利亚国家信托（NSW），以及我国北京、上海、广州、深圳等地的交易所。本质上，碳排放权交易是一种金融活动，并紧密联系着金融资本与基于绿色技术的实体经济。其将气候变化的环境问题、节能减排的技术问题与可持续发展的社会问题结合，以市场经济体系为主导，形成了解决温室气体减排的有效机制。

　　目前，国际上碳排放权交易的主要形式有国际排放贸易（IET）、联合履行（JI）和清洁发展机制（CDM）。在温室气体减排要求日益提高的情况下，碳排放权已成为保障经济与环境协调发展的重要资源。自2008年建立试点以来，我国的碳排放权交易体系不断完善与发展。目前，碳排放权交易主要针对大型工业生产企业，但正逐渐向其他行业铺开。如《深圳市碳排放权交易管理暂行办法》(2014) 规定,大型公共建筑和建筑面积超过一万平方米以上的政府机关办公建筑需实行碳排放配额管理。随着钢材、水泥等基本建材领域碳排放权交易的日益活跃,以及建筑运行碳排放配额管理体系的逐步建立,建筑碳排放量化体系的构建与完善已刻不容缓。

目前,产品碳足迹的国际通用标准建设已取得一定成果。2008 年,由英国标准协会编制的 PAS2050 颁布,标志着全球首个产品碳足迹标准的诞生。PAS2050 以生命周期评价理论为基础,给出了具体而明确的碳足迹计算方法,并提供了"从摇篮到工厂"和"从摇篮到坟墓"两种评价方案。2013 年,国际标准化组织制定的《Products Carbon Footprint》(ISO 14067) 正式发布,旨在提供量化产品和服务在生命周期各阶段碳足迹的标准方法,提高计算结果的通用性与可比性。此外,世界可持续发展工商理事会(WBCSD) 和世界资源研究院(WRI) 亦联合推出了 "Product Life Cycle Accounting and Reporting",用于产品生命周期的数据分析。

而建筑碳足迹评估标准的建设方面,目前仍不完善。以 LEED 为代表的绿色建筑评估体系,大多建立在计分式方法的基础上,无法满足碳足迹定量计算的要求。21 世纪初,以碳足迹分析为目标的评估方法逐渐登上历史舞台,如联合国环境规划署(UNEP) 提出的"碳排放通用指标体系(CCM)"、英国的"简化建筑能源模型技术导则(SBEM)"、美国 ASHRAE 协会提出的"碳排放计算工具"。但这些碳足迹计算方法与体系并未纳入建筑生命周期全过程,而主要针对运行阶段。2008 年,德国可持续建筑协会推出了 DGNB 评估体系,该体系以单位建筑面积碳排放量为计量单元,提出了建筑生命周期碳排放的框架体系与核算公式,实现了建筑碳足迹评估方法的历史飞跃。我国于 2006 年颁布实施《绿色建筑评价标准》(GB/T 50378—2006),并于 2014 年进行了规范修订。标准针对绿色建筑给出了诸多评价细则,但碳排放量化仅以"加分项"体现,而未提供有效的计算与评估方法。2014 年,《建筑碳排放计量标准》(CECS 374—2014) 正式实行。该标准以排放系数法建立了单体建筑全生命周期碳排放的计算公式,但标准在碳排放因子数据资料、系统边界与适用范围、方法的详细程度与可操作性,以及计算结果评价指标与体系的完善性等方面仍存在明显不足。

总的来说,在全球致力于节能减排的时代背景下,建筑低碳化已迫在眉睫。我国作为发展中的经济大国,建筑业能耗与碳排放量巨大,实现建筑业节能减排对我国经济低碳发展具有重要意义。随着碳排放权交易体系的不断发展与日趋完善,建筑业碳排放量化分析与计算方法的建立势在必行。

## 7.6.2 碳排放系数研究

建筑碳排放主要来源于能源与材料消耗,故分析计算中单位能源及材料消耗的碳排放水平是不可或缺的数据基础,亦通常被称为碳排放因子或碳排放系数,并在国内外得到广泛的研究。

### 7.6.2.1 能源碳排放系数

在传统能源的碳排放系数核算方面,相关国内外机构进行了大量的研究工作。IPCC2006 报告按固定源燃烧、移动源燃烧和逃逸性排放物等类别,详细地给出了各类能源的缺省碳排放系数与统计分析方法，并在世界范围内得到了广泛认可与应用。WRI 制定的 "Green House Gas Protocol"，是目前世界各国与企业最常用的温室气体核算工具之一。以此为基础开发的"能源消耗引起的温室气体排放计算工具"，详细地给出了常用能源的热值、含碳量、转化率等数据。中国国家发展和改革委员会应对气候变化司每年公布六大区域电网的电力基准线排放因子，供 CDM 项目参考。《中国能源统计年鉴》《省级温室气体清单编制指南》等统计资料提供了我国常用能源的热值和含碳量信息。

近年来，随着化石能源储量的急剧减少以及生态环境的日趋恶化，清洁能源的开发利用得到了广泛关注，但新能源的碳排放系数研究尚不充分。综合来看，目前化石燃料燃烧的碳排放研究已相对较为全面与准确，而核能、风能、太阳能等清洁能源的生命周期碳排放分析仍有待进一步研究。此外，针对我国燃料热值与碳含量等特点的能源碳排放系数核算仍不完善。

### 7.6.2.2　材料碳排放系数

材料生产碳排放主要来自能源消耗和特定生产过程两方面。其中能源相关碳排放占总排放量的90%以上，而特定生产过程的碳排放主要来自物理或化学反应，如石灰石的煅烧分解（约占水泥生产碳排放总量的60%）、炼铁过程的碳氧化等。

材料碳排放系数的计算方法主要分为自上而下的投入产出分析法以及自下而上的过程分析法。投入产出法从宏观数据出发，可在一定程度上考虑生产关联引起的间接碳排放，但由"货币"向"$CO_2$"等价的过程忽略了实际的生产工艺，故相应的结果比较粗糙。而过程分析法可详细考虑材料全生命周期的各环节，在分析计算中得到了广泛应用。

综合国内外研究情况，建筑材料的生命周期大致可分为生产、运输、施工、使用、拆除和处理等过程。其中运输、施工和拆除环节与建筑生命周期存在重叠，使用过程的碳排放（如混凝土碳化、某些材料的氧化与降解）通常难以定量分析，而在常用建筑材料生产与处理环节的碳排放方面，国内外研究者进行了大量的分析与讨论。综合来看，尽管目前大量研究者对材料生产的碳排放系数进行了分析，但由于计算方法、系统边界、生产技术水平等方面的限制，相关研究结果差异较大，且尚未形成统一的材料碳排放数据清单。

### 7.6.2.3　建筑碳排放计算

**A　建筑能耗确定**

目前确定建筑能耗有以下几个途径：

（1）借用分析软件。根据建筑项目所在地30年气象资料的平均值及建筑围护结构的热工性能，确定建筑的供暖制冷能耗及居家设备设施能耗等。由于各类软件的基本假定条件不一，建筑项目工况条件不一，计算结果相差百分之几十乃至成倍差别的现象时有发生。此外，建筑中的设备设施能耗，插座能耗等都无法具体估算，因此软件分析计算可供参考，但需要与其他分析方式进行对比。

（2）实测能耗。有人认为，应用自动计量仪器，仪表测试出真正的能耗数据是最能说明问题的。其实不然，一则是气候条件变化大，暖冬冷冬交替，年平均温差变化大；二则是人们在使用建筑时，融合了很多的人为因素，例如一栋办公建筑中正常有 200 人上班，但是暑期增加了新入职的大学毕业生，企业为每个人添置电脑，打印机等设备，那么这些新人所需的照明，电脑，复印等能耗自然会增加。所以实测能耗是在一个时间段内，在特定的气候条件下，面对相对稳定的人员和工作时间测得的综合能耗，是动态数据。由于气候条件，工作时间，建筑内人员的不确定性，建筑保温隔热性能的变化，这个实测值也是动态变化的，但与模拟计算数值比较，其准确度高，参考价值大。

（3）利用调查统计的方法，找出不同功能建筑的用能规律。上海市有关机构曾经组织对居住建筑进行调查，对小于 $50m^2$，$50\sim100m^2$，大于 $100m^2$ 的 293 套户型分别统计，最终结论是上海居住建筑的能耗约为 $28.7kW \cdot h/m^2$。天津市有关机构曾对 15 个居住小区开展调查，得出平均能耗为 $27kW \cdot h/m^2$，但结合北方地区的供暖需求后，其平均能耗达 $113kW \cdot h/m^2$。与此同时，上海市有关机构也对各类公共建筑（如办公楼，商店等）进行了调查统计，根据上海能源平台对 1600 幢建筑的能耗数据统计分析发现，2013～2015 年三年间政府办公建筑的能耗均值分别为 $92kW \cdot h/(m^2 \cdot a)$，$83kW \cdot h/(m^2 \cdot a)$，$68kW \cdot h/(m^2 \cdot a)$，依据这样的数据做进一步的碳排放分析计算，其可靠性，科学性更合理些。

建筑使用年龄越长，运行能耗会越高。建筑能耗与气候条件，建筑功能，建筑设计，人的使用四大因素密切相关。要分析运营阶段的碳排放，一定要指出建筑能耗数据是如何获得的，若此参数含糊不清，整个建筑碳排放计算就失去了意义。然而，目前要科学精确地确定建筑能耗，确实还有一定的困难。美国从 20 世纪 70 年代末就已经投资建设能耗基础数据库，但据了解，迄今为止还未完善，不能广泛使用。考虑到我国国内建筑行业现状，建议以统计调查为基础，结合实测及软件计算结果，做出综合判断，确保各类建筑运行能耗数据可被工程技术人员认可。

从能耗到碳排放，涉及另一个重要参数——碳排放因子，即单位能源所产生的碳排放量。能源包括化石能源（煤、石油、天然气），核能，水能，可再生能源（太阳能、风能、地热、生物质能）等，各种能源的碳足迹相差甚大。我国的能源结构现状是以化石能源为主的，占到能源总量的 70% 左右，这也是我国成为世界碳排放量第一的被动原因。当年世界先进国家的碳排放因子为 $0.6\sim0.7kgCO_2/(kW \cdot h)$ 时，我国的碳排放因子约为 $0.95kgCO_2/(kW \cdot h)$。而当前，由于政府的高度重视，我国已经成为全球在改变能源结构方面投资最大的国家，不仅是水能，而且在风能，太阳能方面取得了非常显著的进展，因此碳排放因子也有所下降。具体到各地电网，由于电力配置由国家决策，综合能源结构的调整，现在事实上各地电网发电碳排放因子正处于不断下降的动态发展中。例如，2008 年和 2009 年上海全市用电量约在 1138 亿千瓦时左右，其中三峡水电和秦山核电站供电比例约占 20%，四川的水电又提供了 350 亿千瓦时，使上海总电量的 50% 来自清洁能源，所以上海的碳排放因子为 $0.31kgCO_2/(kW \cdot h)$，而天津按照国家配置的能源结构，目前的碳排放因子为 $0.64kgCO_2/(kW \cdot h)$（由于此项工作启动伊始，各地部门统计依据不一，随着深入发展会逐步标准化，规范化）。这就表明同样的能耗，天津的碳排放量会比上海增加约 1/2。

应对产业排放问题，通过产业结构调整，限制高能耗，高排放，高污染的行业，碳排放受到了明显的遏制。应对交通排放问题，通过大量宣传绿色出行，限购限行小汽车，积极拓展轨道交通，其碳排放也受到了有效制约。唯独建筑碳排放影响因素错综复杂，国内每年约 20 亿平方米的新建建筑增量，再加上既有建筑的节能改造尚处于起步阶段，所以建筑碳排放在我国碳排放总量中所占比重有日益增大的趋势。如何对一个城区或一个城市群体建筑的碳排放进行分析估算，是建筑工程技术人员必须要回答的问题。应该说，建筑总面积是确凿的数据，可以分为多层或高层居住建筑，办公建筑，旅馆建筑，商场建筑，医院建筑等不同功能的建筑类别，因为它们的能耗差别较大，当然还要将它们区分为节能设计，非节能设计（因为非节能设计建筑由于建造年代不同，能耗也会有差异），然后用单体建筑的研究成果，选择一定的样板数进行能耗及碳排放统计分析，可得到有依据的均值，最终可得到建筑碳排放的总量。

　　B　建筑碳排放分析

　　区别于传统的计分式评估体系，建筑生命周期碳排放分析从定量的角度进行低碳建筑的评估。目前建筑碳排放的计算方法主要分为过程分析法和投入产出分析法两类。投入产出分析法从宏观角度入手，利用投入产出表进行计算，相对较为粗糙。近年来，随着建筑信息模型（BIM）在国内的快速发展，BIM技术在生命周期碳排放的管理中亦得到了应用。

　　综合来看，以过程分析法为代表的建筑生命周期碳排放分析在世界范围内得到了广泛应用，但绝大多数研究者仅以"单位面积碳排放量"作为指标的现有评价体系显然是不完善的。此外，现有分析限于建筑碳排放的计算层面，而对参数设置、模型构建和分析结果的不确定性鲜有讨论，有待进一步研究。

　　投入产出分析法近年来被推广应用于资源和环境领域。从研究对象方面来说，早期主要针对能源与水资源等，而近年来鉴于全球气候变化的严峻形势，温室气体的相关研究成为了重点。受统计样本和数据来源等方面的限制，以$CO_2$当量计量的碳排放投入产出分析受到了业界的广泛关注。

　　长期以来，国际贸易碳排放的责任归属以"生产者负责"模式为主导。至21世纪初，提出了"消费者负责"的模式，并给出了相应的碳排放计算方法。国外研究者通过对两种碳排放归属方式的对比分析认为，生产相关碳排放不可估计由贸易引起的碳转移，从而在责任归属上产生了"碳泄漏"，因而消费相关碳排放更为合理。此外，一些研究者提出了"碳避免"的概念，即按进口产品由消费者自行生产时的假想碳排放进行核算，并由此形成了第三种责任归属模式。

　　鉴于间接碳排放对建筑业的重要贡献，国内外研究者进一步地采用指数分解模型（IDA）和结构分解模型（SDA）对其影响因素进行了研究。其中IDA法仅需各部门的总量数据即可实现，可用于主要驱动因素的研究，但无法分析部门间的内在联系、最终需求结构以及间接碳排放情况。而SDA法可量化经济总量、部门间生产联系等因素，从而更为全面地分析直接与间接碳排放的变动效应。

　　能源消耗是建筑碳排放的主要来源，故能耗分析对区域建筑碳排放的评估具有重要意义。目前，区域建筑能耗的统计分析主要针对运行阶段，统计方法可分为宏观和微观两类。宏观分析利用国家或地方的相关统计数据，通过适当的假设与数据处理，推算区域建筑的能耗水平；而微观分析采用抽样调查，根据样本建筑的能耗信息，运用统计学原理推测区域建筑的整体能耗水平。国外方面，自20世纪70年代以来，美国能源信息署（EIA）即采用抽样调查的方式，每四年分居住与商业建筑对能耗情况进行统计，是目前建筑能耗信息最完善的国家。英国自1976年开始对工业与商业建筑能耗进行统计分析工作。雅典大学课题组在20世纪90年代，对欧洲1200栋公共建筑进行了为期五年的调研，得出了商业建筑、办公楼、学校和医院的能耗水平。国内方面，受分类方法的限制，我国统计年鉴资料未直接给出建筑能耗指标。江亿院士对我国建筑能耗统计应包含的范围与分类进行了说明，并指出在现有资料基础上，建筑能耗统计应以间接法为主，并通过不同计算模型的比较进行分析验证。在江亿院士的带领下，清华大学建筑节能研究中心多年来在我国建筑能耗统计与节能技术研究方面进行了大量的工作，并形成了《中国建筑节能年度发展研究报告》等相关研究资料。综合来说，对于我国区域建筑能耗与碳排放水平的研究，除少数研究者采用了抽样调查的方式外，大都以统计部门公布的相关资料为基础。

C 建筑全生命周期碳排放计算

建筑建造阶段的碳排放量应按下式计算：

$$C_{JZ} = \frac{\sum_{i=1}^{n} E_{jz,i} EF_i}{A} \tag{7-15}$$

式中 $C_{JZ}$——建筑建造阶段单位建筑面积的碳排放量，$kgCO_2/m^2$；

$E_{jz,i}$——建筑建造阶段第 $i$ 种能源总用量，$kW \cdot h$ 或 $kg$；

$EF_i$——第 $i$ 类能源的碳排放因子，$kgCO_2/(kW \cdot h)$ 或 $kgCO_2/kg$；

$A$——建筑面积，$m^2$。

建材运输阶段碳排放应按下式计算：

$$C_{ys} = \sum_{i=1}^{n} M_i D_i T_i \tag{7-16}$$

式中 $C_{ys}$——建材运输阶段碳排放，$kgCO_2$；

$M_i$——第 $i$ 种主要建材的消耗量，$t$；

$D_i$——第 $i$ 种建材平均运输距离，$km$；

$T_i$——第 $i$ 种建材的运输方式下，运输距离的碳排放因子，$kgCO_2/(t \cdot km)$。

运行阶段碳排放计算：

建筑运行阶段碳排放量应根据各系统不同类型能源消耗量和不同类型能源的碳排放因子确定，建筑运行阶段单位建筑面积的总碳排放量 $C_M$ 应按照下列公式计算：

$$C_M = \frac{\left[ \sum_{i=1}^{n} (E_i EF_i) - C_P \right] y}{A} \tag{7-17}$$

$$E_i = \sum_{i=1}^{n} (E_{i,j} - ER_{i,j}) \tag{7-18}$$

式中 $C_M$——建筑运行阶段单位建筑面积碳排放，$kgCO_2/m^2$；

$E_i$——建筑第 $i$ 类能源年消耗量，单位/a；

$EF_i$——第 $i$ 类能源的碳排放因子，$kgCO_2/(kW \cdot h)$，按《建筑碳排放计算标准》（GB/T 51366—2019）附录 A 取值；

$E_{i,j}$——$j$ 类系统的第 $i$ 类能源消耗量，单位/a；

$i$——建筑消耗终端能源类型，包括电力、燃气、石油、市政热力等；

$j$——建筑用能系统类型，包括供暖空调、照明、生活热水系统等；

$C_P$——建筑绿地碳汇系统年减碳量，$kgCO_2/a$；

$A$——建筑面积，$m^2$。

拆除阶段碳排放计算：

$$C_{CC} = \frac{\sum\limits_{i=1}^{n} E_{cc,i} EF_i}{A}$$ （7-19）

式中　$C_{CC}$——建筑拆除阶段单位建筑面积的碳排放量，$kgCO_2/m^2$；

　　　　$E_{cc,i}$——建筑拆除阶段第 $i$ 种能源总用量，$kW \cdot h$ 或 $kg$；

　　　　$EF_i$——第 $i$ 类能源的碳排放因子，$kgCO_2/(kW \cdot h)$，按《建筑碳排放计算标准》（GB/T 51366—2019）附录 A 确定。

### 7.6.3　建筑低碳技术分析

#### 7.6.3.1　建筑运行碳排放的影响因素

目前，国内外学者对碳排放的影响因素进行了大量研究，研究表明，建筑运行阶段碳排放量主要受人口和城镇化率、建筑面积、建筑用能强度的变化以及建筑用能结构的改变等因素影响。

（1）人口因素。人口总量是宏观预测建筑能耗和碳排放量的重要影响因素之一。目前，我国人口发展遇到了一个瓶颈，出生率越来越低，根据专家预测，我国总人口在2030 年将达到峰值，至 2060 年我国总人口为 12.75 亿左右，相较 2030 年峰值大概降低 2亿左右。但城镇化率仍呈增长趋势，未来可能从现在的 60% 多增长为 80%，一减一增都会对我国建筑领域的碳达峰和碳中和产生影响。整体而言，我国 2030 年前人口总量仍处于增长期，这是 2030 年前实现碳达峰的不利因素之一。

（2）建筑面积总量。从不同层面分析，各机构对未来中国建筑面积总量大概到什么规模的预测数据各不相同。我们站在保守角度来看，从新建建筑转向新建和存量建筑并存，再到以存量为主、新建为辅的时代，可设置三个场景：假设建筑面积总量控制在 750亿平方米，2021 年底建筑面积达到了 660 亿平方米，未来将剩余 90 亿平方米的新建建筑面积；建筑面积总量控制在 800 亿平方米，未来将剩余 140 亿平方米的新建建筑面积；建筑面积控制在 850 亿平方米，未来将剩余 190 亿平方米的新建建筑面积。不论哪一种数据，都有其预测的依据。

（3）建筑能耗强度。人民生活水平的提高，必然会带来一些硬性需求的增长，建筑的能耗强度也随之增大。例如，采暖措施从北方逐渐普及到南方，空调也从南方走到北方。我们通过有关数据分析得出：无论是居住建筑、公共建筑还是农村建筑的能耗都呈增长趋势。

（4）用能结构。我国从以燃气燃烧为主迈向以电力为主的炊事、生活热水、供热、公共建筑制冷等是社会发展的必然趋势，同时也是实现建筑零碳排放的重要途径。特别是北方地区，仍有 70% 以上的农村及部分城乡接合部的居住建筑冬季采用燃煤炉具取暖。该情况导致每年相关地区的二氧化碳排放量超过 3 亿吨，那么未来只有采用以电力为主的供暖方式，或者全面实现电气化，才能使我国碳排放量发生根本性变化。

#### 7.6.3.2　建筑整体节能措施

（1）控制建筑物体形系数。建筑的体形系数是指建筑外表面与空气接触的面积除以建筑物的体积。按照传统的节能设计理念办公建筑的体形系数应不超过 0.4，住宅的体形系数应不超过 0.3，寒冷地区建筑的体形系数应小于或等于 0.4，且最好控制在 0.3 以下。

（2）控制建筑物的窗墙面积比。建筑物的窗墙面积比是指不同朝向外墙上的窗，阳台门及幕墙的透明部分总面积与所在朝向建筑的外墙面的总面积之比。窗作为外围护结构中一种透明的薄型轻质构建，其保温隔热性能较弱，所以控制窗墙面积比是非常重要的。

（3）采用外遮阳及内遮阳技术。建筑物的外遮阳板可以调节阳光辐射量，在炎热的夏季，可以通过调整遮阳板的角度阻挡阳光进入建筑；在寒冷的冬季，可以通过调整遮阳板角度使阳光照进室内。在外窗或建筑内设置可调式百叶片，夏季阳光直射时，降下百叶遮挡阳光，减少空调系统冷负荷；冬季收起百叶增加室内日照，提高室内温度，减少采暖负荷，降低建筑的整体能耗。

（4）构建建筑外围护结构。建筑物的外墙，屋面及挑空的围护结构采用保温性能较好，重量较轻的保温材料，如岩棉，离心玻璃棉和其他新型，高效的保温材料，从而增强墙体的隔热能力，有效抵御室外气温对室内环境的影响，从而降低建筑能耗。

（5）采用多层中空 Low-E 玻璃。现代建筑的窗墙比越来越大，全玻璃幕墙建筑也越来越常见，外窗、天窗等玻璃构件的能耗占建筑外围护结构能耗的 40% 以上，同时又影响建筑的造型、通风、密闭、隔声及采光，因此必须增强建筑门窗等玻璃构件的保温及密封性能。同时，这些玻璃构件应采用多层中空 Low-E 玻璃，紧固件及结构支架采用断桥铝合金。

（6）采用被动式通风技术。在厨房，浴室等区域设置管井或高窗，利用热压效应排出这些区域中潮湿，浑浊的空气，再利用负压效应把新鲜空气送入室内。卧室，办公室，走廊等区域可以对向设置外窗，利用建筑物对向压差，实现自动通风。这些措施在去除潮湿和异味的同时，还能够排出室内空气中的一些污染物。

（7）采用自然光。在建筑物内安装光导管或设置天窗，使自然光从各导管口或天窗传输到人员活动区，同时实现对自然光的亮度调节，满足不同的使用需求。目前，该技术已得到了广泛应用，可以极大地减少建筑物的照明能耗。

### 7.6.3.3　采用新能源系统节能

（1）太阳能热水系统。太阳能热水系统通过放置在建筑物外的集热器吸收阳光，光能由集热器转化为热能，水经过集热器加热后，由管道输送至储水保温水箱中，进而供生产和生活使用。

（2）光伏发电、供电系统。光伏发电、供电系统的工作原理是阳光照射电池板进而转化为电能，电能通过逆变器整流后转变为可以直接使用的交流电，进而为其自身，邻近建筑，电动公交车，电动汽车提供能源。光伏建筑一体化就是在建筑物外表面安装光伏发电组件。根据光伏发电组件在建筑物上安装方式的不同，发电系统主要可分为两类：一为建筑构件和光伏发电组件融为一体，如光电幕墙，光伏屋瓦，因此，对光伏发电组件的要求较高，其需要满足建筑物的使用需求，同时能够高效发电。二是在建筑物屋顶或外表面安装光伏发电组件，这种方式较为简单，且易于维护和更换，但对建筑立面造成一定影响，如占用建筑的屋面，影响建筑物的布局。因此，应根据建筑物实际情况来选择不同的光伏发电组件。

### 7.6.3.4　风力发电系统

高度在 500m 以上区域平均风速为 $9 \sim 12m/s$，具有较高利用价值。风力发电机预计每 $1m^2$ 的风轮发电功率为 $400 \sim 500W$，全年可生产 $100 \sim 200kW$ 的电力。风力发电方案涉及结构荷载，建筑美学等，因此需要综合考虑。

### 7.6.3.5　采用装配式建筑

装配式建筑节能传统的现场建造方式，建筑的梁板，墙体及管线系统的主要部分采用预制构件，这些预制构件在工厂批量生产后运抵施工现场，再采用搭接装配技术进行组装。与传统的现场建造方式相比，装配式建筑能有效提升生产效率，降低人力成本并减少安全隐患且节能环保。

### 7.6.3.6　其他措施

（1）采用高效空调系统：建筑物采用水源热泵，地源热泵等系统作为空调系统，利用浅层水源热源或中浅层土壤提高空调系统的 COP 值，降低空调系统的能耗。

（2）建设中水系统：中水经中水管道收集后汇入中水池，经过净化处理后集中储存于蓄水池，供绿化浇灌使用。

（3）种植屋顶绿化带：在屋顶种植绿化带可以减少阳光辐射。在夏季，利用植物的蒸发作用减少屋顶传热；在冬季，可以利用土壤的蓄热保温性能减少热损失。

（4）采用能耗管理系统：系统可直接连接各类能源计量表，如水表，电表，气表等，并支持远程集中控制和管理，还能根据数据汇总提供节能建议。

作为能耗大户的建筑行业，采用各种节能低碳建筑技术势在必行。在建筑物的设计阶段应大幅提高整体保温性能，在建造阶段应采用装配式建筑构件，运营阶段利用多种可再生能源和节能措施，最终实现低碳建筑设计建造。

## 思考与练习题

7-1　建筑方案节能评估的目的与意义。

7-2　如何选用建筑能效标识？

7-3　建筑节能评估影响因素有哪些？

7-4　建筑节能评估体系内容包括哪些？

7-5　新能源在建筑中的利用形式有哪些？

7-6　何谓被动式通风技术？

7-7　装配式建筑有哪些特征？

7-8　如何提高空调系统的能效？

7-9　什么是低碳建筑，哪些属于低碳技术？

7-10　如何在建筑运行过程中减少碳排放？

## 参 考 文 献

[1] 王瑞. 建筑节能设计 [M]. 武汉：华中科技大学出版社，2010.

[2] 杨丽. 绿色建筑设计——建筑节能 [M]. 上海：同济大学出版社，2016.

[3] 魏媛. 民用建筑节能评估研究 [D]. 郑州：郑州大学，2015.

[4] 余晓麟. 建筑项目节能评估研究 [D]. 天津：天津大学，2014.

［5］杨焱. 居住建筑节能设计优化与评价研究［D］. 郑州：华北水利水电大学，2018.

［6］侯博，李蒙，姜利勇，等. 浅析 BIM 技术在建筑节能设计评估中的应用［J］. 建筑节能，2014，42（12）：38-41.

［7］汪海涛，沙茜，柯文彪. 大型综合民用建筑节能评估报告的编制与思考［J］. 资源节约与环保，2012（4）：56-58.

［8］张孝存. 建筑碳排放量化分析计算与低碳建筑结构评价方法研究［D］. 哈尔滨：哈尔滨工业大学，2018.

［9］李理智. 低碳建筑技术措施分析［J］. 低碳世界，2022，12（4）：52-54.

［10］常越亚. 建筑类项目节能评估报告编制探讨［J］. 上海节能，2021（4）：381-383.

［11］中华人民共和国住房和城乡建设部. 建筑碳排放计算标准（GB/T 51366—2019）［S］. 北京：中国建筑工业出版社，2019.

［12］王沁芳，陈立岗，许鸣. 我国建筑能效测评标识的研究与应用［J］. 砖瓦，2012（3）：44-46.

[5] ...

[6] ...2014, 42
(12): 264-...

[7] ...
2012, (4): 56-58.

[8] ...
学, 2018.

[9] ...2012, 12 (6): 32-...

[10] ...1991, (4): 481-485.

[11] ...（GWJ 5760-2019）[S]. 北京: 中国标准出版社, 2019.

[12] ...2012 (3): 一版.